研

河海大学研究生
精品教材



# 水土资源综合利用规划及管理

## Comprehensive Utilization Planning and Management of Water and Soil Resources

王卫光　邢万秋◎编著

河海大学出版社
HOHAI UNIVERSITY PRESS
·南京·

图书在版编目(CIP)数据

水土资源综合利用规划及管理 / 王卫光，邢万秋编著. --南京 ：河海大学出版社，2022.9
ISBN 978-7-5630-7559-1

Ⅰ. ①水… Ⅱ. ①王… ②邢… Ⅲ. ①水资源利用—综合利用—研究—中国②土地资源—综合利用—研究—中国 Ⅳ. ①TV213.9②F323.211

中国版本图书馆 CIP 数据核字(2022)第 096304 号

| | |
|---|---|
| 书　　名 | 水土资源综合利用规划及管理<br>SHUITU ZIYUAN ZONGHE LIYONG GUIHUA JI GUANLI |
| 书　　号 | ISBN 978-7-5630-7559-1 |
| 责任编辑 | 龚　俊 |
| 特约编辑 | 梁顺弟　卞月眉 |
| 特约校对 | 丁寿萍　许金凤 |
| 封面设计 | 徐娟娟 |
| 出版发行 | 河海大学出版社 |
| 地　　址 | 南京市西康路 1 号(邮编:210098) |
| 电　　话 | (025)83737852(总编室)<br>(025)83722833(营销部)<br>(025)83787107(编辑室) |
| 经　　销 | 江苏省新华发行集团有限公司 |
| 排　　版 | 南京布克文化发展有限公司 |
| 印　　刷 | 苏州市古得堡数码印刷有限公司 |
| 开　　本 | 787 毫米×1092 毫米　1/16 |
| 印　　张 | 13.75 |
| 字　　数 | 334 千字 |
| 版　　次 | 2022 年 9 月第 1 版 |
| 印　　次 | 2022 年 9 月第 1 次印刷 |
| 定　　价 | 58.00 元 |

# 目录

# 第一章　绪论

水土资源由水资源和土地资源两部分组成。

水是地球上分布最广泛的物质之一，它以气态、液态和固态三种形式存在于空中、地面与地下，成为大气中的水、海洋水、陆地水以及动植物有机体内的生物水。它们相互之间紧密联系，循环往复，组成覆盖全球的水圈。

土地由地球表面陆地部分及其相应附属物组成，人们通常把地面称为土地。

水资源和土地资源相辅相成，又相互制约。水资源直接影响到土地资源的生产效率；而土地资源开发也制约着水资源的利用，对水资源和土地资源的分析研究密不可分。

水土资源是人类社会赖以生存与发展的基本物质条件。现代社会发展过程中，水土资源不仅是人们日常生活必不可少的生活资料，而且是工农业生产、交通运输、能源建设、城市建设、环境卫生等部门最基本、最重要的生产资料，在我国已明确将水利事业作为国民经济的基础行业，将节约和保护土地资源作为一项基本国策。此外，水土资源又是环境保护、维护生态平衡必不可少的基本条件。科学分析与管理水土资源具有十分重要的意义。

## 1.1　水土资源的概念

### 1.1.1　水资源

水作为一种自然资源，其使用价值表现为水量、水质及水能三个方面，也有将其所占的空间水域包括在内。根据世界气象组织（WMO）和联合国教科文组织（UNESCO）的*INTERNATIONAL GLOSSARY OF HYDROLOGY*（第三版，2012 年）中有关水资源的定义，水资源是指可资利用或有可能被利用的水源，这个水源应具有足够的数量和合适的质量，并满足某一地方在一段时间内具体利用的需求。根据全国科学技术名词审定委员会公布的《水利科技名词 1997》（科学出版社，1998）中有关水资源的定义，水资源是指地球上具有一定数量和可用质量能从自然界获得补充并可资利用的水。

水资源可归纳为广义水资源与狭义水资源两种不同涵义。

按照广义水资源的涵义，地球上一切水体，包括海洋、江河、湖泊、冰川、地下水以及大气中的水分等，都能够直接或间接地加以利用，对人类都有益，是人类社会的财富，均属于自然资源的范畴。照此理解，地球上的水体与水资源是同义词，是同一物质的两种不同称谓。

按照狭义水资源的理解，水资源与地球上的水体是两个不同的概念，不能混淆，更不能等同。地球上的各种天然水体，早在人类社会形成之前就已存在，它们是不依赖人类社会而存在的客观实体。但作为水资源则是对人类社会而言的，其主要表现为能够直接被人类所使用，这种使用显然要受到人类社会条件的制约。

水资源包含双重性：一种是作为自然界水体所固有的自然属性；另一种是人类社会所给定的社会属性。前者如运动上的往复循环性，时间变化上的不稳定性与空间分布上的不均匀性等；后者如水资源利用多目标性，利弊的双重性，技术上的可靠性与经济上的合理性等。因而所谓水资源，仅指在一定时段内能被人们直接开发与利用的那一部分水体。这种开发利用不仅在技术上是可做到的，而且要求在经济上是合理的，开发后所造成的环境影响是可接受的。浩瀚的海洋，除了为人们提供水产品、盐以及航运之利，由于盐度高，海水淡化费用太大，还不能作为水资源大规模地开发利用。陆地上的咸水湖以及高矿化度的地下水，亦存在类似的问题。极地冰川，本是地球上最大的淡水宝库，但是由于远离人类聚居的大陆而难以利用。因而通常所说的水资源，是指陆地上可供生产、生活直接利用的江河、湖泊以及储存在地下的淡水资源。这部分水量还不到地球上各种水体总储水量的万分之一。如进一步从满足长期开发利用需要的角度来衡量，水资源仅指一定区域内逐年可以恢复、更新的淡水量，具体来说是指以河川径流量表征的地表水资源，以及以积极参与水循环的地下径流量表征的地下水资源。由于地表水与地下水之间存在密切联系，一部分地下水资源直接转化为地表径流量，因而在我国第一次水资源评价工作中，将地表河川径流量加上地下水资源量再扣除两者之间的重复量作为水资源总量。

此外，按照狭义水资源的理解，除了考虑水的数量特征，还要重视水的质量，对于水质不良、不符合有关水质标准的水，在水质没有改善之前就不能归属于水资源范畴。遭受严重污染的水，为了消除污染影响和危害，常常需要用清洁的水来加以稀释和净化，反而消耗水资源。由此可见，对于一定区域范围而言，水资源量并非是恒定不变的，而是随着用水目的、水质要求的不同，以及经济发展与科学技术水平的不断提高而变化，所以说狭义水资源是动态的、相对的，水资源量是可变的，随着经济发展与开发利用技术的提高，可资利用的水资源量将逐步增大。

### 1.1.2 土地资源

土地资源也是一种自然资源，是人类生产和生活所依赖的宝贵资源之一。土地资源是指已经被人类所利用和可预见的未来能被人类利用的土地。土地资源既包括自然范畴，即土地的自然属性，也包括经济范畴，即土地的社会属性，是人类的生产资料和劳动对象。土地是地球表面陆地部分上下一定范围内岩石、土壤、水、植被等构成的自然综合体。土地的发生和发展，主要取决于自然力的作用，同时受控于人类活动的影响，它是自然和经济活动的综合产物。

土地和土壤是两个不同概念。土壤是指地球陆地表面具有肥力的疏松土层。它既是自然环境中有机界与无机界相互作用形成的独特的自然体，又是生物尤其是植物和微生物生活的重要环境，也是地表物质循环与能量转换的活动场所，是土地组成要素之一。

人类在生存和繁衍过程中，不断从周围环境中开发和直接利用自然资源。自然资源是指一定时间、地点条件下，能够产生经济价值，以供人类当前和未来利用的自然因素和条件，包括水资源、土地资源、气候资源、生物和矿产资源等。水土资源是人类生活和生产活动的基本自然资源，是人类生存不可缺少的物质条件。农业生产对水土资源的需求，是国民经济中一切产业之最。水土资源是农业生产的基本资料和劳动对象；无水之土或无土之水，均不可能存在农业生产。在非农业部门，水土资源被当作基地，作为载体或原料来发挥作用，无论工业、建筑业或交通运输业无不以土地为基地，以水资源为基本条件。总之，在国民经济建设中，水土资源以特有的职能为人类服务。合理开发和保护水土资源，研究水土资源的评价、规划和经济利用，维护生态平衡，实施可持续发展战略，具有十分重要的意义。

## 1.2 水土资源的特征

### 1.2.1 水资源的特征[1]

水是自然环境中的重要组成物质，是土壤-植被-大气中最活跃的要素，参与着自然环境中一系列物理、化学和生物过程，是可再生的资源。水资源不仅具有一般资源的属性，而且具有许多独特的性质。

1）储量的有限性

地球上的总水量是固定的，约 13.86 亿 $km^3$，但其中 96.5%是含盐量较高的海水，目前不能被人类大量地直接取用。而地球上含盐量不超过 1%的淡水仅占全球总储水量的 2.53%，约 0.35 亿 $km^2$。淡水资源大部分储存在极地冰帽和冰川中，目前的技术水平还难以开发利用。液态淡水的绝大部分是深层地下水，开采利用的也很少。因此，目前人类容易利用的淡水有河水、淡水湖泊水、浅层地下水和土壤水等，仅占全球总水量的 0.796%。总之，水资源的静态储量是极其有限的，水资源是十分宝贵的资源。因此我们在开发利用时，要注意节约用水和保护水资源，在日常生活中更要注意节约用水，要从点滴做起。

2）循环再生性

水资源与其他固体资源的本质区别在于其具有流动性，它是在水循环中形成的一种动态资源，具有循环性。地表水和地下水不断得到大气降水的补给，开发利用后可以恢复和更新。从这个意义上讲，水是一种不断更新和再生的资源，具有“取之不尽，用之不竭”的特点。除自然再生外，还可通过海水淡化和废水、污水净化处理来获得水资源，或通过植树造林和人工降雨促进水循环来对水资源进行人工再生。

尽管水循环过程是无限的，但在一定的时间和空间范围内，大气降水对水资源的补给却是有限的，并且各种水体循环更替周期不同，其水资源恢复量也不相同。因此，在水资源开发利用时，要注意其开采利用量应小于循环更新量，一般不动用难以恢复的储存在地表和地下的静态储量。

3）时空分布不均匀

水资源在自然界中具有一定的时间和空间分布。时空分布的不均匀性是水资源的又一特性。全球水资源的分布表现为极不不均匀性。

（1）空间分布不均匀

由于太阳辐射、大气环流、海陆分布、地形条件和人类活动等的影响，地球上的降水、地表和地下径流分布都很不均匀。全球水资源的65%集中在10个国家，而占人口40%的80个国家却严重缺水。我国水资源在区域上分布不均匀，年降水量和径流深从东南沿海向西北内陆递减。

（2）时间分布不均匀

水资源的时间变化具有十分复杂的表现形式：既有在确定性因素影响下的周期性变化，又有在随机性因素影响下的不重复性变化。受气候和地理因素的影响，地球上的降水在时程上的分配是不均匀的，相应的径流量变化也很大，与用水部门的需求不适应。世界上相当多的地区，尤其是大陆性和季风性气候区，水资源的年内分配不均、年际变化大。海洋性气候区，水资源的季节和年际变化相对较小。例如，我国受大陆性季风气候影响，大部分地区冬春少雨，多春旱；夏秋多雨，多洪涝。降水量和径流量的年际变化也很大，而且常常是连续数年的多水期与连续数年的少水期交替出现。出现连续多水年时，可导致大洪涝；出现连续少水年时，可导致严重旱灾。为解决水资源的时间分配不均匀性，需要兴建蓄水工程，将丰水季节的年份蓄水供枯水季节和年份用，以达到丰蓄枯用的目的。

4）利用的多样性和广泛性

水资源用途广泛，不仅用于农业灌溉、工业生产和城乡生活，而且还用于水力发电、航运、水产养殖、旅游娱乐等。在各种不同的用途中，有的是消耗用水，有的则是非消耗性或消耗很小的用水，而且对水质的要求各不相同。这是使水资源一水多用、充分发展其综合效益的有利条件。根据水资源利用上的多样性和广泛性，在开发利用时，尽量一水多用，发挥水的综合效益，避免一水单用。

5）经济上的两重性

“水能载舟，亦能覆舟”，水资源具有水利和水害的双重性。水既能给人类带来福利，为国民经济建设服务，但是当水资源开发利用不当时，又可制约国民经济发展，破坏人类的生存环境。例如，水利工程设计不当、管理不善，可造成垮坝事故，也可引起土壤次生盐碱化。水量过多容易造成洪水泛滥，内涝渍水；水量过少容易形成干旱、盐渍化等自然灾害。适量开采地下水，可为国民经济各部门和居民生活提供水源，满足生产、生活的需求；但无节制、不合理地抽取地下水，往往引起水位持续下降、水质恶化、水量减少、地面沉降，不仅影响生产发展，而且严重威胁人类生存。正是由于水资源利害的双重性质，在水资源的开发利用过程中尤其强调合理利用、有序开发，以达到兴利除害的目的。

### 1.2.2 土地资源的特征[2]

土地是一种自然—经济综合体，人类依靠土地这个综合体，通过利用土地上的生物成分和非生物成分，并施以劳动活动，促进、调整和控制人和自然之间的物质和能量变换的过程，以达到一定的经济目的。土地资源的基本特征主要表现在以下几方面。

1）生产性

土地的生产性包括土地生产的种类和产量。前者是自然形成的，即取决于土地资源本身的性质，不同性质的土地，亦即光、热、水、气、营养元素的含量及组合等不同的土地，适应于不同的植物和动物的生长繁殖；后者是指一定条件下土地生产的农作物、林木和牧草的能力，是施加人工影响而产生的，它决定于人类生产的技术水平。

2）有限性

土地资源作为一种独特的自然资源，其有限性特征是明显的。首先是位置的固定性，即空间位置是固定的，不能移动的。其次，面积的有限性，土地作为陆地表面的部分，其面积也是一个相对固定的数字。质量的差异性，因为其自身的区位条件和上面的相应要素条件的差异，造成土地质量的巨大自然差异，并且这种差异对于人类的生产和生活活动的类型、强度造成巨大的差异。功能的永久性，土地在使用过程中，不会产生磨损和报废，作为“空间场所”是永存的。

3）不可替代性

土地具有养育功能，它养育了地球上的所有生物。土地还是各种自然资源的载体，人类的居住、休息、娱乐和一切生产活动都必须以土地为载体。此外，土地具有景观功能，多样性的土地类型和景观为人类提供了旅游资源，等等。在人类社会的进化和发展历史中，随着科学技术的不断发展和进步，一般的生产资料及其功能都可以被更先进、更完备的生产资料所代替，而土地的上述功能却不能被其他资料完全代替。

4）多功能性

土地可以被用于各种不同的用途，如农业用地、林业用地、工业用地、住宅用地、商业用地、旅游用地以及交通等基础设施用地，而同一种用途的土地又可以选择不同的利用方式，如农业用地既可以用于水田，也可以用于旱地，还可以用于保护地、菜地等；同一块土地的不同用途、同一种用途的不同利用方式，所表现的土地收益的差异可能会极其显著。

## 1.3 我国水土资源概况

### 1.3.1 我国水资源特征

我国地处欧亚大陆东南部，濒临太平洋，地形西高东低，境内山脉、丘陵、盆地、平原相互交错，地形构成江河湖泊众多。根据统计，流域面积在 10 000 $km^2$以上的河流有 97 条，在 1 000 $km^2$以上的有 1 500 多条，在 100 $km^2$以上的有 50 000 多条。我国是一个多湖泊国家，根据统计，面积在 1.0 $km^2$以上的湖泊约 2 300 个，总面积为 71 787 $km^2$，约占全国陆地面积的 0.7%。湖泊储水总量约 7 088 亿 $m^3$，其中淡水储量为 2 261 亿 $m^3$，占湖泊储水总量的 31.9% 。我国全国冰川总面积约为 58 650 $km^2$，约相当于全球冰川覆盖面积(1 620 万 $km^2$)的 0. 36% 。但冰川规模大小分布很不均匀，我国冰川储量约为 51 320 亿 $m^3$，年平均冰川融水量为 563 亿 $m^3$，冰川融水量是逐年可更替的动态水量，称冰川水资源，是河川径流的组成部分。

中国水资源总量少于巴西、俄罗斯、加拿大、美国和印度尼西亚。若按人均水资源占有量这一指标来衡量，则仅占世界平均水平的 1/4，排名在第 110 名之后。缺水状况在中国普遍存在，而且有不断加剧的趋势。中国水资源总量虽然较多，但人均量并不丰富。水资源的特点是地区分布不均，水土资源组合不平衡；年内分配集中，年际变化大；连丰连枯年份比较突出；河流的泥沙淤积严重。这些特点造成了中国容易发生水旱灾害，水的供需产生矛盾，这也决定了中国对水资源的开发利用、江河整治的任务十分艰巨。

我国 2019 年全国水资源总量 29 041. 0 亿 $m^3$，比多年平均值偏多 4. 8%。其中，地表水资源量 27 993. 3 亿 $m^3$，地下水资源量 8 191. 5 亿 $m^3$，地下水与地表水资源不重复量为 1 047. 7 亿 $m^3$。[3]另外，中国属于季风气候，水资源时空分布不均匀，南北自然环境差异大，其中北方 9 省区，人均水资源不到 500 $m^3$，属水少地区；特别是城市人口剧增，生态环境恶化，工农业用水技术落后，浪费严重，水源污染，更使原本贫乏的水“雪上加霜”，成为国家经济建设发展的瓶颈。全国 600 多个城市中，已有 400 多个城市存在供水不足问题，其中比较严重的缺水城市达 110 个，全国城市缺水总量约 60 亿 $m^3$。

#### 1.3.1.1　我国水资源总量

1）地表水资源

地表水资源指地表水中可以逐年更新的淡水量，是水资源的重要组成部分，包括冰雪水、河川水和湖沼水等，通常以还原后的天然河川径流量表示其数量。由于地表水和地下水之间存在着一定的联系，因此，在水资源评价中必须扣除地下水补给河流的那部分水量。

全国按流域水系划分为十大片，即 10 个一级区，以反映水资源条件的地区差别，并尽可能保持河流水系的完整性，按大江大河干流进行分段，自然地理条件相同的小河适当合并，便于进行地表水资源量计算和供需平衡分析。又将全国划分为 80 个分区，即二级区。根据各省、自治区、直辖市和各流域片的计算成果汇总，求得全国平均年径流总量为27 115 亿 $m^3$，折合年径流深 284 mm。有关全国主要河流的径流量如表 1-1 所示。

表 1-1 全国主要河流径流量表(以平均年径流量次序排列)

| 河名 | 河长(km) | 总流域面积($km^2$) | 平均年径流量(亿 $m^3$) | 备注 |
|---|---|---|---|---|
| 长江 | 6 300 | 1 808 500 | 9 334 | 长江水量在世界排第三位 |
| 珠江 | 2 214 | 453 690 | 3 360 | |
| 雅鲁藏布江 | 2 057 | 240 460 | 1 654 | |
| 松花江 | 2 308 | 557 180 | 718 | |
| 黄河 | 5 464 | 752 443 | 592 | |
| 淮河 | 1 000 | 191 174 | 443 | |
| 海河 | 1 090 | 263 631 | 228 | |
| 辽河 | 1 390 | 228 960 | 148 | |

2) 地下水资源

地下水资源是指存在于地下可以为人类所利用的水资源,是全球水资源的一部分,并且与大气水资源和地表水资源密切联系、互相转化。既有一定的地下储存空间,又参加自然界水循环,具有流动性和可恢复性的特点。地下水资源的形成,主要来自现代和以前的地质年代的降水入渗和地表水的入渗,资源丰富程度与气候、地质条件等有关,利用地下水资源前,必须对其进行水质评价和水量评价。

我国地下水分布区域性差异显著。就区域水文地质条件而言,中部的秦岭山脉是我国地下水不同分布规律的南北界线。北方地区(15 个省、区)总面积约占全国面积的 60%,地下水资源量约占全国地下水资源总量的 30%,但地下水开采资源约占全国地下水开采资源量的 49%。

按地形地貌特征将全国划分为山丘区和平原区,平原区又分为北方平原区和南方平原区。

北方平原区地下水计算面积为 1 799 898 $km^2$,平均年地下水资源量为 1 468 亿 $m^3$,其中降水入渗补给量为 764 亿 $m^3$,占 52%;地表水体渗漏补给量为 599 亿 $m^3$,占 41%。因此,降水和地表水体同为北方平原区地下水的主要补给来源。

南方平原区地下水的计算面积为 183 904 $km^2$,平均年地下水资源量为 405 亿 $m^3$,其中降水入渗补给量为 292 亿 $m^3$,占 72%;地表水体渗漏补给量为 113 亿 $m^3$,占 28%。平均年潜水蒸发量为 119 亿 $m^3$。

山丘区地下水计算面积占全国地下水计算面积的 77%,为 6 790 906 $km^2$。该区内平均年地下水资源量为 6 762 亿 $m^3$,其中河川基流量占 97.6%。

各流域片山丘区、平原区地下水资源量及其重复计算量成果,如表 1-2 所示。

**表 1-2　各流域片山丘区、平原区地下水资源量及其重复计算量成果表**

| 流域片 | 山丘区 | | 平原区 | | 重复计算量（亿 $m^3$） | 计算总面积（$km^2$） | 地下水资源总量（亿 $m^3$） |
|---|---|---|---|---|---|---|---|
| | 计算面积（$km^2$） | 地下水资源量（亿 $m^3$） | 计算面积（$km^2$） | 地下水资源量（亿 $m^3$） | | | |
| 黑龙江 | 593 056 | 223.6 | 297 581 | 221.9 | 14.8 | 89 0634 | 430.7 |
| 辽河 | 230 524 | 95.7 | 110 300 | 108.2 | 9.7 | 340 824 | 194.2 |
| 海滦河 | 171 372 | 157.9 | 106 424 | 178.2 | 37.6 | 277 796 | 298.5 |
| 黄河 | 608 357 | 292.1 | 167 007 | 157.2 | 43.7 | 775 364 | 405.6 |
| 淮河 | 127 923 | 107.2 | 169 938 | 296.7 | 10.9 | 297 861 | 393.0 |
| 长江 | 1 625 293 | 2 218.0 | 132 876 | 260.6 | 14.4 | 1 758 169 | 2 464.2 |
| 珠江 | 550 113 | 1 027.8 | 30 468 | 92.7 | 5.0 | 580 581 | 1 115.5 |
| 浙闽诸河 | 218 639 | 561.8 | 20 560 | 51.9 | 0.6 | 239 199 | 613.1 |
| 西南诸河 | 851 406 | 1 543.8 | | | | 851 406 | 1 543.8 |
| 内陆诸河 | 1 782 444 | 535.5 | 927 700 | 486.0 | 201.7 | 2 710 144 | 819.8 |
| 额尔齐斯河 | 31 782 | 31.9 | 20 948 | 20.2 | 9.4 | 52 730 | 42.7 |
| 全国总计 | 6 790 909 | 6 795.3 | 1 983 802 | 1 873.6 | 347.8 | 8 774 708 | 8 321.1 |

3）水资源总量

我国年平均地表水资源量(即河川径流量)为 27 115 亿 $m^3$，平均年地下水资源量为 8 287.6 亿 $m^3$。扣除重复计算量以后，全国平均年水资源总量为 28 124 亿 $m^3$，按流域分片计算成果，如表 1-3 所示。

**表 1-3　全国分片水资源总量成果表**

| 流域片 | 计算面积（$km^2$） | 地表水资源量（亿 $m^3$） | 地下水资源量（亿 $m^3$） | 重复计算量（亿 $m^3$） | 水资源总量（亿 $m^3$） | 产水模数（万 $m^3/km^2$） |
|---|---|---|---|---|---|---|
| 黑龙江 | 903 418 | 1 165.9 | 430.7 | 244.8 | 1 351.8 | 14.96 |
| 辽河 | 345 027 | 487.0 | 194.2 | 104.5 | 576.7 | 16.71 |
| 海滦河 | 318 161 | 287.8 | 265.2 | 131.8 | 421.1 | 13.24 |
| 黄河 | 794 712 | 661.4 | 405.6 | 323.6 | 743.6 | 9.36 |
| 淮河 | 329 211 | 741.3 | 393.0 | 173.4 | 961.0 | 29.19 |
| 长江 | 1 808 500 | 9 513.0 | 2 464.2 | 2 363.8 | 9 613.4 | 53.16 |
| 珠江 | 580 641 | 4 685.0 | 1 115.5 | 1 092.4 | 4 708.1 | 81.08 |
| 浙闽诸河 | 239 803 | 2 557.0 | 613.1 | 578.4 | 2 591.7 | 108.08 |

续表

| 流域片 | 计算面积（$km^2$） | 地表水资源量（亿 $m^3$） | 地下水资源量（亿 $m^3$） | 重复计算量（亿 $m^3$） | 水资源总量（亿 $m^3$） | 产水模数（万 $m^3/km^2$） |
| --- | --- | --- | --- | --- | --- | --- |
| 西南诸河 | 851 406 | 5 853.1 | 1 543.8 | 1 543.8 | 5 853.1 | 68.75 |
| 内陆诸河 | 3 321 713 | 1 063.7 | 819.8 | 682.7 | 1 200.7 | 3.61 |
| 额尔齐斯河 | 52 730 | 100.0 | 42.5 | 39.3 | 103.2 | 19.57 |
| 全国总计 | 9 545 322 | 27 115.2 | 8 287.6 | 7 278.5 | 28 124.4 | 417.71 |

#### 1.3.1.2　我国水资源开发利用存在问题

1）人口增长，人均水资源占有量降低

中国巨大的人口基数以及人口再生产特有的巨大惯性，使得中国人口在继续增加，2020年第七次人口普查结果显示，中国人口总量为14.12亿人。因此，中国水资源开发利用面临巨大的人口压力，人均水资源量将进一步降低。

2）水资源污染日渐严重

我国大部分地区的水资源都遭受了很多污染，无论是地下水还是地表水，其储存环境都呈现岌岌可危的状态。通过随机抽取不同地区水资源样本进行试验测定发现，这些地区的水资源污染程度存在差异，其中黄河流域水样污染最为严重。经过深入的研究分析发现，这些污染大部分是由工业生产导致，此外农业化肥、生活污水也造成了一定比例的污染。

3）水资源供应结构失衡

地下水作为我国主要的水资源供给渠道，为社会发展、居民生活、工业生产、农业劳作提供了保障助力。为了满足各种用水需求，地区政府开展不同程度的地表水开采工作，由于需求量巨大，引发了严重的地表水使用浪费、地下水开采过量的问题，由此导致很多地区出现河道断流、湖泊萎缩、湿地减少等生态退化情况。

4）污水处理制度不完善

虽然我国制定了污水处理费用征收制度，并在社会生活用水中实现了一次征收到位，但是对于用水量较大的企业单位、工业生产却没有达到理想征收状态，因此导致水资源流失、污染情况严重。由于污水处理费用征收不当，致使我国的污水处理工作无法达到预期目标，不利于水资源的重复利用，久而久之势必引起严重的水资源短缺问题。

5）科技含量低，管理相对粗放

科技进步是提高水资源的有效利用率的决定性因素，一旦科学技术渗透并服务于整个水利，水利基础设施潜力和水资源利用率的提高将会对经济社会发展带来更高的安全保障和新的经济增长。未来水利基础设施效益和水资源利用率的提高，缓解水资源短缺矛盾，很大程度上取决于科技水平和经营管理水平的提高。在水利领域，目前水利科技贡献率只有32%左右，水的有效利用和节水技术的应用没有引起高度的重视，过去由于在水利建设的指导思想上重建设、轻管理，导致了管理机构不健全，管理人员素质较低。因此，我国依靠科技进步、技术创新，提高水经营管理水平以及管理人员素质的任务十分迫切而艰巨。

6）水市场机制建设困难

目前一些地区的资源供需矛盾越来越突出，急需引入市场机制优化配置水资源，提高水资源利用效率。但是，目前市场机制的作用不明显，大部分依旧是政府主导操作，政府与市场界限不清；由于水权交易平台建设刚刚起步，缺乏有效的水权交易运作体系。此外，水资源监测能力较弱，2013 年我国约 38％的工业和 70％的农业取用水未得到监测计量，50％的水功能区没有监测手段，52％的省界断面未开展水质监测，难以为水权交易提供技术支撑。

## 1.3.2 土地资源

### 1.3.2.1 我国土地资源类型和分布

土地资源的分类有多种方法，在中国较普遍的是采用地形分类和土地利用类型分类。

按地形，土地资源可分为高原、山地、丘陵、平原、盆地。这种分类展示了土地利用的自然基础。一般而言，山地宜发展林牧业，平原、盆地宜发展耕作业。地形按海拔高度，最高为 8 848.86 m（珠穆朗玛峰），最低为－150 m（吐鲁番盆地的艾丁湖）。根据在 1∶150 万地形图上量算结果，海拔低于 1 000 m 的面积约占全国总面积的 42.7％，低于 1 500 m 的约占 60.4％，海拔 3 000 m 以上的面积约占全国总面积的 25％。平均海拔高度在 1 200～1 300 m（见表 1-4）。

**表 1-4　不同海拔高度土地面积占全国土地总面积的百分比**

| 海拔(m) | 占全国土地总面积的百分比(％) | 海拔(m) | 占全国土地总面积的百分比(％) |
|---|---|---|---|
| 100 以下 | 9.5 | 2 000～3 000 | 6.8 |
| 100～300 | 9.3 | 3 000～4 000 | 4.8 |
| 300～500 | 8.3 | 4 000～5 000 | 14.6 |
| 500～1 000 | 15.6 | 5 000 以上 | 5.6 |
| 1 000～1 500 | 17.7 | 水域 | 1.0 |
| 1 500～2 000 | 6.8 | 合计 | 100 |

按土地利用类型，土地资源可分为已利用土地：耕地、林地、草地、工矿交通居民点用地等；宜开发利用土地：宜垦荒地、宜林荒地、宜牧荒地、沼泽滩涂水域等；暂时难利用土地：戈壁、沙漠、高寒山地等。这种分类着眼于土地的开发、利用，着重研究土地利用所带来的社会效益、经济效益和生态环境效益。评价已利用土地资源的方式、生产潜力，调查分析宜利用土地资源的数量、质量、分布以及进一步开发利用的方向途径，查明暂不能利用土地资源的数量、分布，探讨今后改造利用的可能性，为深入挖掘土地资源的生产潜力，合理安排生产布局，提供了基本的科学依据。

1.3.2.2 土壤分类

中国主要土壤发生类型可概括为红壤、棕壤、褐土、黑土、栗钙土、漠土、潮土(包括砂姜黑土)、灌淤土、水稻土、湿土(草甸、沼泽土)、盐碱土、岩性土和高山土等系列。

影响土壤与植被形成、分布的主导因素是水热条件,以及引起水热再分配的地质地貌因素。根据《中国1:100万土地资源图》,中国有46个土类,可以归纳为10个土壤类别(见表1-5),其中半水成土类、棕壤类和红壤类,分别占全国土地总面积的13.7%、12.1%和11.4%,三类合计占37.2%;其次是水成土类、岩成土类、钙层土类和高山土类,分别占全国土地总面积的7.7%、7.6%、7.2%和6.9%。其余土壤类别所占比例甚少,盐成土类仅占1.4%。

表1-5 中国土壤资源构成表

| 土壤类别 | 面积(亿亩)* | 占全国土地总面积(%) |
|---|---|---|
| 红壤类 | 16.4 | 11.4 |
| 棕壤类 | 17.4 | 12.1 |
| 黑土类 | 4.0 | 2.8 |
| 褐土、垆土类 | 6.6 | 4.6 |
| 钙层土类 | 10.3 | 7.2 |
| 半水成土类 | 19.7 | 13.7 |
| 水成土类 | 11.1 | 7.7 |
| 盐成土类 | 2.0 | 1.4 |
| 岩成土类 | 11.0 | 7.6 |
| 高山土类 | 10.0 | 6.9 |

1.3.2.3 我国土地资源开发利用情况

1) 耕地资源

耕地面积总量稳定,各年耕地减少量却逐渐增多。根据2011—2016年的国土资源公报数据,我国耕地总面积基本稳定在20.27亿亩,基本符合2013年底召开的中央农村工作会议提出的坚守18亿亩耕地红线,确保广大人民群众"舌尖上的安全"这一要求。但2011—2016年这6年间,除了2013年耕地面积有所增加,其余5年全国由于建设占用、灾毁、生态退耕、农业结构调整等原因减少的耕地面积远超过通过土地整治、开发、复垦等方式增加的耕地面积。尽管现有耕地面积保持了基本稳定,但在此基础上依旧不能忽视耕地面积增减的变化情况,如耕地的保护意识不强,地方产业发展的政策性偏弱,守住耕地红线、利用好耕地资源的压力比较大。

土地整治力度逐步加大,耕地质量提升任务严峻。耕地作为农业生产的物质基础,与

* 1亩=666.67平方米

国家的粮食安全、百姓的基本生活息息相关。由于建设占用、灾害损坏等原因，耕地面积的减少量不容小觑。因此，国家投入了相当比例的资金用于扩大土地整治规模，推进高标准农田的建设。尽管各地土地整治力度在逐步加大，但目前我国耕地资源质量的提升任务依旧严峻。根据2011—2016年国土资源公报，2014年和2015年全国耕地平均质量等别分别是9.96等和9.97等，总体偏低。其中，中、低等土地面积均占全国耕地评定总面积的70%以上。

城镇用地逐步严格，批而未用地库存量压力大。为了促进城镇发展的合理布局，保障实际用地需求，在过去的几年里城镇用地扩张的势头得到了有效控制。在城镇建设用地和耕地的利用、保护上寻求了一定程度的平衡点。但根据2015年和2016年全国土地变更调查结果，2014—2016年，未利用地面积均达39亿多亩，相比因建设需要而占用的优质耕地，一方面耕地面积在逐步减少，另一方面批而未用的土地库存大，每年减少的耕地和巨大的未利用土地存量之间的矛盾对于供给侧结构性改革是一大考验。开发未利用地存量，为城镇经济发展注入新生活力是地方政府和国土部门不得不重视的问题。

**表1-6　全国耕地质量等别面积比例**

| 等别 | 面积(万公顷) | 比例(%) |
|---|---|---|
| 1 | 48.84 | 0.36 |
| 2 | 59.93 | 0.44 |
| 3 | 115.85 | 0.86 |
| 4 | 172.76 | 1.28 |
| 5 | 366.48 | 2.71 |
| 6 | 886.22 | 6.56 |
| 7 | 1 143.89 | 8.47 |
| 8 | 1 188.01 | 8.79 |
| 9 | 1 410.69 | 10.45 |
| 10 | 1 790.55 | 13.25 |
| 11 | 2 045.43 | 15.14 |
| 12 | 1 891.85 | 14.00 |
| 13 | 1 125.50 | 8.33 |
| 14 | 765.63 | 5.67 |
| 15 | 498.12 | 3.69 |
| 合计 | 13 509.75 | 100.00 |

2）林地资源

林地，包括有林地、疏林地、新造林地（或称未成林造林地）、灌木林地、苗圃用地等。有林地指郁闭度为20%及以上的天然、人工林地。全国或某一地区的有林地面积与其土地面积之比即为森林覆盖率。林业用地指林地和适宜发展林业的无林地(采伐迹地、火烧迹地和其他宜林土地)。据统计,中国大陆地区有林地面积约 37.96 亿亩,森林覆盖率为 26.31%。90%以上分布在东半部,东北、西南、东南、华南地区的丘陵山地森林资源丰富,西北地区、内蒙古与西藏的中西部地区以及人口稠密、经济发达的华北地区、黄河、长江下游地区森林资源稀少。

3) 草地资源

草地一般可理解为生长草类植物为主的土地,它是发展草食动物的物质基础。我国草地资源的主要特点是:面积大,类型多,质量较低,主要集中于西半部。中国草地资源约 60 亿亩,其中天然草地的毛面积约 58.77 亿亩,可利用草地 46.85 亿亩;又根据《中国 1∶100 万土地资源图》概算,天然草地毛面积约有 57 亿亩,两者很接近,前者还包括农区中农隙草场 5 亿亩。中国天然草地主要分布于北部、西部年平均降水量小于 400 毫米的半干旱、干旱地区,部分零星分布在南部与中部地区。据调查资料,北部和西部 10 个省(自治区)的天然草地约有 47.42 亿亩,占全国天然草地总面积的 81%,可利用面积约 37.43 亿亩。

#### 1.3.2.4 土地资源开发利用存在问题

1) 土地资源开发利用引发的生态环境问题日益严重

在地球生态环境中,土地因素的恶化最为严重,过度砍伐森林和对土地的超负荷利用,使全球都在面临土地沙化、水土流失和地力减退等生态环境问题。土地生态环境正面临着恶化范围不断扩大、程度加剧、危害加剧的局面,具体表现在水土流失和盐碱化严重、草地和森林不断退化、湿地萎缩、生物多样性遭到破坏等。目前,我国沙漠化的土地面积已达到 173 万 $km^2$,占整个陆地面积的 18.02%,每年造成的直接经济损失高达 500 多亿元;水土流失面积达 367 万 $km^2$,占陆地面积的 38.23%,需要治理的水土流失面积达 200 多万 $km^2$;盐碱化土地面积约 90 万 $km^2$,占陆地面积的 9.38%;土地荒漠化的速度也远远超过治理的速度,全国荒漠化土地面积仍以每年 2 469 $km^2$ 的速度增长。

2) 土地粗放利用,浪费土地的现象严重,违法违规现象屡禁不止

建设用地粗放浪费较为突出。据调查,全国城镇规划范围内共有闲置、空闲和批而未供的土地近 400 万亩。全国工业项目用地容积率 0.3~0.6,工业用地平均产出率远低于发达国家水平。局部地区土地退化和破坏严重。2005 年全国水土流失面积达 35 600 万公顷,退化、沙化、碱化草地面积达 13 500 万公顷。违规违法用地现象屡禁不止。2007 年开展的全国土地执法“百日行动”清查结果显示,全国“以租代征”涉及用地 33 万亩,违规新设和扩大各类开发区涉及用地 91 万亩,未批先用涉及土地面积 225 万亩。

3) 耕地被其他生产占用,面积减少

根据 2018 年 5 月国家自然资源部公布的《中国土地矿产海洋资源统计公报》,2016 年年末我国共有农用地 64 512.66 万公顷,其中耕地 13 492.10 万公顷,园地 1 426.63 万公顷,林地 25 290.81 万公顷,牧草地 21 935.92 万公顷;建设用地 3 909.51 万公顷,其中城镇村及工矿用地 3 179.47 万公顷。2016 年,全国因建设占用、灾毁、生态退耕、农业结构调整等减少耕地面积 34.50 万公顷,通过土地整治、农业结构调整等增加耕地面积 26.81万公顷,耕地面积年内净减少 7.69 万公顷。

4）土地污染与破坏未得到有效控制

土地污染的污染源主要来自工业、生活、农业和交通。目前，我国每年废水的排放量均在700亿 t以上；一般工业固体废物年贮存量超过6.26亿 t，大量污染和占用土地资源，还有堆存的大量城市生活垃圾，不但占用了大量土地，也对水体和土壤等产生了污染，甚至发生了十分严重的污染事件；工业排放的废气、烟尘等引发的酸雨，也直接或间接地污染了大片土地。另外，我国长期以来大部分的城市生活污水和部分工业废水未经处理就直接排入河道或灌溉系统，且在一些水源不足的地区甚至直接引用污水灌溉农田，不少污灌区已发现重金属在表层土积累。农业方面大量地不合理施用化肥和农药，直接或间接地污染土壤，进而影响农作物的产量和质量，并最终随食物链进入人体。此外，矿产的开采、尾矿的不合理堆积，也会直接或间接地破坏大量的土地。随着生产力的发展和人类活动的深入，土地资源面临着越来越大的威胁，随之而来的生态破坏也开始报复我们，沙漠吞噬着人类的领地，而我们只能退让。十九大报告中指出，建设生态文明是中华民族永续发展的千年大计，必须树立和践行绿水青山就是金山银山的理念，像对待生命一样对待生态环境。

## 1.4 水土资源的区别与联系

### 1.4.1 我国水土资源特征

1）人均水土资源占有量少

我国平均降水量约 $6\times10^{12}$ $m^3$，水资源总量为 $2.81\times10^{12}$ $m^3$，相当于全球年径流总量 $47\times10^{12}$ $m^3$ 的6%，居世界第6位。但按人口计算，人均水资源占有量约2 200 $m^3$，相当于世界人均水资源量的1/4，因此，我国水资源量并不丰富。在我国 $2.81\times10^{12}$ $m^3$ 的水资源总量中，长江占34%（约占9 600亿 $m^3$），珠江占16%，西南和东南诸江河占30%，而黄河只占2.4%，海河只占1.1%。从北方的缺水形势来看，我国可以说是“贫水国”。我国耕地的绝对数量约20亿亩，只占全国总土地面积的13.88%，而印度、丹麦、法国、德国等国的耕地在总土地中占的比重都在30%以上，有的甚至超过50%。全国20亿亩耕地，只占世界同类耕地的7%，居世界第4位。人均耕地面积933 $m^2$，远低于世界人均2 867 $m^2$ 的占有水平。同时耕地分布上又很不平衡，约85%的耕地集中于仅占全国土地面积44%的东部季风区22个省（直辖市）内，其中大部分分布于温带、暖温带和亚热带的湿润、半湿润地区。而占全国面积一半以上的西部各省、自治区，其耕地只占全国耕地的15%，占这些省（自治区）土地总面积的23.3%，总的来说，我国人均耕地不仅少，而且分布也过于集中。

2）水土资源不匹配

由于我国所处地理位置，每年夏、秋季都有太平洋和孟加拉海湾来的东南风，带来大量雨水，由东南向西北方向输送。冬春季节，西伯利亚寒流干旱少雨，自西北到东南走向，常在我国西北和华北形成大面积干旱。年平均降水量自东南的1 600～1 800 mm，向西北方向逐渐减少到200 mm以下，如以400 mm年降水量为分界线，在我国西北和华北约有45%的国土面积处于干旱和半干旱地带，形成了成片的沙漠、戈壁和干旱的黄土高原。

我国水资源地区分布是南多北少，相差悬殊，与人口和耕地分布不相适应，基本上是水少地方耕地多，水多地方耕地少。长江流域及其以南的珠江流域、浙闽诸河、西南诸河等四片，面积占全国的36.5%，耕地占全国的36%，水资源量却占全国总量的81%，人均占有水量为4 180 $m^3$，约为全国平均值的1.9倍；亩均占有水量为4 130 $m^3$，为全国平均值的2.3倍。辽河、海滦河、黄河、淮河四个流域片，总面积占全国的18.7%，超过南方四片的一半，但水资源总量仅为2 177亿$m^3$，相当于南方四片水资源总量的10%。而北方四片土地多属平原，耕地占全国的45.2%，人口占全国的38.4%，其中尤以海滦河最为突出，人均占有水量仅430 $m^3$，为全国平均值的20%，亩均占有水量仅有251 $m^3$，为全国平均值的14%，可见水土资源不匹配的矛盾很明显。水资源分布均匀与否，对国民经济布局和发展影响很大，水资源严重缺乏地区，对工农业发展将产生明显的制约作用。

3）年内和年际降水不均匀

我国降水量和径流量在年内、年际的变化幅度都很大，并有枯水年和丰水年持续出现的特点。这种年际变化，北方大于南方，如东北松花江哈尔滨站水文记录，1916—1928年连续13年为枯水年，径流量比常年少40%；1960—1966年为连续丰水年，径流量比正常年份多32%。又如淮河蚌埠站，丰水年（1921年）径流量为718亿$m^3$，是枯水年（1978年）径流量的26.7倍。从全年来看，我国大部分地区冬春少雨，夏秋多雨。南方各省汛期一般为5—8月，降雨量占全年的60%～70%，2/3的水量都以洪水和涝水形式排入海洋，而华北、西北和东北地区，年降雨集中在6—9月，占全年降雨的70%～80%。这种高度集中的降水，往往又集中在几次暴雨过程中，容易造成洪涝灾害，而在冬春季节少雨，又往往干旱缺水。水资源时程分配极不均匀，是造成水旱灾害频繁出现，农业生产极不稳定的主要原因。虽然我国水资源在时间和地区上分配极不均匀，这是不利的一面，但水资源在时间分配上的雨热同期也是有利的方面。在每年6—8月，大部分农作物进入生长期，雨季也同时来临，为农作物生长提供了热和水两个重要条件，如无异常降雨，即会形成风调雨顺、农业取得丰收的自然气候条件，有助于解决中国众多人口的吃饭问题。

4）山地面积多，平原面积少

我国是个多山的国家，平原面积少，平原盆地只占国土面积的26%，丘陵占10%，山地高原占64%，而且许多海拔在2 000 m以上。寒漠、冰川有2万$km^2$；沙漠、戈壁约110万$km^2$；石质山面积约43万$km^2$。因此我国土地面积中有20%在开发利用上是有困难的，但从另一角度来看，广阔的丘陵、山地，复杂而多变的山地气候，也为我国发展多种果林、药材等经济林木以及开发牧场提供了场所。

5）水土资源污染

2015年中国环境状况公报显示，全国地表水总体为轻度污染，部分城市河段污染较重。全国废水排放总量695.4亿t，其中工业废水排放量209.8亿t，城镇生活污水排放量

485.1 亿 t。中国主要流域水质状况Ⅰ～Ⅲ类、Ⅳ～Ⅴ类和劣Ⅴ类（丧失使用功能的水）水质断面比例分别为 71.7%、19.3%和 9.0%。这些流域面临的严重问题是水体污染，主要河流有机污染普遍，主要湖泊富营养化严重。其中：辽河、淮河、黄河、海河等流域都有 70%以上的河段受到污染。全国地下水水质状况堪忧，以地下水含水系统为单元，以潜水为主的浅层地下水和承压水为主的中深层地下水为监测对象的 5 118 个地下水水质监测点中，水质为优良级的监测点比例为 9.1%，良好级的监测点比例为 25.0%，较好级的监测点比例为 4.6%，较差级的监测点比例为 42.5%，极差级的监测点比例为 18.8%。

随着工业化和城市化的发展，特别是乡镇工业的发展，大量的“三废”物质通过大气、水和固体废弃物的形式进入土壤。同时随着农业生产技术的发展，过度施用化肥和农药以及污水灌溉，不仅使土壤板结、土地退化，还对农作物及农田生态环境造成危害，污染物通过食物链最终进入人体，还会危害人体健康。到目前为止还没有关于已经遭受污染土地的准确统计数字，但有人估计由于环境污染而导致的粮食减产数量每年大约在 100 亿 kg，约占我国粮食产量的 3%，相当于我国近年来每年进口的粮食总量。

6）水土流失、土壤沙化

根据《第一次全国水利普查水土保持情况公报》（水利部，2013 年 5 月），截至 2011 年底，全国（统计数据未含香港特别行政区、澳门特别行政区和台湾地区）共有土壤侵蚀面积 294.91 万 $km^2$。其中水力侵蚀面积 129.32 万 $km^2$，占总土壤侵蚀面积的 43.85%；风力侵蚀面积 165.59 万 $km^2$，占总土壤侵蚀面积的 56.15%。水土流失不仅对农、林业生产造成严重的威胁，同时给水利、交通、工矿事业等带来巨大危害。自 20 世纪 80 年代以来，黄土高原地区相继实施了黄河流域水土保持综合治理、三北防护林、天然林保护、退耕还林（草）、淤地坝建设和坡耕地整治等大型生态工程。2014 年对黄土高原生态工程的生态成效分析评估结果表明，区域水土流失面积明显减少，水土流失程度明显减轻，生态状况成良好态势，但局部地区水土流失仍然较为严重，生态环境仍然比较脆弱，治理形势仍很严峻。

我国盐碱土主要在黄淮海平原、东北西部、河套地区、西北内陆干旱半干旱地区，以及滨海地带，估计总面积 20 万 $km^2$ 以上。

我国是世界上沙漠化最严重的国家之一，截至 2014 年，全国荒漠化土地面积 261.16 万 $km^2$，占国土面积的 27.20%；沙化土地面积 172.12 万 $km^2$，占国土面积的 17.93%；有明显沙化趋势的土地面积 30.03 万 $km^2$，占国土面积的 3.12%。实际有效治理的沙化土地面积 20.37 万平方公里，占沙化土地面积的 11.8%。根据第五次全国荒漠化和沙化监测结果显示，与第四次监测（2009 年）相比有明显好转，呈现整体遏制、持续缩减、功能增强的良好态势，但是我国土地荒漠化和沙化的形势依然严峻。我国荒漠化和沙化土地面积分别占国土面积的 1/4 以上和 1/6 以上，成为我国最为严重的生态问题。“十三五”期间，全国需要完成 10 万 $km^2$ 的沙化土地治理任务，也就是每年需要治理 2 万 $km^2$。沙区自然条件恶劣，生态系统脆弱，破坏容易恢复难。有明显沙化趋势的 30.03 万 $km^2$ 土地，如果保护利用不当，极易成为新的沙化土地；已有效治理的沙化土地中，初步治理的面积占 55%，但极易出现反复，后续巩固与恢复任务十分繁重；还有 28 万 $km^2$ 的暂不具备治理条件的沙化土地，亟待封禁保护。

### 1.4.2 区别与联系

水资源和土地资源作为自然地理系统的重要组成因子，彼此之间相互联系、相互渗透、相互制约。随着科学技术的不断发展和人类对水土资源的不断开发利用，人们对这两种资源的关系以及综合利用研究不断深入，以便在改造自然环境中，利用其基本规律，自觉地保护自然地理环境，满足人类和社会经济发展要求，实施可持续发展战略。

水资源是自然界地质循环的重要动力。土壤的形成与消失变化，是经过地质循环四个连续过程，即风化过程、输运过程、沉淀过程和构造过程而进行的。成土物质沿着这条"传输带"，不间断地更替着土壤的发生与消失。水资源是传输带的重要能量之一。水土流失、土地沙漠化、盐碱化、沼泽化无一不与水的不合理开发利用有关。土地资源是水循环的重要媒介。自然界中，水以"三态"存在，构成了水圈。土地联系了水分蒸发、降水而后径流三个过程，通过循环提供了人类需求和生物生存用水，整个过程都是通过土地贮存、传输和供应完成的。地面水、土壤水库、地下水均以土地资源为媒介，水、土资源分析密不可分。

水土资源相互协调，构成了自然界生物、能量系统循环交换的基础。水、土、植物、大气 SPAC 系统(Soil Plant Atmosphere Continuum)中，依靠水进行物质和能量的传输，水土资源的协调和耦联保证了自然界生物、生态循环的正常转化。总之，水资源是土地资源发挥最大优势的基本条件，水资源利用得合理与否，直接影响到土地资源的生产效率；而土地资源的利用程度也制约着水资源的利用，土地资源利用效率比较高，则为水资源的合理开发利用制造了条件。水土资源相互依赖、制约，与人类社会经济活动相结合，构成了其动态、大系统结构特征。

## 1.5 水土资源智慧化管理

### 1.5.1 水土资源智慧化管理的必要性

水资源是人类社会生存与发展不可缺少和不可代替的重要资源。人类社会在发展的过程中遇到了前所未有的水资源短缺问题、水污染问题和水环境破坏问题，而这些问题的存在已严重影响到了人类社会的可持续发展。人类前行的轨迹和水息息相关，每段文明的发生和发展几乎都可以追溯到一条河流或者一块水域。由于降水和径流的地区分布和时程分配不均匀，往往会出现洪、涝、旱、盐碱等自然灾害。如果水资源开发利用不当，也会引起人为灾害。如灌溉不当可导致地下水位上升，引起土壤次生盐渍化；过采地下水，形成地下水位漏斗，导致海水入侵，地面沉降，地表建筑破坏，更为严重的是多水季节，地表污水沿地表裂隙进入地下，导致地下水的严重污染，破坏地下水环境。因此，人类在开发利用水资源时，一定要注意合理开发与保护并重，以达到兴利除害的双重目的。在城市化进程不断加快的今天，从中央到地方的各级政府都在强调要以更加生态、环保的方式进行建设，解决城市用水、工业用水、农业用水、再生水利用规划和流域管理和治理的问题。

土地资源安全是国家可持续发展的根基，实施土地资源安全战略，是在当前中国土地资源利用的不利形势下，不得已而为之。中国资源约束趋紧、环境污染严重、生态系统退化的问题十分严峻。优化国土空间开发格局，加快实施主体功能区战略，构建科学合理的城市化格局、农业发展格局、生态安全格局是新时代下国土空间发展的国家战略布局。过多依赖增加土地资源消耗、过多依赖传统工业扩张和城市蔓延驱动、过多依赖大规模开发后备土地资源的粗放型发展已经难以为继，已经触及资源、生态、环境的天花板。中国不断加剧的资源过度消耗、后备资源短缺、空间错配、低水平建设等进一步激化了经济发展与资源环境之间的矛盾。基于土地资源保障的粮食安全与农业安全面临严峻挑战，土地数量、质量、生态"三位一体"支撑与监管技术尚未形成，由土地资源安全所引发的粮食不安全、生态不安全、经济不安全问题，甚至成为国家安全的重大隐患。

随着我国市场化和经济一体化深入发展，互联网、高速交通等新技术快速发展带来"时空压缩"，传统城镇空间体系的等级色彩和行政边界的分隔效应正不断淡化，跨界联系日益加强，区域间、城镇间关系日趋扁平化、网络化，并直接影响跨界区域空间体系。在新的网络化、区域协同发展背景下，城镇开发建设、生态用地保护正在实现网络化转型，以行政边界为单元的优势区位竞争原则的土地资源配置模式面临着新挑战。适合网络化空间组织的水资源和土地资源配置的基础理论和技术方法亟待发展。

## 1.5.2 水资源智慧化管理

### 1.5.2.1 实施全面日常监管工作

智慧的水资源管理是指水资源生态系统[4]，不仅是水利、环保部门或水资源行业关注并参与建设，更是由政府部门、水行业、工业、农业和居民各方共同参与的活动。零散的数据能提供给决策者的信息是有限的，除了流域水质本身的信息，水资源管理链条上各个相关部门必须借助其他很多信息，参考大量数据，做出分析决策，各类数据背后对于关联性的洞察才可能带来更大的价值。比如：地理信息，沿河分布的企业、工厂信息，天气信息等。这就涉及不同机构和企业的不同部门，每个工厂和灌溉系统相接口的水资源管理单位，居民小区。跨领域地将这些信息整合到一个灵活、开放的高性能平台上，形成一个互联互通的集成，共享数据，分析数据，帮助决策者进行判断，实施资源动态调配。如此大规模和复杂的数据采集、集成、分析必然需要先进的传感设备，灵活、开放的高性能平台，强大的数学运算和分析能力。理想城市中智慧的水资源管理应该是：环保局发现某一个地方污染严重可以马上找到并及时分析出污染对水环境以及周边的影响；水利局和自来水公司可以根据季节和用水量预测实时调整水量、水库蓄水和再生水分配；各机构、企业、团体和个人形成一个理想化的立体管网，地方环保局、水利局、市政都可以很好地知晓城市用水和调配情况，监控城市用水。

### 1.5.2.2 加强对水污染和突发事件的响应

以水污染事件为例，如果制定相应水质指标，用颜色表示水质清洁情况，通过实时监控水质变化，环保部门可以对周边用水和排污状况是否会导致潜在危机发出预警。一旦出现污染事件，城市应急部门参看政府数据，判定污染地点、污染物质、扩散速度，分析随着时间推移污水会对下游产生何种程度的影响，采取污染处理紧急方案，协调市政部门或商业、工业、农业部门，在计划时间内解决问题，协调污水处理公司实施恢复性救助和指导受影响地区工、商、农业采用正确措施应对问题、恢复生产。

1.5.2.3 数学建模搭建"智慧的水"系统

解决"智慧的水"应用体系问题的核心基础，是可以通过一个或数个互联互通的数据平台和复杂的数学模型分析延展开。在实际业务操作上，计算机服务器应与多个地区环保部门，和专注水领域的一些大学、研究机构合作，建立一个高规格合作框架协助制定国家标准、构建参考系统。计算机运营部门同时正在和水行业领头企业进行深层次合作，以实现对流域整体分布、水流、水质、自然降水、人工蓄水、生活用水、工业用水、农业用水与污水排放进行实时信息采集，记录在案，全面监控，搭建数学模型对这些采集得来的海量数据进行快速处理和分析，通过一个开放的数据整合平台共享给市政、企事业各方机构和公众。政府、水务局、自来水公司、污水处理部门和建设公司可以依据数据合理规划流域内工厂和农业灌溉数量、位置和规模；科学计划域内和周边城市、工业和农业用水和调水；科学管理污水排放、回收、清洁、再利用；及时预知城市管网、输水、水压力的健康情况，根据要求，对各种基础设施进行维护、检修和建设；共同部署实施"智慧的水"，在不增加自然水量的前提下，通过水资源科学保护、使用、管理和治理为解决水问题提供实践，建设绿色的生态城市。随着数据分析应用在水务行业的渗透与发展，水务信息技术对行业的影响日趋显著。

### 1.5.3 土地资源智慧化管理

土地资源管理立足于国家经济社会高质量发展和生态文明建设时代背景，围绕治理体系现代化要求和国家重大战略需求，遵循土地科学发展基本规律，开展国土空间规划与用途管制、耕地资源保护与粮食安全、国土综合整治与生态修复、农村土地整治与乡村振兴、土地产权制度改革与创新等研究。因此，需要精准化、动态监管每一块土地资源开发利用与保护全过程，传统的土地资源管理模式面临着挑战。如今，在智慧社会发展战略引领下，借助大数据、云计算、移动互联、物联网等信息技术，土地资源的治理势必进入一个全新发展阶段。我国国土信息化建设多年来的建设成果也为以土地资源数字化、精细化、智能化为基础的"智慧土地"的时代提供了机遇[5]。

1.5.3.1 智慧土地

智慧土地是国家智慧城市发展战略的有机组成部分，它统筹考虑土地的调查、评价、规划、利用、监测等内容，利用新一代信息技术实现对国土资源管理的科学决策支持，融合"人本"与"技术"智慧以实现土地资源治理能力提升，构建高效、协调、可持续的土地资源系统。较之传统土地利用和管理模式，智慧土地呈现出以下几个显著特征：

(1) 要让土地系统成为真正的生命体，有智慧、会思考。

(2) 新技术能将土地系统的多维特征、变化与运行过程系统、精确、实时数字化到虚拟的数字空间，实现现实土地空间到虚拟数字空间的保真映射。

(3) 在虚拟空间能重建这些生命体，理解其运行机制、模拟其自组织行为。

(4) 具备对各种人类活动、自然环境变化带来干扰的响应、预警和调控决策能力。

#### 1.5.3.2 智慧国土

智慧国土的内容，是由其建设体系来表达的，这个体系包括一个“一张图”数据库中心和电子政务、综合监管、信息服务三大平台，这个系统的运行依托于先进的信息化技术和建设理念。

1) 国土资源“一张图”数据库

智慧国土以国土资源“一张图”数据库为资源基础，以三大平台——电子政务平台、综合监管平台及信息服务平台为设施基础，运用先进的理念和技术(云计算、大数据等)来实现土地资源的新型现代化管理(标准化、规范化、智能化、集约化)。“一张图”核心数据库作为基础的国土资源数据仓库，构成了智慧国土的大数据。

2) 智慧国土管理平台

围绕“一张图”数据库中心，智慧国土管理平台包括电子政务、综合监管和信息服务三大平台。电子政务平台是基于政务云和国土云来对分散的地政、矿政、地质环境等政务系统进行重构，成为可以对国土政务实施统一管理的智慧国土政务系统；综合监管平台是跟踪国土资源运行的监督和管理的平台；而信息服务平台是服务于政府、企业和百姓的信息及信息化服务平台，其应用系统项目建设将涉及41个具体的业务系统软件的开发。

3) 智慧国土建设的信息技术

智慧国土建设运用适用的信息化技术，保证国土的可持续利用，为企业及大众创建生产和生活的土地人工环境。智慧国土把与土地管理相关的分散的、各自为政的信息化、物联网系统加以整合，这是传统意义上的城市信息化、数字城市的升华和飞跃。它通过监测、分析、整合和采用智慧响应的方式，把各国土管理部门的职能综合起来，保证了智慧国土的系统运行。

4) 智慧国土的核心理念

智慧国土的建设体系遵从智慧、互联、协同的核心理念，它秉承智慧城市的内容和理念。智慧城市在内容上涵盖了产业、民生、环境、防灾减灾、行政治理、资本配置等各个方面，把城市规划、建设、管理和运行全过程智能化，并且服务于整个城市化的“应用”。而智慧国土就是要以智慧系统为“黏合剂”，把集约、低碳、绿色等新理念系统地融入国土资源管理的全过程；把过去的信息孤岛和利益壁垒打破，形成信息共享的系统共生过程。

总之，作为国家信息化建设的重要组成部分，“智慧国土”建设依托国土资源数据平台，构建覆盖全域的“智慧国土”网，实现网上一站式办公、管理与服务，从而促进现代化建设和社会生活和谐有序地发展。

#### 1.5.3.3 国土资源智慧档案管理

1) 构建智慧化国土资源档案基础管理体系，推进国土资源档案科学化管理

一是覆盖人民群众的档案信息资源体系，主要内容包括以数字化和收集移交为基础的智慧化国土资源档案的资源建设，侧重国土档案资源本身的收、存、管、用。二是以云存

储、云计算、大数据技术为基础的智慧化档案管理和服务体系。三是以存储安全技术为基础的智慧化档案安全体系。智慧化档案安全体系首先要求改变传统的身份认证体系。

2）构建智慧化档案库房物联网体系，盘活国土资源档案库和档案实体

一是档案库房智能楼宇管理体系。二是智能化档案库房管理体系。通过无线传感技术和 RFID 超高频射频技术，结合智能化物联网档案库房管理建设的目标以及档案库房的实际情况。三是智能化档案机房管理体系。

3）构建智慧化国土档案交互体系，实现智慧化国土资源档案共建共享共用

一是通过国土专网实现市县级数据交互。二是通过政务网实现国土资源档案交互共享。三是通过各种方法实现国土资源档案与利用者的交互。

# 第二章　水土资源计算与供需平衡分析

## 2.1　水资源量计算

水资源的分析与计算，一般是针对水资源区划确定的某一特定区域而进行的。它是在充分收集整理气象、水文资料的基础上，研究区域内降水、蒸发、径流等要素的时空化规律以及区域地表水、土壤水、地下水的相互转化关系，计算地表水资源量、地下水资源量及水资源总量，分析其水质及时空变化规律，为区域水资源的开发规划提供科学依据[6]。

### 2.1.1　地表水资源

#### 2.1.1.1　*地表水资源计算方法*

地表水体包括河流水、湖泊水、冰川水和沼泽水，地表水资源量一般通过天然河川径流量来表示。通过实测径流还原计算和径流修正处理，提出系列一致性较好、反映近期下垫面条件的天然年径流系列，作为评价地表水资源量的依据。

根据区域的气候及下垫面条件，综合考虑气象站、水文站点的分布、实测资料的年限及质量情况等，河川径流量的计算方法有代表站法、等值线法、年降雨—径流函数关系法和水文比拟法等。

1）代表站法

在研究区域内，选择一个或几个基本能控制全区、实测径流资料系列较长并且具有足够精确度的代表站，从径流形成条件的相似性出发，将代表站的年径流量按面积比或综合修正的方法移用到整个研究区域内，从而推求区域多年平均及不同保证率的年径流量，这种方法称为代表站法。代表站可以分为单一代表站和多个代表站。

如果研究区域内可以选择一个代表站，该站控制面积和研究区域相差不大，产流条件相同，则研究区域的径流量计算公式如下：

$$\bar{Y}_F = \frac{F}{f} \cdot \bar{Y}_f \tag{2-1}$$

式中：$\overline{Y}_F$ 为研究区径流量，$m^3$；$\overline{Y}_f$ 为代表站控制范围内的径流量，$m^3$；$F$、$f$ 分别表示研究区和代表站的面积，$km^2$。

如果研究区有两个或两个以上代表站，则先以各代表站的面积为权重，求代表站的平均径流，再按上式计算研究区的平均径流量。

当代表站的代表性不很好时，需要对计算结果进行修正，常用的方法有：

(1) 引用多年平均降雨量修正：

$$\overline{Y}_F = \overline{Y}_f \cdot \frac{\overline{X}_F \cdot F}{\overline{X}_f \cdot f} \tag{2-2}$$

式中：$\overline{X}_F$、$\overline{X}_f$ 分别为研究区和代表站的平均降雨量，mm；其余符号意义同前。

(2) 引用多年平均降雨量及径流系数修正：

$$\overline{Y}_F = \overline{Y}_f \cdot \frac{\overline{\alpha}_F \cdot \overline{X}_F \cdot F}{\overline{\alpha}_f \cdot \overline{X}_f \cdot f} \tag{2-3}$$

式中：$\overline{\alpha}_F$、$\overline{\alpha}_f$ 分别为研究区和代表站的多年平均径流系数，其余符号意义同前。

2）等值线法

等值线法是指区域面积不大、缺乏实测径流资料时，借用包括该区在内的较大面积流域（代表流域）的径流量等值线来计算研究区径流量。从降雨等值线图上查出区域内的平均年径流深，乘以区域面积，来计算区域多年平均年径流量。有时，为了确保计算结果的可靠性，可以用邻区有实测径流资料的相似流域，采用均值比较法进行适当修正和验算。

3）年降雨—径流函数关系法

在代表区域内，选择具有充分实测降水、年径流资料的代表站，建立年降雨—径流函数关系。如果计算区域与代表流域的自然地理条件比较接近，即可根据计算区域实测逐年平均降雨量，计算区域径流量。

4）水文比拟法

在无实测径流资料的地区，可使用水文比拟法。此法的关键是选择恰当的代表流域。代表流域应与研究区域在气候一致区内，两者的面积相差不大（一般在 10%～15%），影响产汇流的下垫面条件相似，且代表流域具有长期实测降水径流资料。水文比拟法就是将代表流域的径流资料移置到研究区域上来的一种方法。

2.1.1.2 出境、入境水量计算

入境和出境水量，是针对特定区域边界而言的。入境水量是指河流流经区域边界流入区域内部的径流量；出境水量是指河流流经区域边界流出区域之外的径流量。河流的入境水量和外流域向本区的调水，都属于客水。当入境水量和出境水量相等时，该水量可叫作过路水量。而实际上，河流流入特定区域以后，一般都存在河道渗漏、水面蒸发等损失，有的河流流经岩溶地区，尤其是西南岩溶地区，经过大量的天窗、漏斗等地表岩溶的渗漏，有相当一部分转化为地下水；有的河流流经沼泽区，大量水分消耗于蒸发，甚至变成无尾河。当河流流经工农业区，也可能会从河流中引水，使得入境水量不能全部流出境外。这说明，入境水量是沿途变化的。一般情况下，入境水量和出境水量并不相等。

### 2.1.2 地下水资源

地下水资源是指地下水体中积极参与水循环的过程，而能不断得到更新的具有利用价值的那部分地下水。地下水资源分布广、水质好、不易被污染、调蓄能力强、供水保证程度高，被人们广泛开发利用，尤其在我国北方一些地区，地下水已经成为重要的甚至唯一的水源。目前，在计算和评价中的地下水资源量是指地下水中参与现代水循环且可以更新的动态水量，重点计算矿化度小于 2 g/L 的浅层淡水资源量。

地下水储存量是指储存于稳定含水层（体）中的重力水体积，在含水层中处于季节水位变动带内的地下水量，是补给量的一部分，不应计入储存量内。地下水补给量是指在天然状态或开采条件下，某地区的含水层在单位时间内自大气降雨、地表水入渗、区外补给与人工补给的水量等。排泄量是指某段时间内从某一单元含水层或含水岩体排泄出的重力水体积，可分为天然排泄量和人工排泄量，最常见的人工排泄量就是地下水开采。

1）山丘区地下水总补给量和总排泄量的计算

山丘区多年平均总补给量等于山丘区多年平均总排泄量，因此通常用山丘区地下水的排泄量近似作为山丘区地下水补给量。山丘区地下水总排泄量包括：河川基流量、河床潜流量、山前侧向流出量、未计入河川基流的山前泉水出露量、潜水蒸发量和地下水实际开采净消耗量等项。其中，以泉水的形式出露地表的水量分两类：如果泉水出露于山丘区河流控制断面的上游，则形成河川基流；如果出露于山丘区河流控制断面以下或以外，则称为未计入河川基流的山前泉水出露量。

(1) 河川基流量计算

河川基流量是山丘区地下水的主要排泄量。山丘区河流坡度陡，河床切割较深，水文站实测的逐日平均流量过程线既包括来自地表的地表径流，又包括来自地下水的河川基流量。河川基流量可通过分割实测流量过程线的方法近似求得，常用的分割方法有水平线分割法、斜线分割法。

水平线分割法是从实测流量过程线的起涨点作一水平线与过程线的退水段相交，则这条水平线就被认为是该次洪水的地面地下径流分割线。水平线分割法简便易行，对地下径流小，洪水历时短的流域较为适合；而对地下径流比重大、洪水连续时间长的流域，则会造成比较大的误差，此时改用斜线分割法较为合理。

将绘在透明纸上的标准退水曲线蒙在要分割的洪水过程线的退水段上（注意比例尺的一致），使横轴重合，然后左右移动，当透明纸上的综合退水曲线与洪水退水段的尾部吻合后，则两线前方的分叉点 $b$ 就是地面径流终止点。从实测流量过程线的起涨点 $a$ 至峰后无雨情况下退水段的转折点 $b$（又称为拐点）处，以直线相连，$a-b$ 即为地面地下径流分割线，直线以下部分即为河川基流量，如图 2-1 所示。绘制逐年日平均流量过程线，选择峰后无雨、退水时间较长的退水段若干条，将各退水段在水平方向移动，使尾部重合，作下包线即为综合退水曲线。

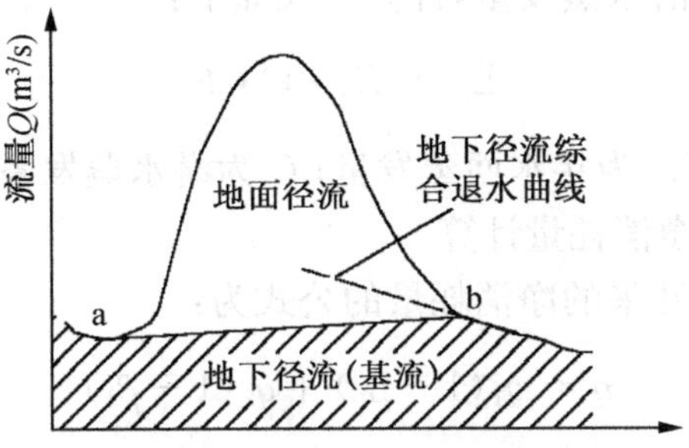


**图 2-1　斜线分割法示意图**

地面、地下径流分割后，分割线上面的部分即地面径流 $W_s$，下面的部分即地下径流 $W_g$，分别除以流域面积 $F$ 即可得到其地面径流深 $R_s$、地下径流深 $R_g$。

$$R_s = \frac{W_s}{F} \tag{2-4}$$

$$R_g = \frac{W_g}{F} \tag{2-5}$$

(2) 河床潜流量计算

河床潜流量是通过河床松散沉积物从山丘区排出的地下水量。计算公式如下：

$$R_u = K \cdot I \cdot F \cdot T \tag{2-6}$$

式中：$R_u$ 为河床潜流量；$K$ 为渗透系数；$I$ 为水力坡度，一般用河底坡度代替；$F$ 为垂直于地下水流方向的河床潜流过水断面面积；$T$ 为河道或河段过水时间。

(3) 山前侧向流出量计算

山前侧向流出量是指山丘区地下水通过裂隙、断层或溶洞以潜流形式直接补给平原第四纪沉积层的水量。其计算公式如下：

$$U_k = K \cdot I \cdot F \cdot T \tag{2-7}$$

式中：$U_k$ 为山前侧向流出水量；其他符号意义同前。

(4) 未计入河川基流的山前泉水出露量计算

山体中的地下水，沿裂隙、断层或溶洞向平原流动，在山丘区与平原区的交界带，受地形落差的影响，山丘区地下水出露地表，形成泉水。有些泉水，通过地表泄入河道，这部分泉水已被下游河道水文站测到，包括在分割的河流基流之中。有些泉水，不泄入河道，当地自行消耗，这部分泉水的总和称为未计入河川基流的山前泉水出露量。

(5) 潜水蒸发量计算

潜水蒸发量指潜水在毛细管力作用下向上运移，通过地表蒸发与叶面散发的水量。

潜水蒸发强度与气象因素、地下水埋深、包气带岩性、植被种类、耕作方式等有关。陆面蒸发能力愈大、地下水埋深愈浅,潜水蒸发也愈大。地下水埋深相同时,黏性土的潜水蒸发强度一般小于砂性土的潜水蒸发强度。需要分析地下水动态和地中蒸渗仪资料,按潜水蒸发系数或经验公式计算潜水蒸发量,计算公式如下:

$$E_g = E_0 \cdot C \cdot F \tag{2-8}$$

式中:$E_g$ 为潜水蒸发量;$E_0$ 为年水面蒸发量;$C$ 为潜水蒸发系数;$F$ 为研究区面积。

(6) 地下水实际开采净消耗量计算

计算浅层地下水实际开采的净消耗量的公式为:

$$q = q_1(1-\beta_1) + q_2(1-\beta_2) \tag{2-9}$$

式中:$q$ 为浅层地下水实际开采的净消耗量;$q_1$ ,$q_2$ 为用于农田灌溉、工业及城市生活的浅层地下水实际开采量;$\beta_1$ ,$\beta_2$ 为井灌回归系数、工业用水回归系数。

对于我国南方降水量较大的山丘区,上述第 1 项基流占的比重较大,而第 2~6 项资源量相对较小,一般忽略不计。

2) 平原区地下水总补给量和总排泄量的计算

平原区地下水总补给量包括降水入渗补给量、河渠渗漏补给量、山前侧向流入补给量、渠系渗漏补给量及渠灌田间入渗补给量、水库(湖泊及闸坝)蓄水渗漏补给量、越流补给量、人工回灌补给量、井灌回归补给量。总补给量扣除井灌回归补给量即为地下水资源量。

(1) 各项补给量计算

① 降水入渗补给量计算

降水入渗补给量是指当地降水平均年入渗补给地下水的水量,包括地表坡面漫流和洼地水渗入土壤,并在重力作用下渗透补给含水层的水量。它是浅层地下水的重要补给来源(干旱区例外),计算公式为:

$$U_p = P \cdot \alpha \cdot F \tag{2-10}$$

式中:$U_p$ 为多年平均降水入渗补给量;$P$ 为多年平均降水量;$\alpha$ 为降水入渗补给系数;$F$ 为研究区面积。

② 河渠渗漏补给量计算

当河渠水位高于岸边附近地下水位时,河渠水在重力作用下,以渗流形式补给地下水,这种现象称为河渠渗漏补给。计算公式为:

$$U_r = K \cdot I \cdot F \cdot L \cdot T \tag{2-11}$$

式中:$U_r$ 为单侧河渠渗漏补给量;$K$ 为渗透系数;$I$ 为垂直于剖面方向上的水力坡度;$F$ 为单位长度河道垂直于地下水流方向的剖面面积;$L$ 为河道长度;$T$ 为河道或河段过水时间。

③ 山前侧向流入补给量计算

山前侧向流入补给量是指山丘区山前地下水以地下径流的形式补给平原区浅层地下水的水量，计算方法与山前侧向流出量计算方法相同。

计算剖面应尽可能选在山丘区与平原区交界处，剖面方向应与地下水流方向相垂直。水力坡度值可选用平水年上下游浅层地下水水头差计算。若水力坡度小于1/5 000，可不计算山前侧向流入补给量。

④ 渠系渗漏补给量计算及渠灌田间入渗补给量计算

由于渠道的水位一般高于两岸地下水位，所以渠道输水对地下水产生渗漏补给。渠系渗漏补给量主要采用渠系渗漏补给系数法、地下水动力学法以及经验公式法来计算。渠系渗漏补给系数法计算公式如下：

$$U_c = m \cdot W = r(1-\eta)W \tag{2-12}$$

式中：$U_c$ 为渠系渗漏补给量；$m$ 为渠系入渗补给系数；$W$ 为渠首引水量；$r$ 为渠系渗漏补给地下水系数；$\eta$ 为渠系水有效利用系数。

渠灌田间入渗补给量是指灌溉水进入田间后，经过包气带渗漏补给地下水的水量，采用田间灌溉水量乘以渠灌田间入渗补给系数求得，计算公式如下：

$$U_f = \beta \cdot W \tag{2-13}$$

式中：$U_f$ 为渠灌田间入渗补给量；$\beta$ 为渠灌田间入渗补给系数；$W$ 为渠灌进入田间的水量。

⑤ 水库(湖泊及闸坝)蓄水渗漏补给量计算

当水库、湖泊、闸坝等蓄水体水位高于岸边地下水时，对地下水产生渗漏补给。计算公式如下：

$$U_d = (W_1 + P_d - E_d - W_2 \pm \Delta W) \cdot \beta \tag{2-14}$$

式中：$U_d$ 为水库(湖泊及闸坝)蓄水渗漏补给量；$W_1$ 为进入水库(湖泊及闸坝)的水量；$P_d$ 为水库(湖泊及闸坝)水面上的降水量；$E_d$ 为水库(湖泊及闸坝)的水面蒸发量；$W_2$ 为水库(湖泊及闸坝)的出库水量，包括溢流量、灌溉引水量和经坝体渗入下游河道的水量等；$\Delta W$ 为水库(湖泊及闸坝)的蓄水变量(减少为正值，增加为负值)；$\beta$ 为水库(湖泊及闸坝)补给地下水系数。

⑥ 越流补给量计算

当相邻两含水层之间有足够水头差时，水头高的含水层通过弱透水层补给水头较低的含水层，这种现象称为越流。显然，弱透水层越薄，则其透水性越强，相邻含水层水头差越大，则越流补给量越大。一般情况下，越流补给强度较小，但由于越流面积大，因此越流补给总量可能较大。计算公式为：

$$U_j = \Delta H \cdot F \cdot T \cdot K_e \tag{2-15}$$

式中：$U_j$ 为越流补给量；$\Delta H$ 为压力水头差(深层地下水水头与浅层地下水水头差)；$T$

为时段(一般为年)；$K_e$ 为越流系数(弱透水层的渗透系数/弱透水层厚度)；$F$ 为计算面积。

⑦ 人工回灌补给量计算

人工回灌补给量是指通过井孔、河渠、坑塘或田面，人为地将地表水灌入地下，补给浅层地下水的水量。目前各地对人工回灌补给地下水都持慎重态度，原因是现状地表水质较差，大规模的人工回灌会引起地下水质的恶化。人工回灌补给量按实际回灌量统计计算。

⑧ 井灌回归补给量计算

井灌回归补给量是指井灌区提取地下水灌溉，灌溉水入渗补给地下水的水量。这一补给量可用地下水实际开采量中用于井灌的部分乘以井灌回归补给系数求得。

(2) 各项排泄量计算

按照排泄形式，地下水总排泄量可分为潜水蒸发量、浅层地下水实际开采量、河道排泄量、侧向流出量和越流排泄量等。

① 潜水蒸发量计算

平原区潜水蒸发量的计算与山丘区潜水蒸发量计算方法相同。

② 浅层地下水实际开采量计算

地下水实际开采量是开发利用程度较高地区的一项主要排泄量。包括农业灌溉用水开采净消耗量和工业、城市生活用水开采净消耗量。农业灌溉用水量一般采用水利部门的实际调查统计成果。在缺乏上述成果时，可采用灌水定额法来确定。工业、城市生活用水量由统计调查取得，可根据具体供水部门逐个调查统计。根据农业灌溉用水量和工业、城市生活用水量及井灌回归系数、工业用水回归系数，可按式(2-9)计算浅层地下水实际开采量值。

③ 河道排泄量计算

平原区地下水排入河道的水量称河道排泄量。大部分地区用地下水动力学法计算河道排泄量。山间盆地平原区、山间河谷平原区、黄土高原台塬阶地区以及淮河流域片的一般平原区，采用分割河川基流量法计算河道排泄量。

④ 侧向流出量计算

以地下径流形式流出计算区的水量称为侧向流出量。计算方法同山前侧向流入补给量。

⑤ 越流排泄量计算

当浅层地下水位高于当地深层地下水位时，浅层地下水向深层地下水排泄，称越流排泄。

3) 地下水可开采量的计算

地下水资源受开采条件限制，往往不能全部被开采利用。因此，需对地下水资源量中的可开采量进行评价。地下水可开采量是指在经济合理、技术可能且不发生因开采地下水而造成水位持续下降、水质恶化、海水入侵、地面沉降等水环境问题和不对生态环境造成不良影响的情况下，允许从含水层中取出的最大水量，地下水可开采量应小于相应地区地下水总补给量。地下水可开采量是开发利用地下水资源的一项重要数据，它是在一定限期内既有补给保证，又能从含水层中取出的稳定的开采量。要保持稳定的开采量，在开采期间就要有一定的补给量与之平衡，没有补给保证的开采量，只能代表开采能力，而没有稳定性；同样，取不出来的储存量，只能是天然资源，而不是开采资源。

地下水可开采量计算方法很多，但一般不宜采用单一方法，而应同时采用多种方法并将其计算成果进行综合比较，从而合理地确定可开采量。分析确定可开采量的方法有：实际开采量调查法、开采系数法、多年调节计算法、类比法、平均布井法等。

### 2.1.3 水资源总量

#### 2.1.3.1 水资源总量评价

水资源总量评价是在地表水和地下水资源数量评价的基础上进行的，主要包括降水、地表水和地下水的动态转化关系分析、水资源总量计算、水资源可利用总量估算。按前面论述，水资源总量是流入本区的入境水与大气降水直接补给所产生的地表水与地下水资源量之和。换言之，总水资源量就是地表水与地下水资源量扣除地表水与地下水资源转化重复量的水资源总量。

考虑到水资源的重复计算量，流域水资源总量通用计算公式为：

$$W = R + Q - D \tag{2-16}$$

式中：$W$ 为水资源总量；$R$ 为地表水资源量；$Q$ 为地下水资源量；$D$ 为地表水和地下水相互转化的重复水量（多年平均河川径流量与多年平均地下水补给量之间的重复量）。

#### 2.1.3.2 水资源可利用量评价

某一地区的水资源总量，并不等于该地区的可利用量。水资源可利用量，是指该地区可利用的地表水资源量和可开采地下水资源量之和。水资源的可利用量与当地的水资源开发利用水平有关，当地水利工程多，地表水、地下水调度水平高，则水资源可利用量就大，反之则少。在现有的技术水平下，水资源的可利用量一般不超过当地水资源总量的40%。按照国际惯例，如果一个地区的水资源利用程度超过45%，该地区将会产生生态与环境问题。可以采用迭加法以及保证率曲线法评价水资源可利用量。

1) 迭加法

为确定一个地区水资源的最大可利用量，可将地表水可利用量和地下水可开采资源量迭加起来，以此去评价地区的水资源可利用总量。迭加不是简单的累加。地表水可利用量、地下水可开采资源量不仅在一年之中有变化，在多年气象周期中还有丰水年、平水年及枯水年之分，即年际变化决定了必须是相同年的累加。由此出发，其迭加可以有：

(1) 典型年地表水可利用量与地下水可开采资源量之和，依此评价地区的水资源可利用总量。

(2) 逐年地表水可利用量与地下水可开采资源量之和，依此统计其最大、最小、平均值等，以此评价地区水资源可利用总量的年际变化特征。

(3) 平均年地表水可利用量与地下水可开采资源量之和，依此评价正常年的水资源可利用总量。平均年是指在地表水可利用量多年系列与地下水可开采资源量多年系列同步长的情况下，统计出的多年平均值，在不能达到统计平均值所要求的资料系列情况下，要根据其与降水资料系列的相关分析进行必要的插补延长。

2) 保证率曲线法

保证率曲线可以采用水文频率计算适线法。适线法(或称配线法)是以经验频率点据为基础，在一定的适线准则下，求解与经验点据拟合最优的频率曲线参数，得到一条理论频率曲线。保证率曲线的绘制步骤如下：

(1) 统计历年地表水可利用量、地下水可开采资源量的系列资料，进行频率计算，在频率格纸上点绘经验点据(纵坐标为变量取值，横坐标为对应的经验频率)。

(2) 选定水文频率分布线型(一般选用P-Ⅲ型)。

(3) 假定一组参数 $\overline{x}$、$C_v$、$C_s$($\overline{x}$ 为均值，$C_v$为变差系数，$C_s$为偏态系数)。为了使假定值大致接近实际，可用矩法或权函数法求出 3 个参数，作为 3 个参数第一次的假定值。当用矩法估计时，因 $C_s$的抽样误差太大，一般不计算 $C_s$，而是根据经验假定 $C_s$为 $C_v$的某一倍数(如 $C_s=2C_v$)。

(4) 根据假定的 $\overline{x}$、$C_v$、$C_s$，按这 3 个参数查现成的概率表，绘制频率曲线。将此线画在绘有经验点据的图上，看与经验点据配合的情况，若不理想，则修改参数(主要调整 $C_v$、$C_s$)再次进行计算。

(5) 最后根据频率曲线与经验点据的配合情况，从中选择一条与经验点据配合较好的曲线作为采用曲线。相应于该曲线的参数便看作是总体参数的估值。

(6) 按选定参数计算出不同地表水可利用量、不同地下水可开采资源量的保证率，并分别绘制保证率曲线。把上述两保证率曲线迭加，即将相同保证率的地表水可利用量同地下水可开采资源量相加，得到不同保证率的水资源可利用量，并绘制迭加后的保证率曲线，以此作为评价地区水资源可利用量的依据。

### 2.1.4 可供水量预测

可供水量是指在不同水平年，不同保证率或不同频率情况下，考虑需水要求，供水工程设施可能提供的水量。可供水量按照水源划分，包括地表水源供水工程、地下水源供水工程和其他水源供水工程，有时也包括临时供水工程；按照供水工程类型划分，包括蓄水工程(水库、塘坝)、引水工程、提水工程和调水工程等。没有通过供水工程设施直接被用户利用的水量，如农作物利用的天然降水量、农作物根系吸收的包气带土壤水分和地下水，都不能算作可供水量。

#### 2.1.4.1 地表水可供水量计算

1) 蓄水工程供水预测方法

蓄水工程的供水一般是先用塘坝及小型水库的水源，当塘坝及小型水库的供水量不够时再用中型水库及大型水库供水。

(1) 塘坝及小型水库可供水量估算

塘坝及小型水库可供水量采用兴利库容乘复蓄系数法估算，估算公式为：

$$W = nV \tag{2-17}$$

式中：$W$ 为塘坝及小型水库可供水量；$V$ 为塘坝及小型水库兴利库容；$n$ 为复蓄系数，可通过典型年法与降雨资料互相验证分析拟定。

(2) 中型水库可供水量估算

中型水库数量多，往往观测资料不足，如果逐一进行调节计算则工作量很大，因此中型水库可供水量计算可以采用典型年法。选择不同保证率($P$=50%，75%，90%，95%和多年平均)的年份，按水库来水、用水及当时能达到的调节库容，用列表法逐月进行调节计算，计算方法如下：

以 $Q$ 表示水库月来水量，$V_0$ 表示时段初水库蓄水量(不包括死库容)，$D$ 表示月需水量，$\Delta V$ 表示时段内水库蓄变量，则：

① 当 $Q+V_0 \geqslant D$ 时，即水库供水量大于需水量时，基本上是“以需定供”，此时，可供水量：

$$W = D \text{ 或 } W = Q + \Delta V \tag{2-18}$$

若 $Q \geqslant D$，则水库来水完全满足需水条件，并有一部分水量调蓄于水库之内或弃水；若 $Q < D$，则水库来水不能满足需水要求，需动用部分库容。

② 当 $Q+V_0 < D$ 时，即水库供水不能满足需水要求，基本上“以供定需”，则可供水量：

$$W = Q + V_0 \tag{2-19}$$

全年可供水量等于各月可供水量之和或全年需水量与缺水量之差。

(3) 大型水库可供水量计算

大型水库一般是多年调节水库，求一个区域大型水库的供水量时，要扣除塘坝、小型水库、中型水库的供水量。大型水库的供水量计算需要用到长系列调节演算方法。大型水库供水量长系列调节计算的水量平衡方程是：

$$V_0(t+1) = V_0(t) + Q(t) - W_e(t) - W_i(t) - W_s(t) - q(t) \tag{2-20}$$

式中：$V_0(t+1)$ 为水库 $t+1$ 时段末调蓄库容(不含死库容)，根据连续性，它相当于水库 $t$ 时段末的库容；$V_0(t)$ 为水库 $t$ 时段初调蓄库容(不含死库容)；$Q(t)$ 为水库 $t$ 时段来水量；$W_e(t)$ 为水库 $t$ 时段水面蒸发量；$W_i(t)$ 为水库 $t$ 时段渗漏量；$W_s(t)$ 为水库 $t$ 时段供水量，包括对生活、生产、生态的供水量；$q(t)$ 为水库 $t$ 时段弃水量。

在上述平衡方程中，要求水库的调蓄库容不能小于水库死库容，当调蓄库容小于水库死库容时，该时段的有效蓄水量为零。

长系列法直观易懂，但是工作量大，在系列年限很短的情况下，计算求得的保证率可靠性差，因此一般对具有 30～50 年资料系列的水库采用长系列法计算比较好。

2）引提水工程供水预测方法

引水工程的可供水量是指通过引水工程直接从江河、湖泊中自流引用的水量，提水工程（地表水）的可供水量是指通过动力机械设备从江河、湖泊中提取的水量。在计算引提水工程可供水量时，要将引提河道的来水量、工程引提能力和用户需水要求结合起来分析，同时也要统筹安排上下游和左右岸的用水和保护生态环境的需要。引提水工程可供水量用下式计算得出：

$$W_{可供} = \sum_{i=1}^{t} \min(T_i, H_i, X_i) \tag{2-21}$$

式中：$T_i$，$H_i$，$X_i$ 分别为 $i$ 时段取水口的可引流量、工程的引提能力及用户需水量；$t$ 为计算时段数。

根据前述可供水量影响因素和原则，以月为计算时段，设 $W_{可引提}$ 为河道可引提量，$W_{能力}$ 为引提工程引提能力，$M$ 为相应需水量，$W_{可供}$ 为引提工程的可供水量。具体来说逐月计算引提水量有以下几种情况：

（1）当河道可提量大于引提工程能力，即

$$\left.\begin{array}{r} 若 W_{能力} \geqslant M 时，则 W_{可供} = M \\ 若 W_{能力} < M 时，则 W_{可供} = W_{能力} \end{array}\right\} \tag{2-22}$$

（2）当河道可提量小于引提工程能力，即

$$\left.\begin{array}{r} 若 W_{可引提} \geqslant M 时，则 W_{可供} = M \\ 若 W_{可引提} < M 时，则 W_{可供} = W_{可引提} \end{array}\right\} \tag{2-23}$$

2.1.4.2　地下水可供水量计算

地下水可供水量是在一定技术经济条件下通过合理开采，在采补达到基本平衡情况下可供使用的地下水量。地下水可供水量的大小取决于机井提水能力和地下水可开采量，其计算公式如下：

$$W_{地下可供} = \sum_{i=1}^{t} \min(G_i, W_i) \tag{2-24}$$

式中：$G_i$，$W_i$ 分别为 $i$ 时段机井提水能力、当地地下水可开采量；$t$ 为计算时段数。

在确定地下水可供水量时，要考虑相应水平年由于地表水开发利用方式和节水措施的变化所引起的地下水补给条件的变化，相应调整水资源分区的地下水资源可开采量，并以调整后的地下水资源可开采量作为地下水可供水量估算的控制条件。

2.1.4.3　其他水源的可供水量

雨水集蓄、微咸水及海水、污水处理回水等，在一定条件下可以作为供水水源，并参与水资源供需平衡分析。

雨水集蓄利用可以通过调查、分析现有雨水集蓄工程的供水量大小及其作用和对河川径流的影响，来综合确定现状水平年可供水量。对于规划水平年，在现状水平年可供水量的基础上，再考虑雨水集蓄工程增加的供水量及对河川径流的影响，计算规划水平年雨水集蓄工程的可供水量。

对于微咸水和海水的利用，要综合评价其开发利用潜力和需求量，说明其直接利用量及替代淡水的数量，分析计算相应的产入产出。

污水处理要结合城市规划和相应布局，分别计算达到一定水质要求的回用水到底有多少和可以利用回用水的用水户到底需要多少回用水。两者综合分析，计算不同水平年污水处理回用可供水量。

## 2.1.5 需水量预测

社会发展离不开水资源，用水量预测也要以经济社会发展为基础，要与本地区经济发展规划紧密结合，全面结合区域实际情况，统筹考虑，按照全面节水、量水而行、以水定供、以供定需的原则进行用水量的预测。

### 2.1.5.1 生活需水预测

生活用水主要指包括城镇地区居民、公共用水以及农村地区农民家庭、自用禽畜用水的广义的“大生活”需水量。它增长速度快，应用比较集中，关系到千家万户。居民生活用水问题需要引起高度重视，特别是我国北方地区水资源供需矛盾十分突出，要及时调查分析生活用水的现状和发展趋势，统筹规划和安排，满足人民群众的用水需求。

城镇居民生活用水和农村居民生活用水可采用日用水定额法计算；禽畜用水主要是指不以交易为目的的家庭养殖需水，其用水量也是应用日禽畜用水定额进行估算，对于禽畜数量采用增长率法进行预测；城镇公共用水考虑城镇化的影响、城镇性质进行综合确定，采用城镇人口乘以相应的定额来估算，计算公式为：

$$W_{城镇居民} = 365 \times K_{城镇居民} \times P_{城镇居民} \tag{2-25}$$

$$W_{农村居民} = 365 \times K_{农村居民} \times P_{农村居民} \tag{2-26}$$

$$W_{禽畜} = 365 \times K_{禽畜} \times P_{禽畜} \tag{2-27}$$

$$W_{城镇公共} = 365 \times K_{城镇公共} \times P_{城镇居民} \tag{2-28}$$

式中：$W_{城镇居民}$ 为城镇居民生活用水总量；$K_{城镇居民}$ 为城镇居民人均日用水定额；$P_{城镇居民}$ 为城镇居民人口总量；$W_{农村居民}$ 为农村居民生活用水总量；$K_{农村居民}$ 为农村居民人均日用水定额；$P_{农村居民}$ 为农村居民人口总量；$W_{禽畜}$ 为自用禽畜生活用水总量；$K_{禽畜}$ 为自用禽畜日用水定额；$P_{禽畜}$ 为自用禽畜总量；$W_{城镇公共}$ 为城镇公共生活用水总量；$K_{城镇公共}$ 为城镇公共人均日用水定额。

### 2.1.5.2 工业需水预测

工业用水一般是指工矿企业在生产过程中用于制造、加工、冷却、空调、净化、洗涤等的用水需求，是城市用水的主要组成部分。工业用水的预测，对保障城市经济的可持续发展具有重要意义。工业用水的多少，不仅与工业发展的速度有关，而且与工业结构、生产水平、水的重复利用水平、用水管理水平、供水条件和水资源量等因素有关，用水不仅随部门不同而不同，而且与生产工艺有关。

工业需水量预测方法中较常见的有重复利用率提高法、万元产值指标法、趋势法、分块预测法、相关法等。在工业不断发展，用水量逐渐增加，而水源紧缺，出现供水不足的情况下，提高水的重复利用率是行之有效的措施。其计算公式如下：

$$W_{工} = X q_2 \tag{2-29}$$

$$q_2 = q_1 (1-\alpha)^n (1-\eta_2)/(1-\eta_1) \tag{2-30}$$

式中：$W_{工}$ 为工业需水量；$X$ 为工业产值；$\eta_1$、$\eta_2$ 分别为预测始末年份的重复利用率；$q_1$、$q_2$ 分别为预测始末年份的万元产值需水量；$n$ 为预测年数；$\alpha$ 为工业技术进步系数(各行业不同，目前一般取值 0.02～0.05)。

2.1.5.3　农业需水预测

农业用水主要表现为农业灌溉用水，是通过蓄、引、提等工程设施输送给农田、林地、牧地，以满足作物需水要求的水量，包括种植业灌溉用水和林、牧灌溉用水。农业灌溉用水受影响因素多，如作物种植结构、灌溉方式、管理水平、供水工程质量及气象等；季节性强，时程分配要求较高；水量具有较大弹性，在多数情况下，当供水超过一定数量时，水量对产量的影响就不灵敏；用水保证率低于城市生活和工业用水的保证率。农业用水预测采用定额法，计算公式为：

$$W_{灌溉} = \sum_{i}^{t} A_i m_i \tag{2-31}$$

式中：$W_{灌溉}$ 为全区总灌溉用水量；$A_i$ 为某种作物的灌溉面积；$m_i$ 为某种作物的净灌溉定额；$t$ 为作物种类。

2.1.5.4　林、牧、渔业需水预测

林业需水为经济林和果园用水；牧业需水为牲畜(以商品生产为目的)和灌溉草场用水；渔业为鱼塘的补水即换水。林牧业需水均按定额法进行。渔业需水包括养殖水面蒸发、渗漏所消耗水量的补充量和换水量，计算公式为：

$$W_{渔} = \sum_{j=1}^{k} Q_j + \sum_{j=1}^{l} \omega_j \tag{2-32}$$

式中：$W_{渔}$ 为渔业需水量；$Q_j$ 为次补充水量；$\omega_j$ 为次换水量；$k$、$l$ 分别为补水和换水次数。

2.1.5.5　河道内需水预测

河道内需水指通航、冲淤、水力发电、环境生态等需水，要根据水资源情况通过综合平衡确定河道内需水量。该部分水量应单独列出，不与其他需水量相加。

2.1.5.6　生态需水预测

生态用水量是指在一定目标下，为维持生态系统的特定功能，需要保留在自然状态下的天然水体和需要人工补充的水量。必须根据区域水资源的开发利用情况、经济社会发展水平和水资源的演变情况来确定生态系统用水量的可靠预测。

生态需水量包括城市绿地需水、环境卫生需水、回补地下水、人工防护林草用水等，相较其他需水量预测有较为复杂的情况，且其涉及水资源学、地理学、经济学和生态学等多个学科方面的知识，因此其计算方法缺乏统计的标准。在实际的生产、生活中，生态环境水资源需求量往往被国民经济水资源需求量挤占，从而导致生态环境的恶化。因此，如何实现生态水需求与国民经济水需求的协调是今后水资源可持续利用研究的重点问题。如何通过制度设计、经济手段、行政手段、法律手段来保障生态水资源需求也是水资源经济学研究的重点和难点问题。

2.1.5.7 其他需水预测

各规划水平年的耗水量、回归水量、工业及城市生活废污水排放量的预测，可在基准年统计分析的基础上，根据各部门需用水的变化情况进行分析调整；有条件地区应进行具体的分析计算。在预测中要分析预测回归水和排放的废污水的水质情况，对超过排放标准的应提出合理治理措施和解决方案。

## 2.2 水资源供需平衡分析

### 2.2.1 简述

2.2.1.1 水资源供需平衡分析的定义

水资源供需平衡分析是水资源配置工作的重要内容。它是指在一定区域、一定时段内，对某一水平年(如现状或规划水平年)及某一保证率的各部门供水量和需水量平衡关系的分析。水资源供需平衡分析的实质是对水的供给和需求进行平衡计算，揭示现状水平年和规划水平年不同保证率时水资源供需盈亏的形势，发现问题，指明方向，制定措施，提出实现水资源可持续利用的供给方案和计划。这对水资源紧缺或出现水危机的地区具有十分重要的意义[7]。

2.2.1.2 水资源供需平衡分析的内容

水资源供需分析与评价的主要内容包括：分析水资源供需现状和存在的问题；分析不同发展阶段(不同水平年)水资源供需情况和实现供需平衡的方案；分析实现本区域水资源可持续利用的措施和方案。

2.2.1.3 水资源供需平衡分析的原则

水资源供需分析涉及社会、经济、环境生态等方面，一般需遵循如下原则：

(1) 水资源供需平衡分析一般分为现状、近期、中期和远期几个阶段，既要把现阶段的供需情况调查清楚，又要充分分析未来的供需变化，把近期和远期结合起来。

(2) 根据社会净福利最大的准则，对水资源的需求与供给同时进行调整，使社会经济发展模式与资源环境承载能力相互适应。

(3) 统筹考虑降水和海水直接利用、洪水和污水资源化、地表水和地下水联合利用等措施，辅之以跨流域调水，工程与非工程措施并重，增加水资源对区域发展的综合保障功能。

(4) 重视生态环境问题,协调生产、生活、生态用水水量,对水质进行统一评价与分析,把节水、治污放在突出位置。

(5) 基于可持续发展的原则,兼顾国民经济需水和生态环境需水要求,水资源供需应立足于水资源的持续利用。

### 2.2.2 水资源分区

水资源分区是水资源规划的基础性工作,根据水资源自然、社会和经济属性,按照开发、利用、治理、配置、保护要求,将流域水系与行政区划结合起来进行分区。进行水资源分区的目的是研究和指导区域经济发展与生态环境的协调,实现区域资源和经济的互补性,利于社会经济和生态的良性循环。

全国可按流域水系划分为10个水资源一级区,80个水资源二级区,214个水资源三级区,四级以下的分区由各省市自治区水利主管部门负责划分,最小可以分到五级,具体的水资源分区情况可见表2-1。其中全国水资源一级区按流域水系划分为10个,即Ⅰ松花江区:包括松花江流域以及黑龙江、乌苏里江、图们江、绥芬河等国际河流中国境内部分;Ⅱ辽河区:包括辽河流域、辽宁沿海诸河以及鸭绿江中国境内部分;Ⅲ海河区:包括海河流域、滦河流域及冀东沿海诸河;Ⅳ黄河区、Ⅴ淮河区:包括淮河流域及山东半岛沿海诸河;Ⅵ长江区:含太湖流域;Ⅶ东南诸河区;Ⅷ珠江区:包括珠江流域、华南沿海诸河、海南岛及南海各岛诸河;Ⅸ西南诸河区:包括元江、澜沧江、怒江、独龙江、雅鲁藏布江等国际河流中国境内部分以及藏南、藏西诸河;Ⅹ西北诸河区:包括塔里木河等西北内陆河以及额尔齐斯河、伊犁河等国际河流中国境内部分。

表2-1 水资源分区情况表

| 编码 | 水资源一级区 | 水资源二级区 | 水资源三级区 |
|---|---|---|---|
| 合计(个) | 10 | 80 | 214 |
| A000000 | 松花江区 | 8 | 18 |
| B000000 | 辽河区 | 6 | 12 |
| C000000 | 海河区 | 4 | 15 |
| D000000 | 黄河区 | 8 | 29 |
| E000000 | 淮河区 | 5 | 15 |
| F000000 | 长江区 | 12 | 45 |
| G000000 | 东南诸河区 | 7 | 11 |
| H000000 | 珠江区 | 10 | 22 |
| J000000 | 西南诸河区 | 6 | 14 |
| K000000 | 西北诸河区 | 14 | 33 |

### 2.2.3 水资源供需分析方法

#### 2.2.3.1 供需平衡阶段性和频率性分析

1）水平年的选取

水资源供需分析是为了掌握未来一段时间区域需水能力能够满足的程度，一般需要研究三个阶段的供需状况，即现状情况、近期情况、远期情况，也就是通常所说的3个水平年的情况。现状水平年又称基准年，是指现状供需情况以某一年为代表来分析，一般以项目规划论证时最近的年份作为现状水平年；近期水平年为从基准年以后的5～10年，远期水平年一般为从基准年以后的15～20年。供水的目的是促进区域社会经济的可持续发展，从而供需分析的水平年应尽可能与区域国民经济和社会发展规划的水平年相一致。

现状情况是未来发展的基础，因此需要做多方面的调查和分析研究，力求反映真实情况。近期供需情况将可能直接为有关单位编制年度计划、五年计划提供依据，因此要求有一定的精度，例如要求需水做合理性论证，增加的供水量要有工程规划为依据，还要做必要的投入产出分析等。远期供需情况将对未来发展态势做出展望，要求的精度可低一些。目前提出的系统水资源供需分析研究成果，只代表目前所反映的实际情况、当前科技经济水平。随着时间发展，供需情况也将发生变化，要及时根据变化的情况进行修正、补充和完善，使得分析性结果更切合实际。

2）典型年的选取

在我国，一般情况下，平水年保证率 $P=50\%$，枯水年 $P=75\%$，特枯水年 $P=90\%$ 或$P=95\%$。具体一个区域进行水资源供需分析时，选几种典型年来分析，要根据分析的目的来定，例如北方干旱缺水地区，如想通过分析提出特枯年份的对策措施，则分析 $P=90\%$或 $P=95\%$典型年供需状况是必不可少的；又如南方湿润多水地区，已经觉得平水年的供需分析在决策中不能说明多大问题，在分析时，就不必进行 $P=50\%$的典型年的供需分析。用典型年来分析区域水资源的供需情况，必须要求所选典型年具有比较好的代表性。

3）计算时段

水资源系统供需平衡分析的计算时段应取得比较适中，不能过大，也不能过小。取得过大，往往会掩盖供需之间的矛盾，因为一个地区的缺水，往往只是几个关键时期，甚至是很短的时间，所以只有把计算时段划小，才能把供需之间的矛盾暴露出来，但是如果划分太小，分析计算工作量则太大，有时还会受资料的限制。因此计算时段的划分应以能客观反映本区供需矛盾为准则。一般来说，北方供需矛盾突出的地区按月进行可能满足要求，南方供需矛盾突出的地区在作物灌溉期甚至要按旬或按周进行分析才可能满足要求；对一些供需矛盾不突出地区，则可能按主要作物灌溉期和非灌溉期进行分析，甚至可能按年进行分析等，但这并不是千篇一律的，还要看当地工程控制程度，对一个以多年调节水库供水的地区的供需分析研究，由于水量基本都控制住了，所以计算时段就可能取得较大，以减少计算分析工作量。

2.2.3.2 供需分析方法

水资源供需平衡分析有两种方法：一种为系列法，另一种为代表年法。系列法是指按雨情、水情、旱情的历史系列逐年来分析计算；代表年法是指仅分析计算有代表性的雨情、水情、旱情的几个年份，不必逐年计算。

水资源综合规划原则上应采用长系列调节计算，并给出各分区、分水控制节点、蓄水工程的月、年系列调算成果，以及按不同来水保证率和供水保证率各分区的供需分析成果。以此为基础，提出供水组成、水资源利用程度、污水处理及回用、水资源地区分配、缺水量、弃水量等成果，以及发电、航运、冲沙、环境、入海等河道内用水量结果。

如果采用典型年法，在供需平衡分析计算时，应注意蓄水工程年初、年末的蓄水量参数设置，这两个参数设置的合理与否关系到供需平衡计算结果的合理性。建议对年调节水库的始、末库容均设置为兴利库容的 1/2；对多年调节水库(设调节周期为 $n$ 年)，避免将多年调节库容完全用于某一个典型年，不同典型年应只使用相应分配份额的多年调节库容。

### 2.2.4 水资源“三次供需平衡”

2.2.4.1 一次供需分析

水资源一次供需分析，就是在流域现状供水能力与外延式增长的用水需求之间所进行的平衡分析。希望通过一次供需分析来了解和明晰现状供水能力与外延式用水需求条件下的水资源供需缺口，为合理配置节水、治污、挖潜及其他新增供水措施的分析工作提供定量基础。

水资源一次供需分析主要回答三个问题：一是确定在无新的供水工程投资条件下，未来不同阶段的供水能力和可供水量；二是确定在无直接节水工程投资条件下，未来不同阶段的水资源需求自然增长量；三是确定在现状开发状态下，未来不同阶段的水资源供需缺口，为确定节水、治污和挖潜等措施提供依据。

2.2.4.2 二次供需分析

二次供需分析，主要是在一次供需分析的基础上，在水资源需求方面通过节流等各项措施控制用水需求的增长态势，预测不同水平年需水量；在水资源供给方面通过当地水资源开源等措施充分挖掘供水潜力，给出不同水平年供水工程的安排；通过调节计算，分析不同水平年供需态势。通过供给与需求两方面的调控，如果二次供需分析不存在缺口，则实现了区域水资源的供需平衡。如果还存在缺口，在抑制需求和增加供给共同作用下，一次供需分析的缺口将有较大幅度的下降，即得到二次供需分析的缺口。在二次供需分析时，要进行供给与需求两个方面调控的多种方案分析计算，从中选择最好的方案。因此，二次分析的供需缺口，实质上是在充分发挥当地水资源承载力条件下仍不能满足用水需求的缺口。对于这一缺口，在有外调水条件的地区，可以考虑实施外调水予以解决。

2.2.4.3 三次供需分析

水资源供需三次平衡分析，是在二次平衡分析的基础上，根据二次平衡的缺水量，确定三次平衡分析的必要性及相关的平衡分析工作。三次平衡分析的基本步骤是：首先，根据二次平衡缺水的结果，确定系统需调水量。其次，确定水资源调出区的可调水量。对于水资源调出区的可调水量，要在充分满足其经济发展和生态环境用水的需求前提下，根据调入区的需调水量，确定其可调水量。最后，在增加调水工程的基础上，将当地水与外调水作为一个整体进行供需平衡分析。

2.2.4.4 宏观分析

进行区域水资源供需分析的最终目的，是要提出本区域在不同发展时期水的长期供给的措施、方案和计划，其中的核心问题是要宏观控制住水资源的供需平衡。

(1) 选取的计算水平年要与国民经济发展总目标协调一致。

(2) 用某一来水频率的典型年来控制水资源的供需平衡。水资源的供需平衡是一种相对的平衡，具有一定的保证率概念。在某一保证率下平衡，而在另一保证率时，又可能出现不平衡。一个区域究竟选择哪一种保证率来控制水资源的供需平衡，是个复杂的问题，严格来说应通过经济效益等方面的论证来确定。一般在水资源匮乏的地区，为了充分利用平水年份的水资源，选择的保证率可以低些；相反，在水资源充沛、供水工程投资较低的地区，选择的保证率可适当地提高。

(3) 进行河道外用水和河道内用水的协调平衡。按用水的性质分类，水资源供需平衡可分为河道外用水的供需平衡和河道内用水的供需平衡。河道外用水为工业、农业、生活等用水，河道内用水为水力发电、航运、冲沙以及维持河道生态用水等，两者既相互联系，又相互制约。在一个流域内，选择一些有代表性的控制站，以河道内的用水要求作若干方案，然后进行整个流域的河道外用水的供需平衡分析，最后选择一种认可的方案。

(4) 为严重缺水区作出补水布局安排。区域内水资源供需缺口较大的地区是缺水地区，必须要通盘规划之后，统筹考虑作出合理补水布局安排，才可能保证实现地区之间的水资源供需的大致平衡。

# 2.3 土地资源

## 2.3.1 土地利用分类

2.3.1.1 土地利用类型概念与特点

土地具有自然性和社会性，土地是自然和社会的综合体。狭义上的土地资源指能够为人类利用的土地，简称土地；广义上的土地资源指所有土地。长期以来，人类为了改造自然，发展生产，以多种方式利用土地，形成多种多样的土地利用类型，如耕地、林地、牧地、水域及城乡建设与公交用地等。

土地利用类型就是指土地利用方式相同的土地资源单元。这些利用类型是土地资源的主要组成部分，具有四个特点：第一，它们是在自然、经济和技术条件影响下，经过人类劳动干预而形成的产物。第二，在空间分布上它们具有一定的地域分布规律，但不一定连片，可以重复出现。第三，在时间上随着社会经济的发展和技术条件的改善，土地利用方式及其特点也有明显的动态变化。第四，它们是根据土地利用的地域差异划分的，是反映土地用途、性质及其分布规律的基本地域单位。

2.3.1.2 土地利用类型划分原则

土地利用类型的划分是研究土地合理利用的一项基础工作。土地利用类型划分是否科学，反映了一个国家土地利用研究的深度。一般而言，土地利用类型划分的原则应是：

(1) 根据土地利用现状的特征。土地利用现状是人类长期改造利用的结果，它能全面地反映土地利用的基本特征和本质差异，是划分土地利用类型的一项综合性标志。

(2) 反映土地利用的地域性。土地利用现状由于受各地自然、经济等因素的影响，具有明显的地区差异。划分土地利用类型，一定要体现各地区土地利用特点，揭示土地利用分布规律。

(3) 适应经济建设的需要。合理开发利用土地资源是经济建设的一项重要任务。因此，划分土地利用类型，一定要考虑经济建设和土地规划的要求，把土地利用分类与因地制宜利用土地资源结合起来，使类型划分更具有生产实用性。

(4) 按照一定的科学系统。土地利用情况虽然复杂，但有一定的规律性，即相似性和差异性。土地利用类型划分需要归并相似性，区别差异性，从大到小或从高级到低级，逐级划分，形成一个上下联系、逻辑分明的科学系统。

2.3.1.3 中国土地利用分类系统

通过全国土地资源第二次普查实践以及其他各行业的专业需求分析，《土地利用现状分类》(GB/T 21010—2007)已表现出不同方面的缺憾，例如同一级别类型概念的外延和内涵相互交叉不严密，部分土地利用分类细化程度不能满足现实土地利用情况等。经历10年之后，为了更好地服务全国土地和城乡地政统一管理，统一土地调查、统计分类标准，中华人民共和国国家质量监督检验检疫总局和中国国家标准化管理委员会于2017年11月1日发布并实施了《土地利用现状分类》(GB/T 21010—2017)(表2-2)。新的土地利用现状分类不仅维护了土地利用分类的科学性、实用性、开放性和继承性，更满足了制定国民经济和社会发展计划、宏观调控、生态文明建设以及国土资源管理的需要。其主要依据土地的利用方式、用途、经营特点和覆盖特征等因素，按照主要用途对土地利用类型进行了归纳、划分，不重不漏，不设复合用途，反映土地利用的基本现状。新的土地利用现状分类采用一、二级两个层次的分类体系，共分为12个一级类、73个二级类，与之前相比，12个一级类未发生变化，二级类增加至73个，可见土地利用分类标准更加详细。除了二级分类细化外，该土地利用现状分类体系更强调对自然资源的保护，增加了湿地的归类，满足了部分部门的管理需求，强化了特殊树种资源的保护，满足生态文明建设的需求；更加强化了农林水复合利用，明确了设施农业内涵、农村道路标准等，为现代化农业发展、乡村振兴、村庄规划等提供了更好的服务。

**表 2-2　土地利用现状分类**

| 一级类 | | 二级类 | | 含义 |
|---|---|---|---|---|
| 编码 | 名称 | 编码 | 名称 | |
| 01 | 耕地 | | | 指种植农作物的土地，包括熟地，新开发、复垦、整理地，休闲地(含轮歇地、休耕地)；以种植农作物(含蔬菜)为主，间有零星果树、桑树或其他树木的土地；平均每年能保证收获一季的已垦滩地和海涂。耕地中包括南方宽度<1.0 m，北方宽度<2.0 m固定的沟、渠、路和地坎(埂)；临时种植药材、草皮、花卉、苗木等的耕地，临时种植果树、茶树和林木且耕作层未破坏的耕地，以及其他临时改变用途的耕地 |
| | | 0101 | 水田 | 指用于种植水稻、莲藕等水生农作物的耕地。包括实行水生、旱生农作物轮种的耕地 |
| | | 0102 | 水浇地 | 指有水源保证和灌溉设施，在一般年景能正常灌溉，种植旱生农作物(含蔬菜)的耕地。包括种植蔬菜的非工厂化的大棚用地 |
| | | 0103 | 旱地 | 指无灌溉设施，主要靠天然降水种植旱生农作物的耕地，包括没有灌溉设施，仅靠引洪淤灌的耕地 |
| 02 | 园地 | | | 指种植以采集果、叶、根、茎、汁等为主的集约经营的多年生木本和草本作物，覆盖度大于50%或每亩株数大于合理株数70%的土地。包括用于育苗的土地 |
| | | 0201 | 果园 | 指种植果树的园地 |
| | | 0202 | 茶园 | 指种植茶树的园地 |
| | | 0203 | 橡胶园 | 指种植橡胶树的园地 |
| | | 0204 | 其他园地 | 指种植桑树、可可、咖啡、油棕、胡椒、药材等其他多年生作物的园地 |
| 03 | 林地 | | | 指生长乔木、竹类、灌木的土地，及沿海生长红树林的土地。包括迹地，不包括城镇、村庄范围内的绿化林木用地，铁路、公路征地范围内的林木，以及河流、沟渠的护堤林 |
| | | 0301 | 乔木林地 | 指乔木郁闭度≥0.2的林地，不包括森林沼泽 |
| | | 0302 | 竹林地 | 指生长竹类植物，郁闭度≥0.2的林地 |
| | | 0303 | 红树林地 | 指沿海生长红树植物的林地 |
| | | 0304 | 森林沼泽 | 以乔木森林植物为优势群落的淡水沼泽 |
| | | 0305 | 灌木林地 | 指灌木覆盖度≥40%的林地，不包括灌丛沼泽 |
| | | 0306 | 灌丛沼泽 | 以灌丛植物为优势群落的淡水沼泽 |
| | | 0307 | 其他林地 | 包括疏林地(树木郁闭度≥0.1、<0.2的林地)、未成林地、迹地、苗圃等林地 |

续表

| 一级类 | | 二级类 | | 含义 |
|---|---|---|---|---|
| 编码 | 名称 | 编码 | 名称 | |
| 04 | 草地 | | | 指生长草本植物为主的土地 |
| | | 0401 | 天然牧草地 | 指以天然草本植物为主，用于放牧或割草的草地。包括实施禁牧措施的草地，不包括沼泽草地 |
| | | 0402 | 沼泽草地 | 指以天然草本植物为主的沼泽化的低地草甸、高寒草甸 |
| | | 0403 | 人工牧草地 | 指人工种植牧草的草地 |
| | | 0404 | 其他草地 | 指树木郁闭度＜0.1，表层为土质，不用于放牧的草地 |
| 05 | 商服用地 | | | 指主要用于商业、服务业的土地 |
| | | 0501 | 零售商业用地 | 以零售功能为主的商铺、商场、超市、市场和加油、加气、充换电站等的用地 |
| | | 0502 | 批发市场用地 | 以批发功能为主的市场用地 |
| | | 0503 | 餐饮用地 | 饭店、餐厅、酒吧等用地 |
| | | 0504 | 旅馆用地 | 宾馆、旅馆、招待所、服务型公寓、度假村等用地 |
| | | 0505 | 商务金融用地 | 指商务服务用地，以及经营性的办公场所用地。包括写字楼、商业性办公场所、金融活动场所和企业厂区外独立的办公场所；信息网络服务、信息技术服务、电子商务服务、广告传媒等用地 |
| | | 0506 | 娱乐用地 | 指剧院、音乐厅、电影院、歌舞厅、网吧、影视城、仿古城以及绿地率小于65%的大型游乐等设施用地 |
| | | 0507 | 其他商服用地 | 指零售商业、批发市场、餐饮、旅馆、商务金融、娱乐用地以外的其他商业、服务业用地。包括洗车场、洗染店、照相馆、理发美容店、洗浴场所、赛马场、高尔夫球场、废旧物资回收站、机动车、电子产品和日用产品修理网点、物流营业网点，及居住小区及小区级以下的配套的服务设施等用地 |
| 06 | 工矿仓储用地 | | | 指主要用于工业生产、物资存放场所的土地 |
| | | 0601 | 工业用地 | 指工业生产、产品加工制造、机械和设备修理及直接为工业生产等服务的附属设施用地 |
| | | 0602 | 采矿用地 | 指采矿、采石、采砂(沙)场，砖瓦窑等地面生产用地，排土(石)及尾矿堆放地 |
| | | 0603 | 盐田 | 指用于生产盐的土地。包括晒盐场所、盐池及附属设施用地 |
| | | 0604 | 仓储用地 | 指用于物资储备、中转的场所用地。包括物流仓储设施、配送中心、转运中心等 |

续表

| 一级类 | | 二级类 | | 含义 |
|---|---|---|---|---|
| 编码 | 名称 | 编码 | 名称 | |
| 07 | 住宅用地 | | | 指主要用于人们生活居住的房基地及其附属设施的土地 |
| | | 0701 | 城镇住宅用地 | 指城镇用于生活居住的各类房屋用地及其附属设施用地，不含配套的商业服务设施等用地 |
| | | 0702 | 农村宅基地 | 指农村用于生活居住的宅基地 |
| 08 | 公共管理与公共服务用地 | | | 指用于机关团体、新闻出版、科教文卫、公用设施等的土地 |
| | | 0801 | 机关团体用地 | 指用于党政机关、社会团体、群众自治组织等的用地 |
| | | 0802 | 新闻出版用地 | 指用于广播电台、电视台、电影厂、报社、杂志社、通讯社、出版社等的用地 |
| | | 0803 | 教育用地 | 指用于各类教育用地。包括高等院校、中等专业学校、中学、小学、幼儿园及其附属设施用地，聋、哑、盲人学校及工读学校用地，以及为学校配建的独立地段的学生生活用地 |
| | | 0804 | 科研用地 | 指独立的科研、勘察、研发、设计、检验检测、技术推广、环境评估与监测、科普等科研事业单位及其附属设施用地 |
| | | 0805 | 医疗卫生用地 | 指医疗、保健、卫生、防疫、康复和急救设施等用地。包括综合医院、专科医院、社区卫生服务中心等用地；卫生防疫站、专科防治所、检验中心和动物检疫站等用地；对环境有特殊要求的传染病、精神病等专科医院用地；急救中心、血库等用地 |
| | | 0806 | 社会福利用地 | 指为社会提供福利和慈善服务的设施及其附属设施用地。包括福利院、养老院、孤儿院等用地 |
| | | 0807 | 文化设施用地 | 指图书、展览等公共文化活动设施用地。包括公共图书馆、博物馆、档案馆、科技馆、纪念馆、美术馆和展览馆等设施用地；综合文化活动中心、文化馆、青少年宫、儿童活动中心、老年活动中心等设施用地 |
| | | 0808 | 体育用地 | 指体育场馆和体育训练基地等用地。包括室内外体育运动用地，如体育场馆、游泳场馆、各类球场及其附属的业余体校等用地，溜冰场、跳伞场、摩托车场、射击场，以及水上运动的陆域部分等用地，以及为体育运动专设的训练基地用地，不包括学校等机构专用的体育设施用地 |
| | | 0809 | 公用设施用地 | 指用于城乡基础设施的用地。包括供水、排水、污水处理、供电、供热、供气、邮政、电信、消防、环卫、公用设施维修等用地 |
| | | 0810 | 公园与绿地 | 指城镇、村庄范围内的公园、动物园、植物园、街心花园、广场和用于休憩、美化环境及防护的绿化用地 |

续表

| 一级类 | | 二级类 | | 含义 |
|---|---|---|---|---|
| 编码 | 名称 | 编码 | 名称 | |
| 09 | 特殊用地 | | | 指用于军事设施、涉外、宗教、监教、殡葬、风景名胜等的土地 |
| | | 0901 | 军事设施用地 | 指直接用于军事目的的设施用地 |
| | | 0902 | 使领馆用地 | 指用于外国政府及国际组织驻华使领馆、办事处等的用地 |
| | | 0903 | 监教场所用地 | 指用于监狱、看守所、劳改场、戒毒所等的建筑用地 |
| | | 0904 | 宗教用地 | 指专门用于宗教活动的庙宇、寺院、道观、教堂等宗教自用地 |
| | | 0905 | 殡葬用地 | 指陵园、墓地、殡葬场所用地 |
| | | 0906 | 风景名胜设施用地 | 指风景名胜景点(包括名胜古迹、旅游景点、革命遗址、自然保护区、森林公园、地质公园、湿地公园等)的管理机构,以及旅游服务设施的建筑用地。景区内的其他用地按现状归入相应地类 |
| 10 | 交通运输用地 | | | 指用于运输通行的地面线路、场站等的土地。包括民用机场、汽车客货运场站、港口、码头、地面运输管道和各种道路以及轨道交通用地 |
| | | 1001 | 铁路用地 | 指用于铁道线路及场站的用地。包括征地范围内的路堤、路堑、道沟、桥梁、林木等用地 |
| | | 1002 | 轨道交通用地 | 指用于轻轨、现代有轨电车、单轨等轨道交通用地,以及场站的用地 |
| | | 1003 | 公路用地 | 指用于国道、省道、县道和乡道的用地。包括征地范围内的路堤、路堑、道沟、桥梁、汽车停靠站、林木及直接为其服务的附属用地 |
| | | 1004 | 城镇村道路用地 | 指城镇、村庄范围内公用道路及行道树用地。包括快速路、主干路、次干路、支路、专用人行道和非机动车道,及其交叉口等 |
| | | 1005 | 交通服务场站用地 | 指城镇、村庄范围内交通服务设施用地。包括公交枢纽及其附属设施用地、公路长途客运站、公共交通场站、公共停车场(含设有充电桩的停车场)、停车楼、教练场等用地,不包括交通指挥中心、交通队用地 |
| | | 1006 | 农村道路 | 在农村范围内,南方宽度≥1.0 m、≤8 m,北方宽度≥2.0 m、≤8 m,用于村间、田间交通运输,并在国家公路网络体系之外,以服务于农村农业生产为主要用途的道路(含机耕道) |
| | | 1007 | 机场用地 | 指用于民用机场、军民合用机场的用地 |
| | | 1008 | 港口码头用地 | 指用于人工修建的客运、货运、捕捞及工程、工作船舶停靠的场所及其附属建筑物的用地,不包括常水位以下部分 |
| | | 1009 | 管道运输用地 | 指用于运输煤炭、矿石、石油、天然气等管道及其相应附属设施的地上部分用地 |

续表

| 一级类 | | 二级类 | | 含义 |
|---|---|---|---|---|
| 编码 | 名称 | 编码 | 名称 | |
| 11 | 水域及水利设施用地 | | | 指陆地水域，滩涂、沟渠、沼泽、水工建筑物等用地。不包括滞洪区和已垦滩涂中的耕地、园地、林地、城镇、村庄、道路等用地 |
| | | 1101 | 河流水面 | 指天然形成或人工开挖河流常水位岸线之间的水面，不包括被堤坝拦截后形成的水库区段水面 |
| | | 1102 | 湖泊水面 | 指天然形成的积水区常水位岸线所围成的水面 |
| | | 1103 | 水库水面 | 指人工拦截汇集而成的总设计库容≥10 万 $m^3$ 的水库正常蓄水位岸线所围成的水面 |
| | | 1104 | 坑塘水面 | 指人工开挖或天然形成的蓄水量＜10 万 $m^3$ 的坑塘常水位岸线所围成的水面 |
| | | 1105 | 沿海滩涂 | 指沿海大潮高潮位与低潮位之间的潮浸地带。包括海岛的沿海滩涂。不包括已利用的滩涂 |
| | | 1106 | 内陆滩涂 | 指河流、湖泊常水位至洪水位间的滩地；时令湖、河洪水位以下的滩地；水库、坑塘的正常蓄水位与洪水位间的滩地。包括海岛的内陆滩地。不包括已利用的滩地 |
| | | 1107 | 沟渠 | 指人工修建，南方宽度≥1.0 m、北方宽度≥2.0 m 用于引、排、灌的渠道。包括渠槽、渠堤、护堤林及小型泵站 |
| | | 1108 | 沼泽地 | 指经常积水或渍水，一般生长湿生植物的土地。包括草本沼泽、苔藓沼泽、内陆盐沼等。不包括森林沼泽、灌丛沼泽和沼泽草地 |
| | | 1109 | 水工建筑用地 | 指人工修建的闸、坝、堤路林、水电厂房、扬水站等常水位岸线以上的建(构)筑物用地 |
| | | 1110 | 冰川及永久积雪 | 指表层被冰雪常年覆盖的土地 |
| 12 | 其他土地 | | | 指上述地类以外的其他类型的土地 |
| | | 1201 | 空闲地 | 指城镇、村庄、工矿范围内尚未使用的土地。包括尚未确定用途的土地 |
| | | 1202 | 设施农用地 | 指直接用于经营性畜禽养殖生产设施及附属设施用地；直接用于作物栽培或水产养殖等农产品生产的设施及附属设施用地；直接用于设施农业项目辅助生产的设施用地；晾晒场、粮食果品烘干设施、粮食和农资临时存放场所、大型农机具临时存放场所等规模化粮食生产所必需的配套设施用地 |
| | | 1203 | 田坎 | 指梯田及梯状坡地耕地中，主要用于拦蓄水和护坡，南方宽度≥1.0 m、北方宽度≥2.0 m 的地坎 |
| | | 1204 | 盐碱地 | 指表层盐碱聚集，生长天然耐盐植物的土地 |
| | | 1205 | 沙地 | 指表层为沙覆盖、基本无植被的土地。不包括滩涂中的沙地 |
| | | 1206 | 裸土地 | 指表层为土质，基本无植被覆盖的土地 |
| | | 1207 | 裸岩石砾地 | 指表层为岩石或石砾，其覆盖面积≥70%的土地 |

## 2.3.2 土地资源评价

### 2.3.2.1 土地资源评价含义

土地资源评价，通常也称为土地评价，是根据特定目的对土地性能进行鉴定的过程。联合国粮食及农业组织（FAO）在1976年《土地评价纲要》中对土地评价的定义是："当土地用于特定的用途时，对土地的特性进行估计的过程。"我国对土地资源评价的定义也有很多，例如中国科学院自然资源综合考察委员会对此的定义是："在特定目的下对土地的性能进行质量鉴定的过程。"综合各种定义，将土地资源评价定义为为了一定的目的，在一定的用途条件下，对土地质量的高低或土地生产力的大小进行评定的过程[8]。

土地资源评价以土地合理利用为目的，对土地的各个要素如气候、地形、土壤、植被、水文等以及与土地利用有关的社会经济条件进行全面综合的考察，从而阐明土地的适宜性程度、生产潜力、经济效益和环境效益，确定土地的价值。

### 2.3.2.2 土地资源评价分类

土地资源用途多种多样，其评价分类也具有多样性。按目的任务，土地资源评价可分为土地适宜性评价、土地生产潜力评价和土地经济评价。按照评价途径，土地资源评价可分为直接评价和间接评价。按照服务目标，土地资源评价可分为单目标评价和多目标评价。按照评价方法，土地资源评价可分为定性评价和定量评价。按评价结果的形式，土地评价可分为当前适宜性评价和潜在适宜性评价。按评价对象可把土地资源评价分为许多不同的评价类型，如农业用地评价、林业用地评价、牧业用地评价、城镇用地评价、交通用地评价、自然保护区评价等。

### 2.3.2.3 土地适宜性评价

土地适宜性是指在一定用途条件下，土地对该用途是否适宜以及适宜程度的特性。目前国际上影响最大，使用最广泛的土地适宜性评价方案是联合国粮食及农业组织（FAO）1976年正式公布的《土地评价纲要》，其指出："土地适宜性就是一定土地类型对规定用途的合宜性。"土地适宜性评价的重点，就是土地资源是否适宜和适宜的程度。

中国土地资源生产能力及人口承载量课题组根据土地对农、林、牧业生产的适宜程度和限制程度进行分类分等。一般分为：多宜、双宜、单宜和不宜四种。多宜性土地即理想的土地，双宜或单宜则指不够理想的土地，质量特别差的土地资源被分为暂时都不适宜。从而可将土地评价为：宜农耕地类；宜农宜林宜牧土地类；宜农宜林土地类；宜农宜牧土地类；宜林宜牧土地类；宜林土地类；宜牧土地类；不宜农林牧土地类等。

**表2-3 《土地评价纲要》（节选）（1976）**

| 纲 | 级 | 亚级 | 单元 |
|---|---|---|---|
| 适宜性纲 | 适宜性级 | 适宜性亚级 | 土地适宜单元 |
| 表示适宜性种类 | 表示在纲内的适宜程度 | 表示级内的限制性因素的差异 | 表示级内限制性因素的微小差异 |

续表

| 纲 | 级 | 亚级 | 单元 |
|---|---|---|---|
| S:适宜 | $S_1$:高度适宜<br>$S_2$:中等适宜<br>$S_3$:勉强适宜 | $S_{2m}$表示水的限制<br>$S_{2o}$表示通气性差<br>$S_{2n}$表示养分状况差<br>$S_{2e}$表示抗侵蚀差<br>$S_{2w}$表示土壤耕性差<br>$S_{2v}$表示扎根条件差等 | $S_{2e}$亚级为例:$S_{e-1}$,$S_{2e-2}$<br>$S_{2e-1}$:表示$S_{2e}$这一亚级内可以区分两种抗蚀性能力不同的单元,但是这两个单元是在中等适宜的范围内 |
| N:不适宜 | $N_1$:暂时不适宜<br>$N_2$:永久不适宜 | $N_{1m}$<br>$N_{1me}$等 | |

1）适宜性纲

适宜:此土地上按所考虑用途进行持久利用预期产生的效益值得投资,对土地不会产生不可接受的破坏危险。

不适宜:土地质量不能按所考虑的用途长期利用。

2）适宜性级

高度适宜:土地可长期地用于某种用途而不受限制或受限制较小,不至于降低生产力或效益,不需增加超出可承担水平的费用。

中等适宜:土地有限制性,当长期用于规定用途时会出现中等程度降低生产力或效益,并增加投资及费用,但仍能获益。

勉强适宜:严重限制性,对某种用途的持续利用影响是严重的,因此将降低生产能力或效益,或者需增加投入,利用仅勉强合理。

暂时不适宜:土地有限制性,但终究可以克服,在目前技术和现行成本下,不宜加以利用。

永久不适宜:土地限制性极为严重,在一般条件下根本不可能加以任何利用。

#### 2.3.2.4　土地生产潜力评价

土地潜力,也称作“土地利用能力”,是指土地在用于农林牧业生产或其他利用方面的潜在能力。土地潜力评价,主要是依据土地的自然性质(土壤、气候和地形等)及对于土地的某种持久利用的限制程度,就土地在该种利用方面的潜在能力作出等级划分。

迄今为止的土地潜力评价大多是针对农业生产而进行的,也即进行农业土地潜力评价。农业土地潜力评价的对象一般不是狭窄的农业范畴,例如某一种专门的农作物或林木的栽培,而往往是广义的农业范畴,例如耕作业、林业、牧业等。因此,就评价系统本身而言,土地潜力评价大多采用类别系统,即依据土壤、气候、地形等要素确定土地利用的限制性和限制程度,将土地归并成若干个不同的类别即等级。

1）分类系统

世界上最早的土地潜力评价系统是美国农业部土壤保持局在1961年正式颁布的,根据大比例尺土壤调查成果对美国土地资源生产潜力的评价和划分。该系统将生产潜力分为潜力级、潜力亚级和潜力单元三级。

(1) 土地潜力级。按照对大田作物、牧草等土地利用方式的限制性种类、强度和需要特殊改良的管理措施等情况，以及长期作为某种利用方式而导致土地退化的危险性，而对土地潜力级进行分类。共分 8 个潜力级，从Ⅰ级到Ⅷ级，在利用土地时受到的限制性与危险性是逐级增加的(表 2-4)，其中，Ⅰ级最好，适宜于所有的利用方式，包括种植作物(农业利用)，或作草场、牧场、林地、野生生物保护区。

Ⅰ级：在土地利用上没有或只有很少限制，土壤和气候条件都最佳，无坡度或稍有倾斜，土壤侵蚀的危险性很小。因此，在正常的管理水平，适宜于许多植物，且产量高。

Ⅱ级：在利用上有一定的限制性，如土层小于理想的厚度、有缓坡、偶尔遭受破坏性洪水、有轻度或中度盐渍化等，存在中等程度的破坏和风险。因此，该级土地虽然也适宜于大多数作物，但是减少了种植作物选择的余地，或者要求有中度的保护措施。

Ⅲ级：在利用(特别是农业利用)上有严重的限制性，如坡度较陡、洪水频繁、排水困难等，利用后有比较大的风险，如土壤侵蚀、造成土壤盐渍化等，存在严重的破坏或风险。因此，与第Ⅱ级相比，种植作物选择的余地更小，需要有专门的保土措施。

Ⅳ级：在利用(特别是农业利用)上有十分严重的限制性，可能只适宜种植两三种常见的作物，且产量很低，一定时期后还可能发生土地退化、产量降低的现象。因此，适宜的农作物种类很少，在作物的选择上有很大的限制，在利用方式上都有严格的要求，如要进行休闲，要有十分精细的管理。

以上 4 级，除了种植农作物，都适宜于用作草场、牧场、林地、野生生物保护区等各种方式。

Ⅴ级：本级应该保持永久的植被，地势平坦，没有或少有侵蚀的危险，但有其他不可排除的限制因素，如土壤潮湿、经常遭河水漫淹或砾石太多。因此，无法进行农业耕作，但用作草场、牧场、林地、野生生物保护区，则没有或很少有永久性限制。

Ⅵ级：用作放牧地、林地，存在中等的危险；由于存在严重的限制性和土地退化的危险性，不宜于耕作，但经过一定的改良后，可用作牧场，在一定的管理条件下，可作草场、牧场、林地、野生生物保护区。

Ⅶ级：有严重的不可克服的限制性因素，无法将其改良为草场或牧场，而只能用作放牧、林地、野生生物保护区，但要有一定的保护措施。

Ⅷ级：主要为瘠地、岩石、裸山、沙滩、河流冲积物、尾矿地以及近乎不毛之地的土地，作为牧地、林地都是不宜，但可以作为野生动物放养地、水源涵养地、风景游乐地、休养地等，加强保护和设法增加覆盖是极重要的。

(2) 土地潜力亚级。在土地潜力级之下，按照土地利用的限制性因素的种类或危害，续分为亚级(其中，由于Ⅰ级没有限制性，也不分亚级)，同亚级的土地，其土壤与气候等对农业起支配作用的限制性因素是相同的。共分四个亚级：

① e 亚级：以侵蚀危害为土地利用中的主要问题或危害的土地。

② w 亚级：水分过多为土地利用中的主要问题或危害的土地。存在土壤排水不良，地下水位高，洪水泛滥危害等。

**表 2-4 美国土地资源生产潜力级分类系统**

| 土地资源生产潜力级 | 可适宜的土地用途 | | | | | 限制性 | 作物栽培与管理 | |
|---|---|---|---|---|---|---|---|---|
| | 农作物 | 改良草地 | 天然草地 | 林地 | 野生动物旅游用地 | | 作物适宜性 | 保护措施 |
| Ⅰ | 适宜 | 适宜 | 适宜 | 适宜 | 适宜 | 限制性因素及强度从Ⅰ到Ⅳ渐多或增强,侵蚀之外的其他限制因素从Ⅴ到Ⅷ逐渐增强 | 适宜种植作物的种类从Ⅰ到Ⅳ逐渐减少 | 防止土地退化所需的投入从Ⅰ到Ⅳ逐渐增加 |
| Ⅱ | 适宜 | 适宜 | 适宜 | 适宜 | 适宜 | | | |
| Ⅲ | 适宜 | 适宜 | 适宜 | 适宜 | 适宜 | | | |
| Ⅳ | 适宜 | 适宜 | 适宜 | 适宜 | 适宜 | | | |
| Ⅴ | | 适宜 | 适宜 | 适宜 | 适宜 | | | |
| Ⅵ | | 适宜 | 适宜 | 适宜 | 适宜 | | | |
| Ⅶ | | | 适宜 | 适宜 | 适宜 | | | |
| Ⅷ | | | | | 适宜 | | | |

③ s 亚级:植物根系受限制的危害,包括土层薄、干旱、硬盘层、石质、持水量低、肥力低、盐化、碱化等。

④ c 亚级:气候(温度或湿度)是土地利用中唯一重要限制因素或危害的土地。

除气候因素外,其余因素均可予以改良或局部改良,因此在确定潜力亚级时应优先考虑它们,从而根据土地利用的主要限制或危害来决定潜力单元归属于 e、w、s 亚级。除气候外,不受别的因素限制的潜力单元归属于 c 亚级。

在两种限制因素基本相等且可以改造的情况下,则按照 e、w、s、c 的顺序划分。例如在湿润地区土地潜力评价中,既有过度潮湿的限制又有根系层的限制,w 亚级要先于 s 亚级考虑。又如,在有侵蚀危害和气候限制的半湿润、半干旱地区的土地潜力评价中,e 亚级要先于 c 亚级考虑。

从当地的利用需求出发,可以表示出土地具有两种限制因素。但必须把主要的限制因素放在前面,以表示该亚级土地存在的主要问题。

(3) 土地潜力单元。潜力亚级续分为潜力单元。在同一个土地潜力单元内,对于植物的适宜性和所需要的经营管理技术都基本相似;它们在土地制图单位上属于范围较小、性质更为均一的、具有相近土地利用潜力和相似管理措施的土地单元。具体来说,属于同一潜力单元的土地类型应具有以下特点:在相同经营管理措施下,可生产相同的农作物、牧草或林木;在种类相同的植被条件下,要求相同的水土保持措施和经营管理方法;具有相近的生产潜力(在相似的经营管理制度下,同一潜力单元内各土地的平均产量的变率不超过 25%)。

2) 评价方法

美国的土地资源生产潜力评价主要以土地自然属性的限制性作为评价依据,对一个实际地块或一个评价单元展开评价。所谓限制性,是指对利用潜力有不利影响的土地性质。限制性有永久与暂时之分;永久限制性,是指那些不能轻易排除,至少不能通过小型土地改良措施排除的不利土地性质，如坡度、土层厚度、洪涝危害、气候灾害（如冻害、干旱、霜雹）等；暂时限制性，是指可以通过土地改良措施排除或改善的不利土地性质，如土壤养分含量和程度轻微的排水不畅。

(1) 潜力级的评定。主要依据土地利用的永久限制因子。首先，确定评价单元的主要限制因素及其限制性程度；然后，比较各限制因素的限制性程度，采用“最小因子律”确定该评价单元的潜力级，即尽管其他的土地性质不存在什么问题，但只要某一限制性因素的限制程度已足以使土地的潜力级降至某一级，便将该土地单元定为这一潜力级。例如，某一土地单元，地表平坦、排水良好，而且不受洪涝危害；只是土层厚度仅为 10 cm，属于比较严重的限制性，使土地的潜力级降低为Ⅵ级，因此，综合而言，该地块的潜力级只能评为Ⅵ级。

(2) 潜力亚级的评定。主要根据限制因素的种类来评定。一般来说，其亚级也应由限制性程度最大的因素决定。例如，如果土层厚度为最严重的限制因素，则其亚级为 s（根系限制因子）。

(3) 潜力单元的评定。主要依据实际的经营管理方式和产量水平来确定。将实际的经营管理方式和产量水平接近的土地，确定为一个潜力单元。

根据上述评价思路，美国的土地资源生产潜力评价方法的优点是：该评价方法具有较大的适用范围，在不同比例尺或具有不同限制因素种类和强度的地区，均适用；属于同一潜力级的土地所存在的限制性因素的种类和原因多种多样，因而可以针对不同的限制性因素采取相应的经营管理措施。

该方法不足之处在于：潜力级评定的主要依据是土地自然要素的实际表现，没有专门的一系列投入产出分析，只是在评价过程中定性地比较一般性的投入产出关系。例如，一块多石砾的土地，虽然可通过清除石砾使其从不适于农业耕作变为适于农业耕作，即可提高其潜力级；但从经济上考虑，若清除石砾的投入不能从改良之后的产出中得到补偿，那就不能将这块土地的潜力级评为Ⅰ～Ⅳ级。此外，该评价方法没有考虑土地的区位条件如市场的远近、交通的便捷程度等社会经济因素对土地生产潜力的影响，例如，按照该评价方法，地处偏僻但质量好的土地仍可评为Ⅰ级。

#### 2.3.2.5 土地经济评价

土地的质量，不仅与土地的自然条件有关，而且也与土地的经济、社会因素有密切的关系。因此，近年国内外在进行土地质量的自然评价的同时，也开始重视土地质量的经济评价，其中既包括农业土地的经济评价，也包括城镇用地等非农业土地的经济评价。

1) 土地经济评价的概念

评价土地质量有两个途径。一个是偏重于土地自然条件即土地自然要素的评价，可称为土地的自然评价。其基本思想是：通过对组成土地的自然要素的分析，反映在一定的科学技术水平和经营管理条件下，各种土地在生产或其他利用方面的潜力或适宜性。这类评价主要考虑农作物或林木、牧草对土地自然属性的需求，以及人类目前对土地限制条件的改造能力，它不具体定量地计算人类劳动和物质投入的耗费情况。

根据土地经济学的原理，只有在考虑劳动和物质投入情况下的土地生产率才可作为评价土地质量的真正尺度，而土地经济评价就是建立在这样的基础上。土地经济评价的基本思想，是在现实土地利用中，明确提出用劳动耗费率与提供产品或其他效益的对比关系来评定土地质量。

土地经济评价和土地自然评价的最大差别是，后者着重研究土地的自然属性对不同土地利用方式的潜力和适宜性大小；前者则不仅考虑土地所固有的自然属性的差异，而且要着重研究在等量劳动耗费下，土地的产出效果。也可以说，土地自然评价反映各种土地利用方式的潜在能力或适宜性、适宜程度，而土地经济评价则主要展示土地利用方式的经济效果。

目前土地经济评价尚处于研讨中，概念和含义尚不统一，归纳起来有两种：

第一，土地经济评价是指用经济指标对土地质量作出评价。其强调两点：一是土地经济评价的对象是土地质量，它包括土地的经济属性和自然属性两个方面。二是在评价中采用经济指标，以这些指标衡量土地质量的高低。这样定义土地经济评价尚有不足之处：一是评价对象不甚明确，是全面、综合地评定土地质量，还是侧重于评价土地的经济属性？假如是前者，只是用经济指标并不能很好地评价土地的自然属性。二是评价标准不够明确，是指经济效益指标，经济效果指标，还是经济分析指标？三是评价的内容不甚清楚。土地经济评价的内容分为技术经济和社会经济两个方面，前者是指经营性质和经营状况的评价；后者则包括区位条件、市场状况等方面的评价。因此上述的土地经济评价的定义没有清楚地对此作出规定。

第二，土地经济评价是用经济可比指标对投入—产出的效果的评定。这种观点是从经济学研究的角度对土地作出质量评价，明确提出用劳动耗费率与提供产品或其他效益的对比关系来进行土地质量的评定。优点是通俗、直观，容易被评价工作者接受；不足之处是把土地经济评价仅限于技术经济上的评价，内容似乎比较狭窄。

2）土地经济评价指标

(1) 土地经济效果指标

土地的经济效果指标，从农业生产角度来说可称为土地生产率指标，是反映土地质量与农业技术经济效果的指标。

$$\text{土地生产率} = \frac{\text{产量或产值}}{\text{土地面积}} \tag{2-33}$$

在具体工作中主要使用到的指标包括单位土地面积的产量或产值、单位农用土地面积的产量或产值、单位耕地面积的产量或产值、单位播种面积的产量或产值、单位土地面积的纯收入等。

土地经济效果指标是土地经济评价的总体指标，可直接用于土地经济评价，尤其是那些用投入与产出之差来表示土地优劣的指标，如单位面积土地的净产值和纯收入。

(2) 土地经济分析指标

土地经济分析指标一般用于辅助计算与分析，用于揭示土地的具体利用特征，包括：① 生产资料耗费指标。如单位面积的播种量、单位面积的施肥量、单位面积的用水量、单位面积的用电量等。

② 成本费用与资金占有指标。如农作物亩成本(费用)、平均每亩耕地拥有固定资产量、平均每亩耕地拥有资金量等。

③ 土地利用及其结构指标。如土地的垦殖系数、土地复种指数、公路密度、航道密度、距主要城镇距离等。

(3) 土地经济效果分析指标

土地经济效果分析指标在土地经济评价中也属于辅助计算和分析,包括:

① 技术效果指标。如农作物良种化程度、技术措施增产率、水利设施的保证灌溉面积、渠系分布密度、水井分布密度等。

② 生产耗费效果指标。如每单位物质费用的农产品产值、每单位直接生产费用的农产品产值、成本的利润率、每千克种子的产量等。

评价指标的选择依赖于资料的来源和完整程度。对于经济评价资料的要求:一是可靠性,我国进行土地经济评价的资料,较多地来源于各级行政单位的统计,这些资料由于种种原因,往往不够准确,在很大程度上影响资料的可靠性。因此需要进行多种资料的对比、分析、加工处理,然后方可采用。二是连续性,为了确保数字的准确与稳定,需要剔除偶然因素(如气象变化等)造成的假象,连续的数据系列可以反映稳定的状况。一般来说,选择近期的、连续五年的资料为宜,对于特殊地区或特殊年份可采用更长或更短系列的数据。三是完整性,不仅要保持数据在计算上的完整要求,而且还需要考虑所选择的指标是否都具备,所选择的资料一定要满足评价计算和各单位实际评价的要求。四是典型性,对于资料完整的地区可以通过面上的随机抽样进行评价的分析计算,但是人为地选择代表性的点,可以对各种类型有较高的概括,可以节省大量物力,也便于进行经济评价的分析。而对于资料不完善的地区来说,典型性分析也是一种简单而有效的方法。

3) 土地经济评价的一般步骤

在我国开展的土地经济评价工作中,一般分为以下四个阶段:

(1) 划分评价单元。通常采用土地类型、自然地块、行政或生产管理单位等作为评价单元。不同的评价单元有不同的作用,在具体评价中根据目的、评价区域的特点及所能获取的资料情况确定适合的评价单元。

(2) 调查评价区域内主要土地利用方式所包括的农作物种类和轮作周期,确定作为土地经济评价对象的各种农作物的面积。确定评价的时段范围和资料统计年度。

(3) 调查和测算在不同评价单元类型上,在各种现行轮作方式下,多年的投入和产出数据。方法有三种:

① 传统的定点典型观测。即在不同评价单元类型上布点,按当地典型的生产经营条件,分别统计各项投入和产出数据。这种方法工作量较大,选点和经营条件的典型性往往受到人为因素的影响,因而在自然条件复杂、评价单元类型数目较多的情况下不宜采用。

② 改进的典型定点测算法。即选择某种评价单元类型占80%以上的典型农业企业(其余20%以下的土地评价单元类型与这种评价单元类型的质量差异不大),统计这些典型农业企业的各项投入与产出数据。然后通过求解线性方程组,求得各类土地在典型条

件下的投入与产出状况。这种方法比较实用,但在所选农业企业的“典型性”方面还存在一定的人为因素。

③ 数据统计测算法。即通过大量农业企业的经营成果与土地评价单元类型结构的相关分析,求解各种土地评价单元类型的投入和产出关系。这种方法只需农业企业的农经统计资料和土地结构资料,即可求出各种土地评价单元类型在全部农业企业中的经营状况的平均值,因而具有较好的典型性。这种方法的困难在于寻求反映上述相关性的恰当的数学方法。

(4) 选择适当的评价指标并确定评价结果。评价指标可以在如亩产量、亩纯收入、单位产品成本、产品成本综合指数等指标中选取;然后对上述投入和产出数据进行折算,并根据各种指标评价结果求出各类土地的评分;最后根据评价区域或农业企业的土地评价单元类型结构和土地利用结构通过加权平均等方法,求出该区域或农业企业的总体评价结果。

## 2.3.3 土地资源供给量与需求量

### 2.3.3.1 土地资源供给量

土地资源供给量是指在一定的经济和技术条件下,人类可以利用的各种土地资源的数量,包括后备资源储量等,土地的供给按其性质可分为自然供给和经济供给两个方面。土地自然供给是指土地自然固有的,可供人类使用的部分,它受土地固定数量和位置、地形地貌、资源和交通运输等条件制约。土地经济供给是指在自然供给的基础上,投入劳动、资本进行开发之后,成为人类可直接用于生产生活的土地供给部分,经济供给具有一定弹性。它受土地自然供给、人们利用土地的知识和技术水平、交通运输条件、社会需求和土地利用集约度等因素制约。土地自然供给是经济供给的基础,它在相当长的时间内数量是一定的,无弹性的,并且不同用途的土地供给是不同的。人们难以增加土地的自然供给,但能通过各种途径在自然供给的基础上增加经济供给。

土地的供给能力是在一定的自然条件下,投入一定劳动进行开发以后,成为人类直接用于农业生产或其他建设的土地数量,它包括已利用的土地资源和未来一定时间内可供农业及其他利用的土地资源。要实现耕地总量动态平衡,必须在严格控制耕地减少的基础上,积极补充新的耕地,其途径有三条,即土地整理、土地复垦和土地开发。

### 2.3.3.2 土地利用需求量

土地利用需求量预测是根据区域可持续发展的要求,在分析影响土地利用各种因素的基础上,预测规划期间各业用地的需求量和用地规模。

土地利用需求量预测以国民经济各部门的生产发展规划及人口发展规模为依据,在充分考虑各业协调发展与人们生活需要、土地利用率和生产力不断提高的情况下,对一定区域和一定时期内各业用地的需求量进行测算,弄清各业发展所需的用地数量以及各业用地之间的发展状况,为合理安排农业用地和非农业建设用地以及编制土地资源规划方案提供科学依据。

土地利用需求量预测可分为农业土地需求量预测和建设用地需求量预测两大部分。

农业土地需求量预测的主要依据是人口发展预测、消费水平(包括工业消费农产品)及土地生产潜力(包括农产品单产)预测。农业用地需求量预测的主要内容是:耕地预测、菜地预测、果树用地预测、牧业用地预测、水面预测以及林业用地预测。建设用地需求量预测的主要依据是国民经济发展及其预测指标、人均各类建设用地需求量、建设用地自身发展要求等。建设用地需求量预测包括城镇用地预测、农村居民点用地预测、交通用地预测、水利用地预测、工矿用地预测、旅游用地预测等。建设用地还可按用地性质分类预测,主要包括:国家建设用地、城乡集体建设用地、农林个人建房用地预测。

1) 农业用地需求量预测

农业用地需求量预测主要包括耕地、园地、林地、牧草地、渔业用地等的需求量预测。

(1) 耕地需求量预测

首先确定各类农产品的需求量,然后对规划期末各类农产品的耕地单产进行预测,由各类农产品的需求量和各类农产品的耕地单产即可得到耕地的需求量。

① 农产品需求量预测。各类农产品的需求量可以通过本地区的国民经济发展规划或农业发展规划得到。在没有发展规划或规划不符合实际的情况下,需要重新预测。具体步骤为:

a. 人均食物消费水平的预测。随着我国经济的发展和人民生活水平的提高,人们的食物消费结构也随之发生相应的变化。食物结构将由以植物性食品为主,向动植物性食物兼食转化。口粮比重显著下降,但对肉、奶、鱼等动物性食品的需求量却大幅度增加,饲料粮的需求也随之大幅度增加,同时,食品工业用粮也将相应地增加。可以根据当地自然、经济状况和消费的现状水平以及经济发展的速度,预测本地区若干年后的消费水平。根据人均食物消费水平和城乡人口数(人口预测结果)即可求出预测区域内各类食物消费总量。

b. 各类食物商品量预测。食物商品量有调入和调出两种,具体预测可以从计划内和计划外两个方面来分析。计划内是指国家预定的调入(救灾粮、返销粮)、调出(统购粮)的数量;计划外是根据本行政区域同外行政区域经济中心的经济联系(向经济中心方向输出什么、输入什么),估计市场需求量。

c. 农产品需求量预测。根据各类食物消费总量和调入、调出量以及其他需要,首先对食物产品数量按直接消费、间接消费、其他消费分别预测,然后再根据农产品的转化率计算农产品数量。

直接消费包括加工粮、薯类、蔬菜、豆类。直接消费不存在转化率的问题,转化率为1。间接消费包括工业用粮和饲料用粮。植物油、食糖、酒类、粉条是由工业用粮转化而来的;饲料用粮可以转化为人类可以食用的肉、蛋、奶、水产品。间接消费以一定的转化率转为农产品的需求量。其他消费包括种子粮、损耗粮、储备粮及特殊用粮。其他消费转为农产品的需求量的转化率也为1。

② 耕地生产力预测。耕地生产力预测实质就是耕地单产的预测。这种预测从理论上讲是可行的,但实际工作中,由于影响产量的因素多种多样,既有劳力投入、耕作技术、施肥水平、灌溉条件等人为因素,也有土壤、光照、雨量、病虫害、无霜期等自然因素,还有

农业本身发展状态，如作物品种、农业投资等，这些因素不是独立地起作用，而是相互影响、相互制约。另外，由于主要影响因素的不确定性，使得这种影响更加复杂化，从而增加了产量预测的难度。常用的耕地生产力预测方法有：

a. 因素分析法。这种方法主要是根据某些重要因素的变化对各种作物产量影响的大量试验数据和以未来各项因素的水平预测为资料，进行耕地生产力预测的。例如，化肥、良种、有效灌溉、农业投资等对单产的影响，即增加一定的因素量而带来单产的增加量，再根据预测期末各因素的水平预测，即可求得单产产量。

b. 自然增长法。自然增长法的公式如下：

$$a_i = a_0(1+r)^n \tag{2-34}$$

式中：$a_i$ 为预测期的目标年 1 种农产品的单产；$a_0$ 为基期年 1 种农产品的单产；$r$ 为某种农产品单产的年平均增长率；$n$ 为预测年限(目标年减去基期年的年数)。

c. 回归分析法。根据历史资料，能够建立年代与作物单产之间的一元回归方程，再将预测的年代代入方程即可求得单产。计算公式如下：

$$Y = a + bx \tag{2-35}$$

式中：$Y$ 为粮食单产；$x$ 为年代；$a$、$b$ 为回归系数，可以用最小二乘法求得。

影响单产的因素不仅多种多样，而且产量因素之间还存在相互制约、互相依存的关系。与单产密切相关的因素有：每亩增施化肥量、每年增加有效灌溉面积、每年增加水浇地面积、每年增加机耕面积等。如果需要了解各种因素间的相互制约、相互依存的关系对作物单产的影响程度，可以建立各种因素之间的多元线性回归预测模型，最后可以得到预测的单产。

③ 耕地需求量预测。根据各种作物农畜产品需求量和耕地产量，可以用以下公式，求得预测期末的耕地面积：

$$A_i = \frac{Q_i}{Y_i} \tag{2-36}$$

$$A = \sum_{i=1}^{n} A_i \tag{2-37}$$

式中：$A$ 为耕地需求量；$A_i$ 为各种作物占用耕地面积；$Q_i$ 为各种作物的需求量；$Y_i$ 为各种作物的单产量。

(2) 园地需求量预测

通过调查，首先，确定规划区域内目标年人均各类果品、茶叶的消费量，乘以目标年人口总数，可以得到规划区域内人口的需求量；根据与区域外果品、茶叶市场的经济联系来确定向本地区调入或从本地区调出的商品量，从而求得本地区内需要自产的果品和茶叶数量。其次，根据各类果园、茶园树种茶种的生物特性、树龄、经营管理水平等因素来预测目标年果品和茶叶的单产。最后，依据果品和茶叶的需求量及两者的单产量推算各类园地的用地面积。

(3) 林地需求量预测

林地需求量预测主要考虑社会经济、保护生态平衡及人民生活对林业生产的要求。本书所说的林地指用材林、防护林、薪炭林。

① 用材林用地预测。首先,根据规划区域内目标年以木材为原料的工副业发展规模和城乡建设对木材的需求状况,确定调入量和调出量,可求得规划区域内需要自产的木材量。其次,根据树种、树龄、平均的采伐周期、经营管理水平等因素确定单位面积的产材量。最后,根据自产木料量和单位面积的产材量求得目标年用材林用地面积。

② 防护林用地预测。根据保护生态平衡和创造良好农业生态环境的要求作出防护林用地面积预测。其中较大型的防护林工程将由国家和省提出具体规划,涉及的规划区域应留出防护林用地,以保证防护林带工程的实施(如"三北"防护林工程)。对防护林用地不仅需预测总面积,还需推算占用耕地、牧草地、未利用土地的数量。

③ 薪炭林用地预测。薪炭林指为当地居民提供烧材的林地。根据人民生活的需要,预测薪炭林的用地面积。先分析预测目标年所需烧材的数量,测算需由薪炭林提供的烧材的数量。这种测算与规划目标年的各种能源的供应和价格状况,与各种能源的结构比例,如煤炭、石油、电力等能源各占总能源的比例,与新能源的开发,如太阳能、风能和天然气、沼气等的开发和利用密切相关。这种测算比较复杂,计算出需要薪炭林提供的烧材以后,再预测出薪炭林的用地面积。

综上所述,林地需求量就是用材林用地、防护林用地和薪炭林用地三者之和。

(4) 牧草地需求量预测

牧草地需求量预测要首先预测各类畜产品的需求量和对役畜的需求量。畜产品主要是指肉、蛋、奶、皮、毛等。对各类畜产品的需求量预测,要从两个方面分析:其一,规划区域内需求量;其二,从规划区域内向外的调出量和从区域外的调入量。规划区域内畜产品需求量可以通过目标年人口与人均消费量的乘积而求得。向区域外的调出量和从区域外的调入量可以根据国家计划和畜产品市场需求情况而确定。各类畜产品的需求量确定以后,还要计算各类单只畜禽的畜产品产量,由此计算出可生产畜产品的各类畜禽的饲养量。役畜(牛、马、骡、驴)的需求量计算公式为:

$$Y = \frac{G - E}{F} \tag{2-38}$$

式中:$Y$ 为目标年役畜的需求量;$G$ 为目标年的耕地面积;$E$ 为目标年机械化作业面积;$F$ 为目标年每头役畜负担的耕地面积。

对役畜的需求量也可以利用自然降低率的方法计算:

$$Z = Z_0(1 - r)^n \tag{2-39}$$

式中:$Z$ 为预测目标年的役畜数量;$Z_0$ 为预测基础年的役畜数量;$r$ 为役畜的年降低率;$n$ 为预测的年限(目标年与基础年间的年数)。

(5) 渔业用地需求量预测

① 预测水产品的需求量。需求量包括规划区域内需求量和向规划区域外的调出量

和调入量。区域内需求量根据人均消费量和预测目标年的人口数(分乡镇和乡村两部分)确定;调出或调入量可以根据规划区域外经济市场的水产品供求状况确定。

② 计算水产品需求量。用规划区域内水产品需求量加上调出量或者减去调入量,即为水产品需求量。

③ 计算单位面积养殖的水产品。根据目标年的水源情况、资金及养殖技术和经营管理水平,推算出单位面积水面的水产品产量。

④ 计算渔业用地面积。根据水产品需求量和单位面积养殖的水产品产量,求得渔业用地面积。具体计算公式如下:

$$渔业用地面积 = \frac{水产品需求量}{水产品单产} \tag{2-40}$$

2) 建设用地需求量预测

建设用地需求量预测包括城镇和农村居民点、独立工矿、交通建设、水利设施等用地需求量的预测。

(1) 城镇和农村居民点用地需求量预测

合理的城镇规模应根据所在地区的经济发展水平、城镇人口规模、城镇区位条件、城镇生态环境质量、城镇生活水平、一定区域内城镇对比等因素来确定。城镇用地需求量一般按人口用地定额指标法预测,计算公式为:

$$Z = CJ \tag{2-41}$$

式中:$Z$ 为规划目标年城镇用地规模;$C$ 为规划目标年城镇人口数量;$J$ 为城镇人均用地定额指标。

农村用地规模预测方法与城镇类似,即根据规划年农村人均建设用地指标和农村人口规模预测确定。但由于我国处于城镇化上升期,规划期末的农村人口将显著减少,同时,各地的现状是农村人均建设用地规模过大,农村建房浪费土地严重,因此规划年的农村居民点用地规模必然减少,这一点与城镇相反。所以,在预测农村居民点用地规模时,着重要考虑的是农村居民点的整理复垦能力,这一方面要考虑资金的投入能力,另一方面要考虑农民的接受程度,即进行“迁村并点”的阻力和难度。

农村居民点用地的需求量预测还可以根据规划期间农村个人建房用地面积的预测,并考虑到一定的公建、道路和乡镇企业生产占地系数,求出新增农村居民点用地面积。

城镇和农村居民点建设用地发展规模确定以后,要根据当地的地形、经济条件和人均耕地面积,结合近几年居民点建设实际占用耕地情况,确定新增居民点建设用地面积中耕地与非耕地的比例。要根据城镇规划和村镇规划,在土地利用现状图上圈定中心村(含中心村)以上居民点用地发展的范围。

(2) 独立工矿用地需求量预测

独立工矿用地是指远离城镇,不在城镇范围内的工业、企业和矿业用地。独立工矿用地规模预测可采用两种方法进行。

第一种方法是根据规划年工业企业产值与规划年工业企业用地效益来确定。计算公式为：

$$Q = \frac{P}{a} - Q' \tag{2-42}$$

式中：$Q$ 为规划年独立工矿用地规模，$hm^2$；$P$ 为规划年工业企业产值，万元；$a$ 为规划年工业企业平均用地效益，万元/$hm^2$；$Q'$ 为规划年城镇内工业企业用地规模，$hm^2$。

第二种方法是根据部门发展计划，将规划期内所有新增的独立工矿项目用地进行累加，同时分析由于迁移、关闭等原因导致的规划期内独立工矿用地减少量，从而计算出独立工矿用地净增量和规划期末的独立工矿用地需求量。

（3）交通建设用地需求量预测

交通建设用地包括铁路用地、公路用地、港口码头用地、民用机场用地以及农村道路用地，各类用地特点不同，因而有不同的预测方法。

① 铁路用地需求预测。可按规划期内所需的铁路货物和旅客运输能力，确定新修或改造铁路的规模和等级，并按有关的技术标准计算需要新占用地的数量，计算公式为：

$$Q = \sum_{i=1}^{n} D_i L_i \tag{2-43}$$

式中：$Q$ 为新增铁路用地总量，$hm^2$；$D_i$ 为规划期内计划修建或改建的第 $i$ 条铁路宽度，m；$L_i$ 为规划期内计划修建或改建的第 $i$ 条铁路长度，km；$n$ 为新修或改造铁路条数。

② 公路用地需求预测。除了可按与铁路用地需求量预测类似的方法外，还可以通过分析区域内社会总产值与路网密度的关系，通过预测规划年社会总产值来确定各等级路网的密度，从而预测出规划年公路用地规模，计算公式为：

$$Q = \sum_{i=1}^{n} W_i S D_i \tag{2-44}$$

式中：$Q$ 为规划年公路用地量，$hm^2$；$W_i$ 为规划年第 $i$ 等级的公路密度，km/$hm^2$；$S$ 为区域土地总面积，$hm^2$；$D_i$ 为规划年第 $i$ 等级的公路宽度，m；$n$ 为公路等级数。

③ 港口码头用地需求预测。可根据规划年河运或海运量确定港口个数、规模和位置，并根据港口建设的有关技术要求计算规划年港口码头用地规模。

④ 民用机场用地需求预测。根据规划年航空发展需求，预测机场容量和规模，并按有关技术指标计算出规划年民用机场占地规模。

⑤ 农村道路用地需求预测。根据农村道路用地规模与农村居民点用地规模的比例关系，在预测了规划年的农村居民点用地规模后，将其乘以比例系数即可得出规划年的农村道路用地规模。

（4）水利设施用地需求量预测

水利设施用地需求量预测有两种常用方法。

第一种方法是将规划期内新修或改建、扩建的水利设施项目用地相加，同时分析规划期内将被废弃的水利设施，从而计算出规划期内水利设施净增量，并预测出规划期末的水利设施占地面积。水利设施项目包括水库、堤坝、水闸、电站、渠道等。其中的电站、水闸属于点状工程，可按设计占地规模计算；堤坝、渠道属线状工程，可根据设计标准，按长度乘以宽度计算占地面积；水库属面状工程，可根据设计容量及水库淹没区的地形情况，计算出水库淹没面积。

第二种方法是根据水利设施用地规模与农业用地规模关系，尤其与其中的需水作物面积的关系，通过预测规划年需水作物的种植面积来确定水利设施用地面积。这种方法对地貌条件较均一，且主要依赖水利工程排灌的均质区域很适用。

各类建设项目的选址、定线，除要考虑建设项目本身对区位、地形、地质、水文、能源、交通、环境等建设条件的要求外，还要注意同其他有关部门协商，确定用地范围后，在土地利用现状图上具体圈定。建设用地发展规模确定以后，也要根据地形、经济条件和项目的具体场址条件，确定占用耕地和非耕地的比例。

(5) 其他用地预测

其他用地预测包括旅游用地、名胜古迹和历史文物保护区用地、自然保护区用地、生态保护用地、军事用地等，视各地的具体情况而定。这些特殊用地的预测需要根据有关的专项规划确定，对用地安排进行充分考虑并给予必要的满足。因为这些用地虽然不产生直接的经济效益（旅游用地除外），却有着难以估量的社会效益和生态环境效益，对于保障国家安全，保护历史遗产，进行科学或艺术研究，改善生态环境，促进土地可持续利用，实现社会持续健康发展，促进人类的文明进步有着不可替代的作用。

## 2.4　土地资源供需平衡分析

### 2.4.1　供需分析的目的

土地供需平衡分析的目的在于通过供给量和需求量的比较，宏观上分析各类用地的供需状况，从总体上把握各类土地利用类型的变化趋势及其转换关系，为协调各类用地之间的矛盾，进行用地指标的调整和编制规划方案提供依据。供需平衡分析包括两方面：一是总供给与总需求的分析，二是各类用地的供给与需求的分析。

### 2.4.2　供需分析的原则

1) 综合分析，合理配置，确保平衡

确定了土地资源的可能供给量，预测了土地利用的需求量，就要根据可供给量的大小，对各类用地需求进行综合分析，分清轻重缓急，按照国家的产业政策和国民经济运行态势，选择优先保障供地的方向、有条件供地的方向和限制供地的方向。因为土地的供给量是一定的，因此，当供给与需求产生矛盾时，即供不应求时，就要遵循土地供需平衡分析的原则进行综合分析，优先保障国家和地方重点能源、交通、水利等基础设施和改善生态环境的用地需求，适当地保障地方经济支柱产业的用地需要。对那些确无供地计划的项目，则要眼光向内，引导走内涵挖潜改造的路。

2）协调与仲裁相结合，确保方案最终平衡

土地供需平衡是直接为编制土地利用总体规划服务的，是上级土地利用总体规划目标在本地的落实和细化，只要供需平衡分析做得好，土地利用总体规划也就基本落地了，因此，土地供需平衡分析的任务十分艰巨，特别是在确定供地方式和供地顺序时，不可避免地会与有关部门的意愿不一致。这时，就要把各部门请到一起来，共同分析本地的财力状况及投资水平，共同商议供地方式和供地顺序。如果各个部门的意见难以统一，也就只有请当地政府予以仲裁后，确定最终平衡方案，将供地计划落实到每一个用地项目上，保障实施。

# 第三章 水资源规划

## 3.1 概述

对于人类社会而言，水资源的重要性不言而喻，以至于人们不仅要关注水资源及其利用现状和存在的问题，而且更要关注水资源的未来状况，并尝试通过统筹规划，保障未来水资源能够满足人类社会的需要。

所谓水资源规划是指对区域(或流域)水资源开发、利用和保护的总体部署和实施安排。现阶段水资源规划的目的是贯彻落实科学发展观，按照建设资源节约型、环境友好型社会的要求，坚持以人为本、人水和谐、节约保护、统筹兼顾、综合管理的原则，正确处理经济社会发展、水资源开发利用和生态环境保护的关系，通过全面建设节水型社会、合理配置和有效保护水资源、实行最严格的水资源管理制度，保障饮水安全、供水安全和生态安全，为经济社会可持续发展提供重要支撑。根据规划的目的与要求的不同，水资源规划可分为宏观层次水资源规划和工程层次水资源规划。

### 3.1.1 宏观层次水资源规划

宏观层次水资源规划是为了解决水资源与社会经济发展、生态环境保护相互协调的问题。它以规划范围内经济、社会发展对水资源的需求为前提，以资源、环境的承载能力为限度，通过对社会经济发展方向、规模、产业结构和资源环境数量、质量、分配、使用的过程进行分析，识别制约社会经济发展的环境、资源要素，搞清经济、社会与资源、环境协调发展的主要矛盾和解决途径，从而制定具有指导意义的水资源开发、利用和保护的目标、总体布局和实施方案。

为认真贯彻中央关于新时期治水方针政策，加强水资源科学管理，促进水资源可持续利用，依据《中华人民共和国水法》，自 2002 年起，由国家发展改革委和水利部牵头，会同国家有关部门，在全国范围内组织开展了水资源综合规划编制工作。规划工作分两个阶段：第一阶段为水资源调查评价，2004 年完成了《中国水资源及其开发利用调查评价》，并通过了审查，2008 年 2 月得到了国务院批准；第二阶段为水资源综合规划编制，经全国、流域和区域层面的多次协调平衡、征求意见和修改完善，2010 年 10 月国务院批复了《全国水资源综合规划》，简称《规划》。《规划》主要成果包括全国水资源及其开发利用基本状况；我国水资源开发利用的总体思路、战略目标与任务；我国未来水资源供需形势；全国水资源配置总体格局；重点领域水资源可持续利用对策等内容。

### 3.1.2 工程层次水资源规划

工程层次水资源规划以水资源工程为重点，也称为水资源工程规划。这里，水资源工程是指在江河、湖泊和地下水源上开发、利用、控制、调配和保护水资源的各类工程，包括通常所说的灌溉工程、供水工程、防洪工程、发电工程、排水(涝)工程、水景观工程等。对于专业性水资源规划，例如防洪除涝规划、农业灌溉规划、水能规划、城市供水规划等，一般也是以工程为主线，亦可归于工程层次水资源规划，工程层次的水资源规划一般是在宏观层次规划指导下进行，并构成宏观层次规划的组成部分。

在水资源调查评价的基础上，水资源工程规划主要研究解决以下四个方面问题。

1）需求问题

在区域范围内，经济社会发展对水的需求应该是综合性的、全方位的，包括水资源的开发利用(如城镇供水、农业灌溉、水力发电、航运等)、水灾害治理(如防洪、排涝等)及水资源保护。通过工程来满足上述需求是目前常见的选择。具体到某一个水资源工程，可能仅仅面对一项需求，例如提水泵站仅承担供水任务；也可能面对多项需求，例如水库通常具有多重用途，既有防洪作用，又有供水或发电任务。如果一个水资源工程承担多项任务，该工程就称为综合利用工程。因此，明确工程要承担的任务是规划或设计首先要考虑的。

其次，应明确需求量及需求应满足的程度。例如城镇供水规划，规划水平年需水量和最高日最高时流量就是重要的与需求有关的参数。因为前者与水源的水量分配有关，后者与供水管网规模有关。

2）工程布局与规模

满足需求的措施通常分为两类：①工程措施；②非工程措施。工程措施就是通过新建(或扩建、改建)工程，扩大供给能力，满足需求。这就涉及工程的布局、规模等问题。例如，为解决某个灌区的灌溉用水，确定从灌区邻近河流取水灌溉，取水有几种方案待选，如无坝引水、低坝引水、泵站提水等，相应的取水建筑物类型、尺寸，输水渠道布置、断面尺寸也要进行方案比选。这些都是规划设计阶段要研究解决的问题。

3）工程建设顺序

水资源开发利用常涉及为数众多的工程，规划实施完成的年限有的长达几十年，最典型的例子就是梯级水电开发。在漫长的规划实施过程中，哪个工程先建、哪个工程后建，就存在经济上优选问题。具体到某个工程，假设需求随时间变化的函数关系已给定，如果工程过早投入，可能导致供给能力大于需求量，造成部分供给能力空闲，也就是产生投资积压。如果工程投入过晚，又会造成供给不能满足需求，带来短缺损失，那么恰当的投入时机在哪里？因此，确定工程建设顺序，在恰当的时机投入合适的工程，也是规划设计需要回答的问题。

4）工程运行方式

工程的效益和费用是进行工程布局、规模及投入时机等决策的经济依据。而任何水资源工程的效益和费用，尤其是效益，都与其运行方式有密切关系。例如，发电机的多年平均发电量、保证出力都与水库调度方式有关。对于综合利用水库，由于其承担不同的任务（防洪、发电、灌溉等），水库调度运行方式不仅关系到整体效益大小，还涉及不同部门之间的利益分配问题。

## 3.2 灌溉规划

农作物生长所需要的水分主要来源于土壤水，而天然状况下土壤水主要依靠降水补充，但是降水在时间和空间上都存在很大的不均匀性，只依靠雨水供给农作物的水分，可能会发生旱灾，导致作物减产。因此在土壤水分不能满足作物对水分的需要时，需要进行人工措施补充土壤水分。这种人工补充土壤水分以改善作物生长条件的技术措施称为灌溉。

灌溉系统通常包括水源及取水设施、输配水工程以及田间工程等部分。

### 3.2.1 灌溉水源和取水方式

#### 3.2.1.1 *灌溉水源*

灌溉水源是指天然水资源中可以用于灌溉的水体，包括地表水和地下水两种形式，其中地表水是主要形式。地表水主要包括河川、湖泊径流以及在汇流过程中拦蓄的地面径流。地下水指的是浅层地下水和层间水。灌溉回归水和城市污水可用于灌溉，是水资源的重复利用。海水和高矿化度地下水经过淡化处理后也可用于灌溉。

选择灌溉水源时，首先要考虑水源的位置，要尽可能靠近灌区和附近具备方便引水的地形条件；其次要考虑水源的水量、水质以及水位条件。

#### 3.2.1.2 *取水方式*

水源类型、水位和水量状况的不同，决定了取水方式的不同。灌溉取水方式主要包括地表取水和地下取水两种。地表取水方式有无坝引水、有坝引水、抽水取水和水库取水等；地下取水根据不同地区地质、地貌和水文地质条件不同，选择不同的取水方式和取水建筑物，主要包括垂直取水建筑物、水平取水建筑物、双向取水建筑物等。

1）地表取水

(1) 无坝引水

灌区附近河流的水位、流量均能满足灌溉要求时，即可选择适当的位置作为取水口修建进水闸引水自流灌溉，形成无坝引水。如图 3-1 所示，可在河流上游水位较高的地方 $A$ 引水自流。

(2) 有坝引水

当河流水量丰富，但是水位较低时，可在河道上修建蓄水建筑物，抬高水位，自流引水灌溉，形成有坝引水，如图 3-1 所示的 $B$ 点。

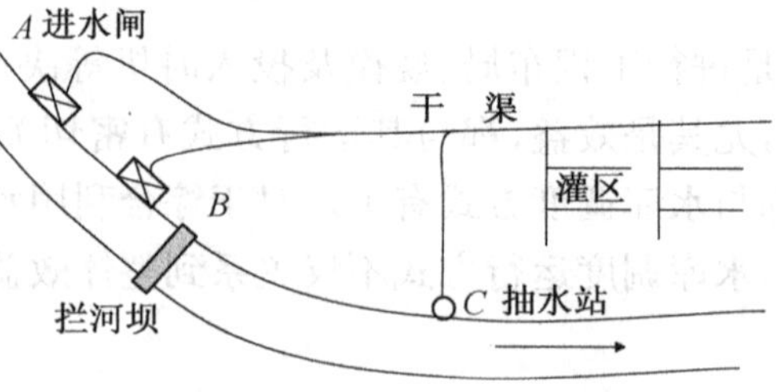


**图 3-1　灌溉取水方式示意图**

(3) 抽水取水

当河流水量丰富，但是灌区位置较高，无法修建自流引水渠道时，可就近选择合适的位置修建抽水泵站，将水从低处提到较高位置，如图 3-1 所示 $C$ 点。

(4) 水库取水

当河流的流量、水位均不能满足灌溉要求时，必须在河流的适当位置修建水库进行径流调节。采用水库取水，必须修建相关水工建筑物，工程量较大，但是水库能综合利用河流水资源。

以上几种取水方式，除了单独使用外，还可综合使用多种取水方式。引取多种水源，形成蓄、引、提结合的灌溉系统。

2) 地下水取水

(1) 垂直取水建筑物

垂直取水建筑物主要有管井和筒井。管井由一系列井管构成，是开发利用地下水中应用最广泛的取水建筑物。其主要组成部分有井壁管、滤水管和沉淀管。它不仅适用于开采深层承压水，也是开采浅层水的有效形式。筒井是一种大口径的取水建筑物，由于其直径较大(一般为 1～2 m)、形似圆筒而得名，它由井台、井筒和进水部分三部分组成。筒井具有结构简单、检修容易、能就地取材等优点，但由于井口过大，并不宜过深，因而，筒井多用于开采浅层地下水。

(2) 水平取水建筑物

水平取水建筑物主要有渗流井、水平井等。渗流井是一种集大口井、集水廊道和辐射孔为一体的傍河综合性水平集水工程。采用渗流井取水工程开采地下水，不仅可以充分截取地下水的潜流，激发地表水的补给，而且不会产生大面积的地下水漏斗，避免土壤沙化。水平井是将过滤器沿含水层水平方向或与地面形成一定倾斜角度安装形成的供水井。

(3) 双向取水建筑物

为了增加地下水的取用水量，有时采用垂直和水平两个方向结合的取水方式。

## 3.2.2　输配水工程和田间工程

### 3.2.2.1　输配水工程

输配水工程是指灌溉系统中的各级渠道系统或管道系统，以及分水设施、保护装置和其他附属设施。

灌溉渠系由各级灌溉渠道和退(泄)水渠道组成。按控制面积大小和水量分配层次可把灌溉渠道分为若干等级。大、中型灌区的固定渠道一般分为干渠、支渠、斗渠、农渠四级。在地形复杂的大型灌区,固定渠道的级数往往多于四级,干渠可分成总干渠和分干渠,支渠可下设分支渠;在灌溉面积较小的灌区,固定渠道的级数较少,这种灌区的固定渠道就分为干渠、斗渠、农渠三级。

各级渠道上的建筑物主要有引水建筑物、配水建筑物(主要包括分水闸和节制闸)、泄水建筑物、量水建筑物、交叉建筑物及衔接建筑物等,分别起引水、配水、泄水、量水等作用。

3.2.2.2　田间工程

田间工程通常指最末一级固定渠道(农渠)和固定沟道(农沟)之间的条田范围内的临时渠道、排水小沟、田间道路、稻田的格田和田埂、旱地的灌水畦和灌水沟、小型建筑物以及土地平整等农田建设工程。

田间渠系指条田内部的灌溉网,包括毛渠、输水垄沟和灌水沟、畦等。田间渠系布置有纵向布置和横向布置两种基本形式。纵向布置指灌水方向垂直农渠,毛渠与灌水沟、畦平行。横向布置指灌水方向平行农渠,毛渠与灌水沟、畦垂直。

### 3.2.3　灌水方法

灌水方法是指灌溉水进入田间并湿润根区土壤的方法与方式,其目的在于将集中的灌溉水流分散到田地,以满足作物对水、气、肥的需要。灌水方法按照是否全面湿润整个农田,可分为全面灌溉与局部灌溉两大类。

1) 全面灌溉

灌溉时湿润整个农田根系活动层内的土壤,其主要适合于密植作物灌溉。其中,地面灌溉和喷灌都属于全面灌溉。

地面灌溉是最常用的一种灌溉方法,水从地表进入田间,借助重力和毛细管作用力浸润土壤,因此也称为重力灌水法。按其湿润土壤方式的不同,地面灌溉又可细分为畦灌、沟灌、淹灌和漫灌。

喷灌是利用专门设备将有压水送到灌溉区域,并喷射到空中散成细小的水滴,像天然降雨一样进行灌溉。其优点是对地形的适应性强,机械化程度高,灌水均匀,灌溉水利用系数高。但基建投资较高,而且受风的影响大。

2) 局部灌溉

灌溉时只湿润作物周围的土壤,远离作物根部的行间或棵间的土壤仍保持干燥。局部灌溉主要通过一套塑料管道系统将作物所需要的养分和水直接输送到作物根部附近。局部灌溉的主要优点是灌水均匀,节约能量,灌水流量小;对土壤和地形的适应性强;能提高作物产量,增强耐盐能力;便于自动控制,明显节省劳力。按照湿润土壤的方式,局部灌溉分为以下几种:

渗灌是利用地下管道系统将灌溉水引入田间耕作层,借毛细管作用自下而上湿润土壤，因此又称地下灌溉。

滴灌是利用一套塑料管道系统将水直接输送到作物根部，水由滴头直接滴到作物根部的地表，然后渗入土壤。

微喷灌是用很小的喷头将水喷洒在土壤表面。

膜上灌是灌溉水在地膜表面的凹形沟内借助重力流动，并从膜上的出苗孔流入土壤进行灌溉。

## 3.3 城镇给水

城镇给水是水资源综合利用的一种形式。城镇给水规划的基本目的是经济合理和安全可靠地供给城市居民的生活生产用水和用于保障人民生命财产的消防用水，并满足水量、水压和水质要求。

### 3.3.1 城镇用水类型

城市给水系统的供水类型主要包括生活用水、生产用水、市政用水、消防用水和给水系统损耗等。

1）生活用水

包括居民日常生活用水、工业企业职工生活用水和淋浴用水、公共建筑用水（包括机关、学校、医院、部队、旅馆、餐厅等用水）。我国各地具体条件不同，影响用水量的因素不尽相同，各地人均生活用水量差别较大。在一些特大或大城市，人均生活用水量已接近或超过国家规定的生活用水定额，但在众多中小城市、乡镇，人均生活用水量偏低，还有上升空间。无论水量多少，给水系统应随时满足生活用水量的要求。

生活用水关系到人体健康，因此水质要求较高，尤其是饮用水的水质必须确保居民饮用安全。我国《生活饮用水卫生标准》（GB 5749—2006）从感官性状与一般化学指标、毒理学指标、细菌性指标和放射性指标等方面作出了明确规定。

2）生产用水

主要指工业企业生产过程中的用水，包括制造、加工、冷却、空调、洗涤、锅炉等处使用的水。工业企业部门很多，生产工艺多种多样，对水量、水质和水压的要求不尽相同。此外，在城市郊区还有农业灌溉用水，由于农业灌溉用水不是通过城市给水系统供水，所以此处生产用水不包含农业灌溉用水。

3）市政用水

包括道路保洁、绿化浇水、车辆冲洗用水等。市政用水量应根据路面种类、绿化、气候、土壤以及当地条件等实际情况确定。市政用水量将随着城市建设的发展不断增加，但市政用水对水质要求较低。

4）消防用水

指扑灭火灾时的用水。消防用水只有在发生火灾时才从给水管网的消火栓上取用。

消防用水对水质没有特别要求。但消防用水对水头有一定要求，管网的最小服务水头一般不得小于 10 m。

5）给水系统损耗

给水系统的损耗指的是输配水管网的损耗。《城市供水管网漏损控制及评定标准》规定，城市供水企业管网基本漏损率不应大于12%。

### 3.3.2 给水水源及处理

#### 3.3.2.1 给水水源

1）城市水源的种类

供给人类使用的水源主要包括地表水源和地下水源。

2）水源的水量要求

城市供水水源应有足够水量，水量不仅保证当前生活、生产需要，而且满足远期发展的需要。即使水资源不足，也要优先保证城镇供水，这是因为居民生活决不允许长时间中断，而且工业用水若亏缺超过一定限度，经济将遭到严重损失。因此，城市规模越大，工业用水比例越高，供水保证率越高。

3）水源的水质要求

以地表水为供水水源时，应根据《地表水环境质量标准》(GB 3838—2002)判别水源水质是否符合要求。以地下水为供水水源时，应根据《地下水质量标准》(GB/T 14848—2017)判别水源水质是否符合要求。对于饮用水水源，还要符合《生活饮用水卫生标准》(GB 5749—2020)。

水源水质不仅要考虑现状，还要考虑未来变化趋势。当城市有多种天然水源时，应首先考虑水质较好，水量充足的水源作为供水水源，或者考虑多水源分质供水。

#### 3.3.2.2 给水处理

给水处理的目的是去除原水中悬浮物质、胶体、病菌以及水中其他有害人体健康和影响工业生产的有害杂质，使得处理后的水质满足现行生活用水水质标准和工业用水水质的要求。给水处理的基本方法包括水的混凝、混合、反应、沉淀、过滤和消毒。

1）混凝

加入适量的混凝剂，使得水中两个互相碰撞的小胶粒结合成一个较大胶粒的过程，称为混凝。

2）混合

混合的过程是使混凝剂迅速而均匀地分散到水中，生成正电荷多核络离子和氢氧化物胶体，络离子可压缩胶体杂质的扩散层，使其失去稳定性；而氢氧化物胶体和水中杂质相互凝聚，结成极微小矾花，当其尺寸达到 1 μm 时，便失去胶体运动的特性。

3）反应

混合作用完成后，需要采用人为的方法进行适度搅拌，以便生成更大更密的矾花，在沉淀池中易于沉降。

4）沉淀

水中固体颗粒依靠重力作用，从水中分离出来的过程称为沉淀。沉淀主要包括自然沉淀、混凝沉淀和化学沉淀三种。

5）过滤

原水经过沉淀后，水中尚残留一些细微的悬浮杂质，需要通过过滤的方法去除。过滤就是以具有空隙的粒状滤料层（如石英砂）截留水中杂质，从而使水变得澄清的过程。

6）消毒

消毒的方法有物理和化学方法两种。目前广泛采用的方法是氯消毒法。

### 3.3.3 给水管网的规划

城镇给水管网由大小各异、纵横交错的给水管道组成。根据给水管网在整个给水系统中的作用，可以将其分为输水管和配水管网两部分。

1）输水管

输水管指的是水源到水厂或者从水厂到配水管网的管线，其沿线一般不接用水管，主要起转输水量的作用。输水管线的选择和布置遵循以下要求：① 保证供水不间断，尽量做到线路最短，土石方工程量最小，工程造价最低，施工维护方便，少占或不占农田。② 条件允许时，管线走向最好沿着现有道路或规划道路铺设。③ 输水管应尽量避免穿越河谷、重要铁路、沼泽、工程地质不良的地段，以及洪水淹没的地区。④ 选择线路时，应充分利用地形，优先考虑重力流输水或部分重力流输水。⑤ 输水管线的条数（即单线或双线），应根据给水系统的重要性、输水量大小、分期建设的安排等因素，全面考虑确定。当允许间断供水或水源不止一个时，一般可以设一条输水管线；当不允许间断供水时，一般应设两条，或者设一条输水管，同时修建有相当容量的安全贮水池，以备输水管线发生故障时供水。⑥ 采用两条输水管线时，为避免输水管线因某段损坏而使输水量减少过多，要求在管线之间设连通管相互联系。⑦ 在输水管线的最高点上，一般应安装排气阀（管内无水时，能自动打开，管内有水时能自动关闭），以便及时排出管内空气，或在输水管放空时引入空气。在输水管线的低洼处，应设置泄水阀及泄水管，泄水管接至河道或地势低洼处。

2）配水管网

配水管网是将输水管线输送的水，分配给城市用户的管道系统。在配水管网中，各管线的作用不相同，因此管径也不同，由此将管线分为干管、分配管、接户管三类。

干管的主要作用是输水至城市各用水地区，同时也为沿线用户供水，其管径均在100 mm以上；大城市中，管径则在200 mm以上。为简化起见，配水管网的布置和计算，通常只限于干管。

分配管的主要作用是把干管输送来的水，配给接户管和消火栓。此类管线均铺设在每条街道或工厂车间的前后道路下面，其管径均由消防流量来确定，一般不予计算。

接户管就是从分配管接到用户去的管线，其管径视用户用水的多少而定。但当较大的工厂有内部给水管网时，此接户管则称为接户总管，其管径应根据该厂的用水量来定。

配水管网的布置形式，根据城市规划、用户分布以及用户对水的安全可靠性的要求程度等，分为树状网和环状网两种形式。所谓树状网，指的是管网布置呈树状向供水区延伸，管径随所供给用水户的减少而逐渐变小。环状网是指管网布置呈现封闭环状。

### 3.3.4 给水管网各管段计算流量和管径的初步确定

各管段流量计算的目的在于各管段管径的选取和进行系统的水力计算。而要进行各管段的流量计算，需先确定各管段的沿线流量和节点流量。

1) 沿线流量

假定在管线上，沿线配出的流量有分布较多的小用水量 $q'_1$、$q'_2$……，也有少数大用水量的集中流量 $Q_1$、$Q_2$……。由于沿线所接用户较多，而且用水量变化较大，这样复杂多变的配水情况通常采用简化方法——比流量法。

(1) 长度比流量法

假定 $q'_1$、$q'_2$ 这些用水量均匀分布在全部干管线上，则管线单位长度上的配水流量($q_{cb}$)按下式计算：

$$q_{cb} = \frac{Q - \sum Q_i}{\sum L} \tag{3-1}$$

式中，$Q$ 为管网总用水量，L/S；$Q_i$ 为第 $i$ 个大用户的集中流量；$L$ 为干管总长度，m。

有了比流量，就可求出各管段的沿线流量 $Q_y$：

$$Q_y = q_{cb}L \tag{3-2}$$

长度比流量法忽视了沿管线供水人数多少的影响，不能反映各管段的实际配水量。而在干管线的不同管段上，其供水的面积和供水的居民数是不会相同的，配水量不可能均匀。因此，提出一种改进的计算方法——面积比流量法。

(2) 面积比流量法

假定 $q'_1$、$q'_2$ 这些用水量均匀分布在整个供水面积上时，单位面积上的配水流量($q_{mb}$)按下式计算：

$$q_{mb} = \frac{Q - \sum Q_i}{\sum \omega} \tag{3-3}$$

式中，$\sum \omega$ 为供水面积的总和，$m^2$。

由面积比流量 $q_{mb}$，可计算出某一管段的沿线流量 $Q_y$ 为：

$$Q_y = q_{mb}\omega \tag{3-4}$$

鉴于城市供水面积大，用水量多，因此用面积比流量法较长度比流量法要准确一些，但计算较麻烦。当供水区的干管分布比较均匀，管距大致相同时，改用长度比流量法比较简单。

2）节点流量

每一管段的流量主要包括两部分，一部分是上述沿管线输配的沿线流量，另一部分是转输到后续管线的转输流量。在一条管段中，转输流量沿整个管段不变，沿线流量则因沿线配水，流量沿程逐渐减小，到管段末端等于零。

为了简化计算，将渐变流作为一个不变的均匀流处理，即将该段的沿线流量平均分配于管段始、末端的节点上，从而得到节点流量 $q_n$ 的计算公式为：

$$q_n = \frac{\sum Q_y}{2} \tag{3-5}$$

3）管段计算流量

$$Q_j = Q_{zs} + \frac{1}{2}\sum Q_y \tag{3-6}$$

4）管径的确定

管网中各管段的管径，是按最高时用水量确定的，即：

$$d = \sqrt{\frac{4Q}{\pi v}} \tag{3-7}$$

式中，$d$ 为管段直径，m；$Q$ 为按最高时用水量计算的管段流量，$m^3/s$；$v$ 为流速，m/s。

## 3.4 水力发电

### 3.4.1 水力发电的原理

河流水流蕴含的能量，称为水能。水力发电是利用天然水能（水能资源）生产电能的过程。河川径流相对于海平面而言（或相对于某基准面）具有一定的势能。因径流有一定流速，就具有一定的动能。这种势能和动能组合成一定的水能，也就是水体所含机械能。

在地球引力（重力）作用下，河水不断向下游流动。在流动过程中，河水因克服流动阻力、冲蚀河床、挟带泥沙等，使所含水能被分散地消耗。水力发电的任务，就是要利用这些被无益消耗掉的水能来生产电能。如图 3-2 所示，表示一任意河段，其首尾断面分别为断面 1-1 和断面 2-2。若取 0-0 为基准面，按照伯努利方程，流经首尾两断面的单位重量水体所消耗的水能为：

$$H = (Z_1 - Z_2) + \frac{p_1 - p_2}{\gamma} + \frac{\alpha_1 v_1^2 - \alpha_2 v_2^2}{2g} \tag{3-8}$$

但是，大气压强 $p_1$ 和 $p_2$ 近似相等，流速水头 $\frac{\alpha_1 v_1^2}{2g}$ 与 $\frac{\alpha_2 v_2^2}{2g}$ 的差值也相对较小，可忽略不计。于是，这一单位重量水体的水能就可近似地用落差 $H_{1-2}$ 来表示，$H_{1-2} = Z_1 - Z_2$，

即首尾两断面间的水位差。

若以 $Q$ 表示 $t$ (s)内流经此河段的平均流量($m^3/s$)，$\gamma$ 表示水的单位重量(通常取 $\gamma = 9\ 807\ N/m^3$ )，则在 $t$ (s)内流经此河段的水体重量应是 $\gamma W = \gamma Qt$ ，于是在 $t$ (s)内该河段消耗掉的水能为：

$$E_{1-2} = \gamma H_{1-2}Qt = 9\ 807QtH_{1-2} \quad (J) \tag{3-9}$$

但是，在电力工业中，习惯于用"kWh"(或度)为能量的单位，1 kWh＝3.6×$10^6$ J；于是，在 $T$ (h)时间段内此河段上消耗掉的水能为：

$$E_{1-2} = \frac{1}{367.1}H_{1-2}Qt = 9.81H_{1-2}QT \quad (kWh) \tag{3-10}$$

此即代表该河段所蕴藏的水能资源，它分散在河段的各微小长度上。要开发利用这许多微小长度上的水能资源，首先需将它们集中起来，并尽量减少其无益消耗。然后，引取集中了水能的水流去转动水轮发电机组，在机组转动的过程中，将水能转变为电能。这里，发生变化的只是水能，而水流本身并没有消耗，仍能被下游用水部门利用。上述这种河川水能，因降水而陆续得到补给，使水能资源成为不会枯竭的再生性能源。

在电力工业中，电站发出的电力功率称为出力，因而也用河川水流出力来表示水能资源。水流出力是单位时间内的水能。因此，在图 3-2 中所表示的河段上，水流出力为：

$$N_{1-2} = \frac{E_{1-2}}{T} = 9.81QH_{1-2} \tag{3-11}$$

上式常被用来计算河流的水能资源蕴藏量。

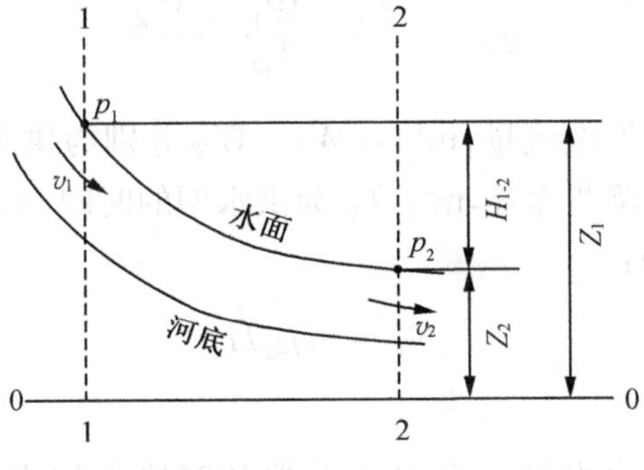


**图 3-2 水能与落差**

水电站的出力为：

$$N = 9.81\eta QH_{1-2} = AQH_{1-2} \tag{3-12}$$

式中，$\eta$ 为水电站效率，＜1，等于水轮机效率 $\eta_{机}$、发电机效率 $\eta_{电}$ 及机组传动效率 $\eta_{传}$ 的乘积，即 $\eta = \eta_{机}\ \eta_{电}\ \eta_{传}$；$A$ 为出力系数，$A = 9.81\eta$，在初步估算时，可根据水电站的规模大小采用下列近似值：大型水电站($N$＞25 万 kW)，$A$＝8.5；中型水电站(2.5 万≤$N$≤25 万 kW)，$A$＝8.0～8.5；小型水电站($N$＜2.5 万 kW)，$A$＝6.0～8.0，同轴相连 $A$＝7.0，皮

带传动 $A=6.5$。

### 3.4.2 水电站的发电量

水电站的发电量是水流出力与相应时间的乘积。水电站在时刻 $t_1 \sim t_2$ 内的发电量为：

$$E = \int_{t_1}^{t_2} N d_t \tag{3-13}$$

3.4.2.1 水电站保证出力计算

水电站保证出力($N_P$)是指水电站在长期运行中，枯水期所能发出的相应于涉及保证率的平均出力。它表示水电站在多年运行期间提供的出力($N$)大于等于水电站保证出力的概率恰好等于设计保证率 $P$。保证出力是水电站规划设计中重要的能量指标，它直接影响水电站装机容量的大小，进而影响水电站的多年平均发电量。

1) 年调节水电站保证出力计算

年调节水电站的保证出力取决于供水期的天然来水、供水期的水量损失及兴利库容的大小。其常用的计算方法有等流量法和等出力法两种。

(1) 等流量法

① 逐时段等流量法

逐时段等流量法是计算中供水期内各时段的发电流量均相等，然后取各月出力的平均值作为保证出力。在供水期初，水库处于满蓄状态，供水期末水库降至死水位。其计算公式为：

$$q_{电} = \frac{W_{天} - W_{损} + V_{调}}{T_{供}} \tag{3-14}$$

式中，$q_{电}$为供水期的平均发电流量，$m^3/s$；$W_{天}$、$W_{损}$分别为供水期的天然来水量和水量损失，$m^3$；$V_{调}$为水电站的调节库容，$m^3$；$T_{供}$为供水期的时间，s。

供水期各月出力值为：

$$N_i = A q_{电} \overline{H}_i \tag{3-15}$$

式中，$A$、$\overline{H}_i$ 分别为水电站综合出力系数和时段平均水头，m。则水电站保证出力为：

$$N_P = \frac{1}{T} \sum_{i=1}^{T} N_i \tag{3-16}$$

② 简化等流量法

在设计阶段，亦可考虑采用简化等流量法进行计算。简化等流量法不需要计算供水期各时间段的水头，而只需计算供水期的调节流量和供水期的平均水头。调节流量的计算公式为：

$$Q_P=\frac{W_{供}-W_{供损}+V_{调}}{T_{供}} \tag{3-17}$$

式中，$Q_P$、$V_{调}$ 分别为对应于设计保证率 $P$ 的调节流量和水库的调节库容；$W_{供}$、$W_{供损}$ 分别为供水期的天然来水量和供水期的水量损失，$m^3$。

平均出力即水电站的保证出力为：

$$N_P=AQ_P\overline{H}_{供} \tag{3-18}$$

式中，$\overline{H}_i$ 为供水期平均水头；$\overline{H}_{供}=H_{上}-H_{下}$，$H_{上}$ 由水库容积曲线求对应于 $\frac{1}{2}V_{兴}+V_{死}$ 的水位作为上游水位；$H_{下}$ 为对应于 QP 的下游水位，根据水位-流量关系获得。

(2) 等出力法

在实际工作中对水电站的发电要求往往不是各月流量相等，而是出力相等或随负荷要求变化出力。计算等出力法时要求水电站供水期各时间段出力相等。等出力法计算相对较复杂，因为在出力一定的情况下，水电站发电流量 $q$ 与水头 $H$ 互有联系，需要通过试算才能求解。具体计算步骤为：

假设一出力值 $N'$ 和一个发电流量 $q'$。供水期按照 $N'$ 发电，控制条件为供水期初水库蓄满，供水期末水库水位降至死水位。

在时段初水库蓄水量已知的条件下，利用水量平衡方程，求出时段末水库的蓄水量 $V_t=V_{t-1}+(Q_t-q')\Delta t$（式中，$V_{t-1}$、$V_t$分别为时段初、末水库蓄水量；$Q_t$为时段 $\Delta t$ 内入库流量）。

根据时段平均蓄水量和假设的发电流量，分别计算该时段水库的上游水位 $H_{上,t}$ 和下游水位 $H_{下,t}$。

计算 $t$ 时段的出力 $N'_t=Aq(H_{上,t}-H_{下,t}-\Delta H)$（式中，$\Delta H$ 为水头损失）。

若 $|N'_t-N_t|<\varepsilon$（$\varepsilon$ 为设定的允许误差），进行下一阶段计算；否则重新假定发电流量 $q'$，直至 $|N'_t-N_t|<\varepsilon$。

若供水期末水库水位不等于死水位，重新假设 $N'$，直至供水期末水库水位降至死水位，则此时对应的 $N'$ 值即为所求的保证出力 $N_P$。

3.4.2.2 水电站多年平均发电量估算

多年平均发电量是指水电站在多年工作时间内，平均每年的发电量，它是水电站动能效益的重要考核指标之一。

水电站多年平均发电量计算，是在正常蓄水位、死水位和装机容量已知条件下进行的。根据水电站规划设计对计算精度的要求，可分别采用水文长系列法与代表年法进行计算。

1) 水文长系列法

当用 $n$ 年长系列资料进行水能计算时，计算时段为 $t$，一年共分 $T$ 个时段，可求得 $nT$ 个时段的平均出力值，按大小排列，绘制时段出力保证率（或持续）曲线。根据拟定的装机容量 $N_{In}$，去掉出力保证率曲线中超过装机容量的那部分水流出力，称弃水出力；装机容量以下为实发出力，它所包括的那块面积即为水电站的多年平均发电量 $\bar{E}$ 。拟定不同的装机容量，就可计算得到相应的多年平均发电量 $\bar{E}$ 。绘出装机容量与多年平均发电量的关系曲线 $N_{In}-\bar{E}$ ，即可进行装机容量多方案比较。

此外，多年平均发电量 $\bar{E}$ 也可用下式计算，即

$$\bar{E}=\frac{1}{n}\sum_{i=1}^{n}E_i \tag{3-14}$$

$$E_i=t[\sum_{j=1}^{m_i}N_{ij}+(T-m_i)N_{In}] \tag{3-15}$$

式中，$n$ 为水文长系列资料年数；$E_i$ 为第 $i$ 年的发电量；$t$ 为计算时段的小时数；$m_i$ 为第 $i$ 年平均出力低于装机容量的时段数；$N_{ij}$ 为第 $i$ 年第 $j$ 时段的平均出力；$T$ 为一年的时段总数。

2）代表年法

调节周期不大于一年的水电站，可采用设计中水年的发电量 $E_{中}$ 估算其多年平均发电量，即 $\bar{E}=E_{中}$。$E_{中}$ 可由上式计算得出。当中水年法不够满意时，可选择三个代表年，即丰、中、枯三个典型年进行估算，则

$$\bar{E}=\frac{1}{3}(E_{丰}+E_{中}+E_{枯}) \tag{3-16}$$

必要时也可选择枯水年、中枯水年、中水年、中丰水年和丰水年共 5 个代表年，估算多年平均发电量。

对多年调节水电站，不宜采用代表年法，而应采用设计平水系列法估算多年平均发电量。所谓设计平水系列，指某一水文年组（一般由十几年的水文系列组成），其平均径流约等于全部水文系列的多年平均值，其径流分布符合一般水文规律。对该系列进行径流调节、水能计算，用以上公式求出各年的发电量，其平均值即为 $\bar{E}$ 。

总之，多年平均发电量的计算与装机容量、机组特性有密切关系，在机组容量和机组过水能力等尚待确定时，一般采用“先假定，后修正”的办法，需经多次重复计算，待装机容量及机组选定后，才能较准确地算出水电站的多年平均发电量。因此，在规划、设计阶段，计算工作量较大，可应用计算机完成这种重复、繁杂的计算工作。

必须指出，按“无限装机”调节计算水流出力时，没有考虑水电站机组特性的影响，对于低水头河川径流式水电站来说，当天然流量很大时，下游水位高涨，可能使水头小于机组允许的最小工作水头，以致不能发电。另外，水头减小对水电站机组过水能力的影响也大，若按天然水流计算可能会出现虚假的出力。因此，进行低水头河川径流式水电站的水能设计时，应结合初拟的机组特性考虑。

### 3.4.3 水电站设计参数选择

水电站设计参数主要指水电站水库正常蓄水位和死水位及水电站的装机容量。由于

水电站各参数之间是互相联系，互相影响的，一个参数的变化必定影响其他参数的选择，所以水电站参数要通过对不同方案进行反复计算和论证，进而选择这些方案中的最优参数。

3.4.3.1 以水电为主的水库特征水位的选择

1）水库正常蓄水位

水库正常蓄水位（或称正常高水位）是指水库在正常运用情况下，为满足设计兴利要求在开始供水前蓄水的最高水位。多年调节水库在连续发生若干个丰水年后才能蓄到正常蓄水位；年（季）调节水库一般在每年供水期前可蓄到正常蓄水位；日调节水库除了特殊情况（如在汛期有排沙要求，必须降低水库水位运行等），每天在水电站调节峰荷以前维持在正常蓄水位；无调节（径流式）水电站原则上在任何时候都应该保持正常蓄水位不变。

正常蓄水位是水库或水电站的重要特征值。它直接关系工程投资、水库淹没损失、移民安置规划以及地区经济发展等重要问题。正常蓄水位抬高，对综合利用各水利部门有有利影响，但是它也会受到投资、水库淹没、工程地质等问题的制约；一般情况下，随着正常蓄水位的不断抬高，各水利部门的效益增加是逐渐减慢的，但投资却是成倍增加的。因此，要选择一个在技术上可行，经济上合理的正常蓄水位方案。

2）设计死水位

设计死水位（简称死水位）是指水库在正常运行情况下允许消落的最低水位。一般情况下，水库水位在正常蓄水位和死水位之间变动，其变幅就是水库消落深度。在遇到特别枯水年份或者发生特殊情况时，水库运行水位比设计死水位还要低一些，被称为极限死水位。在正常蓄水位与设计死水位之间的库容称为兴利调节库容。在设计死水位和极限死水位之间的库容，称为备用库容，如图 3-3 所示。

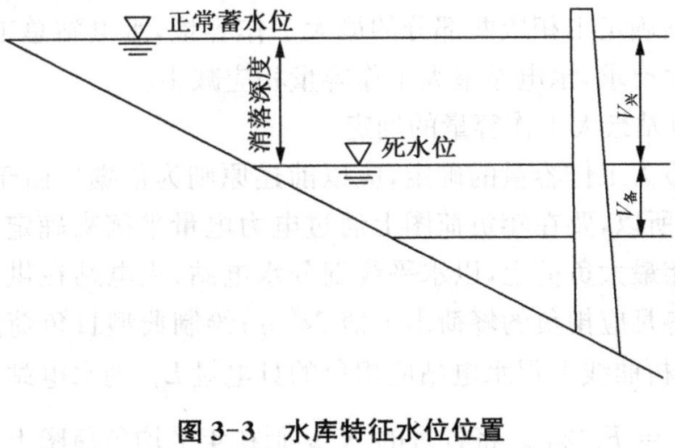


**图 3-3 水库特征水位位置**

3.4.3.2 水电站装机容量

水电站装机容量由最大工作容量、备用容量和重复容量三部分组成，其大小直接影响到水电站的规模和动能效益、水能资源利用程度及水电站的投资和设备的合理使用，其选择是一个比较复杂的动能经济问题。

1）水电站最大工作容量的计算

水电站工作容量是指直接承担设计水平年系统负荷的那部分容量。由于系统负荷在一年内是变化的，系统的最大工作容量就等于系统的年最大负荷，是由各类电站共同承担的。所以，水电站所分担的满足系统年最大负荷的容量，称为水电站最大工作容量。在确定水电站最大工作容量时，要保证在尽可能满足综合利用要求条件下，以保证出力或保证电量作为控制，使水电站的工作容量尽可能大。

（1）无调节水电站最大工作容量的确定

无调节水电站任何时刻的出力，均取决于天然流量的大小，为了充分利用无调节水电站的发电量，电站只能在日负荷图的基荷部位工作。因此，无调节水电站的最大工作容量 $N''_{P,H}$ 即等于按设计保证率求出的保证出力 $\bar{N}_{fm}$ 。

$$N''_{P,H} = \bar{N}_{fm} = 9.81\eta Q \bar{H}_{设} \tag{3-17}$$

（2）日调节水电站最大工作容量的确定

由于日调节水电站可将日平均出力调节成担任峰荷部位的变化出力，从而增大水电站的工作容量。因此，其最大工作容量需根据前述的原则予以确定。具体方法是：选择电力系统设计水平年的冬季最大典型日负荷图（负荷容量与时程关系曲线图），绘出其日负荷分析曲线；利用该曲线在峰荷部位以保证出力控制的保证电量 24 $\bar{N}_{fm}$ ，定出日调节水电站的工作位置和最大工作容量 $N''_{P,H}$ 。

通常，日调节水电站的 $N''_{P,H}$ 比具有相同 $\bar{N}_{fm}$ 的无调节水电站的最大工作容量大得多，可更多地节省火电装机，使整个系统获得显著的动能经济效益。

当日调节水电站下游有综合用水要求时（如航运需一昼夜间均匀通航流量），则应把其保证出力划分为两部分：一部分受综合用水限制；另一部分可随意调节。然后分别按无调节和日调节水电站确定出相应两部分的最大工作容量，水电站总工作容量为上述两部分之和。有综合用水要求，水电站最大工作容量相应减小。

（3）年调节水电站最大工作容量的确定

年调节水电站最大工作容量的确定，应以前述原则为依据。由于其保证电量的控制时段是整个供水期，所以，要在年负荷图上通过电力电量平衡来确定。具体方法是：在设计水平年电力系统年最大负荷上，以水平线划分水电站、火电站在供水期的工作位置，可得到水电站供水期各月应担负的峰荷出力值 $N''_{i,H}$ ；绘制典型日负荷图及其分析曲线，由峰荷出力 $N''_{i,H}$ 在分析曲线上得水电站应担负的日电量 $E_i$，则水电站的日平均出力（也就是月平均出力） $\bar{N}_{i,H} = E_i/24$ 。将各月的 $\bar{N}_{i,H}$ 画在年平均负荷图上，可得系统年电量平衡图（也称保证出力图）及水电站供水期应承担的发电量 $E_{供}$，即

$$E_{供} = 730 \sum \bar{N}_{i,H} (i \in T_d) \tag{3-18}$$

比较所求 $E_{供}$ 是否正好等于水电站的保证电量 $E_{fm}$，若相等，则所作水平线即为有能量保证的电力负荷划分线，所定出的 $N''_{P,H}$ 即为所求的水电站最大工作容量值。若不相等，则需修改水平线的位置，重复上述步骤，直到符合为止。

(4) 多年调节水电站最大工作容量的确定

确定多年调节水电站最大工作容量的原则和方法，与年调节水电站类似。只是需要计算设计枯水年组的平均出力 $\overline{N}_{fm}$ 和年保证电量 $E_{fm}=8\,760\,\overline{N}_{fm}$，然后按水电站全年都担任峰荷工作，进行全年的系统电力电量平衡，即可确定水电站的最大工作容量。

应该指出，当缺乏远景负荷资料时，不能采用上述系统电力电量平衡法确定水电站的最大工作容量。这时可用简略的公式估算法，具体方法可参阅有关资料和文献。

2) 备用容量的确定

为了使电力系统的正常工作不遭受破坏，系统中各个电站容量的总和至少不得小于系统的最大负荷。但是，由于电力系统可能会出现的瞬时最大峰荷难以准确预测，发电设备存在出现意外故障的风险，以及因事故停机导致系统工作容量减少，分担负荷所需的容量不能得到保证等原因，需要设置电站事故备用容量，以保证所有的机组都能在一年或两年之内得到计划停机检修的机会，同时，也克服根据系统最大负荷所确定的各电站工作容量不能保证电力系统供电可靠性之不足。

在电力系统中各电站的总容量值中，除了满足分担系统最大负荷要求外，附加一部分保证系统供电可靠性的容量称为系统的备用容量。备用容量可分为负荷备用容量、事故备用容量和检修备用容量。应分别予以确定，并由满足一定条件的电站承担。

(1) 负荷备用容量

实际上电力系统的负荷是不断变动的，特别是当系统内有大型轧钢机、电气机车等用户时，它们常出现冲击负荷，称为突荷，使负荷时高时低地围绕负荷曲线跳动。当负荷超过系统计划最大负荷时，仅有最大工作容量就不够了。为此，需要装置部分负荷备用容量来承担这种短时的突荷，才不致因系统容量不足而使周波降低到小于规定的数值，影响供电质量，负荷备用容量的多少与系统用户的性质和组成有关，“跳动”用户的比重大，其值应大。根据有关动能计算规范，系统的负荷备用容量可采用系统最大负荷 $P'_s$ 的 5%左右。一般无需额外备用电量，因负荷跳动时正时负，能量可以互补。

电力系统的负荷备用容量，在一般情况下，宜装在调节性能较好、靠近负荷中心的大型蓄水式水电站上。但在大型电力系统中，负荷备用容量值很大，规范规定，当 $P'_s \geqslant 100$ 万 kW 且输电距离较远时，应由两个或更多的水电站和凝汽式火电站分担负荷备用容量。

在实际运行中，负荷备用容量可在不同调频电站间互相转移，但必须由正在运转的机组承担。

(2) 事故备用容量

电力系统中任何一个电站上发生事故，则机组不能投入工作。事故备用容量指为保证在电力系统中发电或输变电设备发生事故时，能够正常供电而增设的发电容量。系统电站发生事故的原因很复杂，造成的损失难以估算。事故备用容量一般应分设在几个电站上，不宜太集中，且可随时快速投入工作。

(3) 检修备用容量

系统中各电站上所有机组都要计划定期检修(大修)，以减小发生事故的可能性和延长机组的寿命。水电站每台机组的大修时间约需15天。机组检修应尽可能安排在系统负荷降低、本电站出现容量空闲的时候进行。

(4) 重复容量的确定

对于无调节及调节性能较差的水电站，在丰水季节将大量弃水。为了充分利用水能资源，减少弃水，多发季节性电能，只有加大水电站装机容量。这部分在必需容量以外加大的容量，在枯水期内由于天然来水少，不能当作系统的工作容量以替代火电站容量，因而被称为重复容量。它在系统中的作用，主要是增发季节性电能，以节省火电站燃料。

水电站在投入运行后，当系统负荷结构调整、水电站来水条件改变等运行情况下，有可能使重复容量部分或全部转为工作容量，相应的电能转成保证电量。例如，农业用电增加，特别是在夏秋季灌排用电出现，同水电站发季节性电能的时间很接近，则季节性电能很快将部分转化为保证电能；由于上游梯级水库的修建，对径流进行补偿调节，提高了水电站群的保证出力，可使部分重复容量转为工作容量。季节性电能的转化和利用，能提高系统供电的质量和可靠性，不但能节约煤炭，而且可提供急需的电力，已开始受到重视。

在设计中，重复容量定得过大，会造成资金积压和浪费；定得过小，则不能充分利用水能资源。因此，必须通过动能经济计算才能确定最有利的重复容量。

## 3.5 防洪规划

### 3.5.1 洪水灾害与防洪

1) 洪水及洪水灾害

洪水是指江河、湖泊、海洋等水体的水量急剧增加，或者水位迅猛上涨的一种水流现象。按照洪水发生的不同成因，分为暴雨洪水、融雪洪水、冰凌洪水、山洪、海啸、风暴潮、溃坝洪水等。在我国，主要的洪水类型是暴雨洪水，但其他类型洪水在局部地区比较严重。

作为一种自然现象，洪水对环境系统产生了有利或不利影响，即洪水与其存在的环境系统相互作用。河道适时行洪可以延缓某些地区植被过快地侵占河槽，抑制某些水生植物过度"有害"生长，并为鱼类提供很好的产卵基地；洪水周期性地淹没河流两岸的岸边地带和洪泛区，为陆生植物群落生长提供水源和养料，为动物群落提供很好的觅食、隐蔽和繁衍栖息场所和生活环境；洪水携带泥沙淤积在下游河滩地，造就富饶的冲积平原。

洪水所产生的不利后果是对自然环境系统和社会经济系统产生严重冲击，破坏自然生态系统的完整性和稳定性。洪水淹没河滩，突破堤防，淹没农田、房屋，毁坏社会基础设施，造成财产损失和人畜伤亡，对人群健康、文化环境造成破坏性影响，甚至干扰社会的正常运行。随着人口增加、工农业发展及城镇化发展，洪水带来的不利影响越来越严重，并且得到人们广泛关注，是常见的自然灾害之一。洪水给人类生活、生产和发展带来的损失和祸患称为洪水灾害(洪灾)。

2）洪水防治

防洪措施可分为两大类:工程措施和非工程措施。

(1) 工程措施

增大河道泄洪能力,主要包括沿河筑堤、拓宽河床断面、疏浚河道、人工裁弯取直和消除河滩障碍等工程措施。这些都是自古至今常用的防洪措施。这种措施旨在增大河道排泄能力,但无法控制洪量并对其加以利用。

拦蓄洪水控制泄量,主要依靠在河流上游或支流山区,兴建具有防洪功能的水库。水库拦洪蓄水,既可削减下泄洪峰流量,减轻下游洪水压力,又可蓄洪补枯,提高水资源综合利用水平。

分洪、滞洪与蓄洪,这三种措施都是为了减少某一河段的洪峰流量,使其控制在河床安全泄量以下。分洪是在过水能力不足的河段上游适当修建分洪闸,开挖分洪水道(又称减河),将超过本河段安全泄量的洪水引走。分洪水道有时可兼作航运或灌溉的渠道。滞洪是利用水库、湖泊、洼地等,暂时滞留一部分洪水,以削减洪峰流量。待洪峰一过,腾空滞洪容积迎接下次洪峰。蓄洪则是蓄留一部分或全部洪水水量,待枯水期使用。

(2) 非工程措施

防洪非工程措施是通过法令、政策、经济手段和工程以外的其他技术手段,以减少洪灾损失的措施。非工程防洪措施一般包括:

设置蓄滞洪(行洪)区,根据受淹频率,将河堤外部分低洼地带划分为蓄滞洪(行洪)区,对蓄滞洪(行洪)区内土地利用、产业结构、居住条件进行全面规划,合理布局,限制不合理的土地开发利用,保证蓄滞洪(行洪)时损失最小。在地势低洼的居民区修建村台、躲水楼、安全台等设施,作为居民临时躲水的安全场所,从而保证人身安全,减少财物损失。对洪水易淹区内的建筑物高程、结构及其内部财物管理制定特殊规定。

建立洪水预报和警报系统,根据预报警报,可在洪水来临前疏散人口、财物,做好抗洪抢险准备,避免或减少重大的洪灾损失。

抗洪抢险,包括洪水来临前采取的预备措施,洪水发生时的堤防巡查、险工抢护,洪水后的清理和救灾善后等工作。

洪水保险,尽管它不能减少洪水泛滥而造成的洪灾损失,但可将大洪水造成的一次性大损失转化为多次的小损失,从而降低因洪灾引起的经济波动和社会不安对人们的冲击。

水土保持,在流域内开展水土保持工作,增加浅层土壤的蓄水能力,可以延缓地面径流,减轻水土流失,削弱河道洪峰流量和含沙量。

工程措施和非工程措施相结合是现代防洪系统的突出特征,并使得现代防洪系统成为一个融合自然、工程技术和经济社会子系统的复合系统。

### 3.5.2 防洪规划的任务、内容

防洪规划是指为防治一定范围(流域或地区)内的洪水灾害而制定的总体防洪方案。其任务是:根据国家或地区的社会经济发展需要,结合地区的自然、地理条件,特别是流域洪水特性及其危害程度,制定和选择防洪整体方案(工程措施和非工程措施相结合)和治

理程序，以便取得较佳的防洪经济效益、社会效益和环境效益；同时，也为防洪系统设计和流域综合开发提供有利依据。

防洪工程规划的基本内容和步骤主要包括以下几点：

(1) 搜集基本资料，包括历史和现阶段的自然环境和社会经济资料，研究流域洪水特性，分析历史洪灾及成因，分析河流现有防洪能力等，明确本流域洪水的基本特性和进一步研究防洪规划设计的基本任务，确定防洪对象。

(2) 根据防洪对象的重要性，选定防洪标准，确定相应的设计洪水，以及有关防洪工程的设计标准。对大江大河的防洪，可分别选定近期和远景的不同防洪标准。

(3) 拟定防洪规划设计方案，并进行分析比较和选定。在选定防洪标准或工程的设计标准后，具体的技术工作是：根据防洪标准推求相应的设计洪水；根据不同防洪工程（如水库、堤防、分洪工程等）拟定相应的工程运用规则（防洪调度方式）；对不同的防洪规划设计方案进行调洪演算和洪水演进计算，确定各方案的防洪工程规模和参数；通过技术经济综合分析选定合理方案。除对设计洪水制定规划方案外，还需对超标准洪水提出应急措施，以保障重要的防洪对象和人民生命的安全。

在制定工程规划时，应充分发挥堤防的防洪作用，同时考虑蓄滞洪工程、水库、河道整治等措施的合理配置与运用。对于蓄滞洪工程与水库工程应尽可能地考虑综合利用的作用。堤防工程、河道整治等应与水环境改善、水景观美化相结合。

### 3.5.3 水库防洪规划

水库是重要的防洪工程措施。对于单个水库而言，其防洪规划的主要内容包括：明确水库防洪任务，拟定大坝等水工建筑物防洪标准及水库防护区的防洪标准（如果有的话），进行设计洪水和校核洪水计算；拟定泄洪建筑物型式和尺寸；拟定水库防洪调度方式；按照水库防洪任务和防洪标准，按拟定的防洪调度方式进行调洪计算，根据计算的最高调洪水位，确定水库防洪特征水位（包括汛限水位、防洪高水位、设计洪水位、校核洪水位）；考虑风浪超高和安全加高，确定坝顶高程。

对于水库群而言，当水库群共同承担下游防护区的防洪任务时，已属于区域防洪工程规划。一般而言，区域防洪任务可通过多种防洪工程措施共同实现。例如，汉江中下游防洪就是依靠上游丹江口水库、中下游堤防、中游分洪民垸、下游分洪道以及分蓄洪区组成复杂的防洪工程系统来实现。因此，在制定区域防洪规划时，必须对各种防洪工程的布局、规模及防洪运用方式进行全面考虑，综合协调。以图 3-4 所示的两个水库为例，简要介绍水库群的防洪规划内容。

假定水库群共同承担下游地区防洪任务，其防洪标准是在防洪控制点 $C$ 出现设计标准洪水时，通过水库群联合调蓄洪水，确保防洪控制点的流量在河道安全泄量以内，或河道洪水位不超过堤防安全水位。显然，由于各个水库距防护区的距离不同，而且各水库所在断面（河流）的洪水特性也不尽相同，即使两个水库的防洪库容一样，其对防护区的防洪效果也会不同。一般地，距防护区远的水库削减洪峰效果比距防护区近的水库的削峰效果差，这是因为上游水库控制的流域面积较小及有区间洪水加入等。另外，水库防洪调度

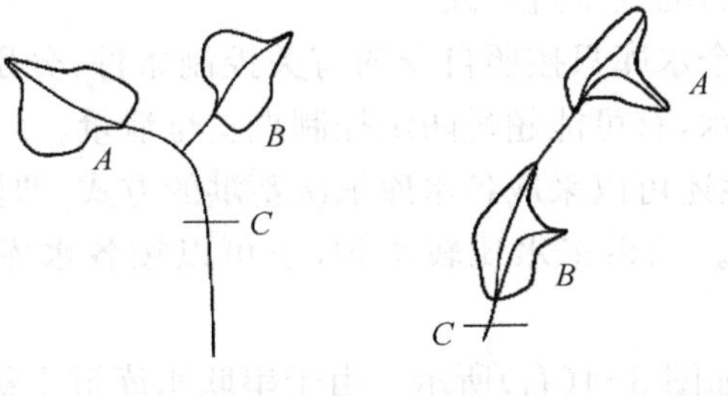


**图 3-4 串并联水库示意图(左:并联水库;右:串联水库)**

方式对防洪效果也有重要影响。因此,在地区洪水组成及地区设计洪水已经确定条件下,如何确定水库群的防洪调度方式和如何分配水库群防洪库容,成为水库群防洪规划要解决的问题。

1) 水库群防洪调度方式

单一水库防洪调度方式有自由泄洪、固定(或分级固定)泄量、补偿调节方式等。当由上游水库群共同负担下游某地防洪任务时,由于洪水的地区组成分布、水库特性、河道情况各异,确定防洪调度方式是比较复杂的。在规划设计阶段,针对并联水库群与串联水库群,可分别采用如下集中方法确定。

(1) 并联水库群,以并联两个水库为例,一般可采用以下三种调度方式:

先后补偿调节方式。如图 3-4(左)所示,当 $A$、$B$ 两河洪水具有一定程度的同步性时,可选定防洪调节能力大、洪水比重大的水库,例如水库 $B$,作为防洪补偿调节水库。此时水库 $A$ 可按其本身防洪及综合利用等要求放水,求得尽可能均匀的下泄过程线 $q_A$。不考虑洪水演进中坦化变形,将此过程线与 $ABC$ 区间洪水过程线 $Q_c$ 相加,获得 $(Q_c+q_A)$,水库 $B$ 应按 $q_{允}-(q_A+Q_c)$ 流量下泄。水库 $B$ 设计洪水过程线减去下泄流量,即为水库 $B$ 的防洪库容,如图 3-5 中阴影面积所示。

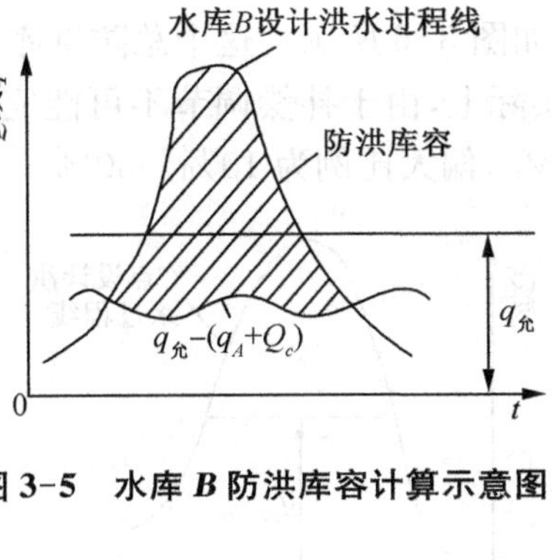


**图 3-5 水库 B 防洪库容计算示意图**

并行补偿调节方式。当 $A$、$B$ 两河洪水相差不大,但同步性较差时,宜采用这种方法。其要点是:先不考虑下游区间洪水,根据防洪控制点允许泄量的要求,求出两库尽量均匀的放水过程。两库下泄流量加上区间洪水演进到防洪控制点,如果超过防洪控制点安全泄量,则进一步考虑区间洪水的补偿问题,即将区间洪水由两水库合理地分担,求得各水库对区间洪水进行补偿后的放水过程线。

独自削峰调度。两个水库只按照自身的有关控制条件，分别进行削峰调度。这样两库下泄流量加上区间洪水，有可能超过防洪控制点安全泄量。

此外，根据洪水特性还可以采取各水库依次蓄洪的方式，即根据各水库本时段来水多少决定哪一个水库蓄水。如果来水比较均匀，也可以按各水库等比例蓄洪的规则进行调度。

(2) 串联水库群。如图 3-4(右)所示。由于串联水库群上级水库的泄水可以被下级水库再调节，故串联水库群的调度方式，主要是研究各级水库的蓄泄次序问题。在进行防洪统一调度时，如各水库洪水有一定的同步性，为便于控制水库区间来水，一般以先蓄上游水库较为有利；为预防下次洪水而腾空库容时，一般以先泄放下游水库较有利。如各水库洪水同步性较差，则应考虑洪水的地区组成、时间分配等特性，制订各水库的蓄泄次序。如各个水库之间尚有防洪要求时，则在统一调度中还应考虑这种要求。

2) 水库群防洪库容的分配

水库群防洪库容指的是汛限水位和防洪高水位之间的库容。当汛限水位等于正常蓄水位时，防洪与兴利完全没有结合，而当汛限水位低于正常蓄水位时，防洪库容与兴利库容部分结合。在这种情况下，防洪库容的大小(即汛限水位的高低)对水库兴利效益有影响。

由上游水库群共同担负下游某防护地区的防洪任务时，各水库防洪库容的确定，要考虑各水库的水文特性、库容情况及综合利用要求等方面，使各水库预留的防洪库容在满足下游防洪要求的前提下，既要减少与防洪库容有关的投资，又要对综合利用其他方面的影响最小。仍以图 3-4 所示的两水库为例，说明水库群防洪库容的分配。

总防洪库容的确定。有 $A$、$B$ 两个水库，防洪控制点为 $C$。如果水库到防洪控制点区间[如图 3-4(左)的情况为 $ABC$ 区间，如图 3-4(右)的情况为 $BC$ 区间]某一防洪标准的设计洪峰流量不大于 $C$ 处的允许泄量，则可根据 $C$ 点的设计洪水过程线，按削峰调度方法求出所需总防洪库容 $V_C$，如图 3-6 所示。这个总防洪库容是在考虑最理想的调度情况下求出的，因而是最小值。实际上，由于补偿调节不可能完全准确等原因，各水库安排的防洪库容总数 $V_T$ 应该大于 $V_C$，偏大比例为 10%～30%。

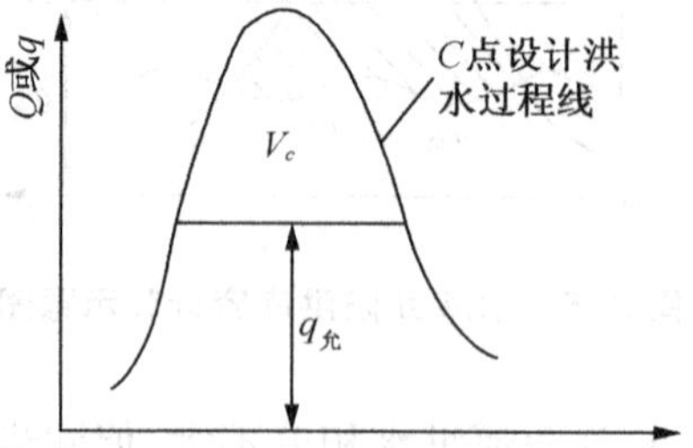


**图 3-6　总防洪库容计算示意图**

各库最小防洪库容的确定。由于各水库位置不同及防洪控制点以上各个地区的洪水组成情况的变化，从保证下游防洪保护区安全的角度出发，各水库的防洪库容（即拦蓄超额洪水量）应该不一样。从设计角度出发，应当考虑设计标准以内地区洪水组合情况及其他水库发挥最大防洪作用时，本库应该承担的防洪库容，据以确定各水库最小防洪库容。这个防洪库容是不能由其他水库代替的，是必须承担的。当然，各水库最小防洪库容可以为 0。

对于并联水库，如图 3-4（左）所示，针对某种地区洪水组合情形，如 $C$ 点以上发生设计标准洪水，而 $BC$ 区间也发生同频率洪水，$B$ 库足够大，可以完全不泄水，此时 $A$ 库所需要的防洪库容就是 $A$ 库必须承担的防洪库容。改变地区洪水组合，相应地，$A$ 库必须承担的防洪库容也会改变。在多种地区洪水组成中，选择一个最小的 $A$ 库必须承担的防洪库容，作为 $A$ 库最小的防洪库容，记为 $V_A$。

同理，可求出 $B$ 库最小的防洪库容 $V_B$。

对于串联水库，如图 3-4（右）所示。由于 $B$ 库以上洪水（包括 $A$ 库出流）均能为 $B$ 库所再调节，如 $A$ 库以下河段本身无防洪任务，则 $B$ 库以上各库均无必须承担的防洪库容，仅 $B$ 库有此需要。$B$ 库所必须承担的防洪库容，应该是在 $A$ 库不泄水情形下，根据 $AC$ 区间（即 $C$ 点以上流域面积减去 $A$ 库以上流域面积）的洪水按 $C$ 处允许泄量计算求得。然后，在多种地区洪水组成中，选择一个最小的 $B$ 库必须承担的防洪库容，作为 $B$ 库最小防洪库容。

如果各水库最小防洪库容之和 $V_A+V_B$ 小于总防洪库容 $V_T$，则至少差额部分 $V_T-(V_A+V_B)$ 应在各水库之间再进行分配。

各库防洪库容分配方案的拟定与比选。对各水库拟定若干个防洪库容方案，各水库防洪库容不小于前面确定的最小防洪库容，且各水库防洪库容之和等于总防洪库容 $V_T$，从而形成多组防洪库容分配方案。针对每一组防洪库容分配方案，采用设计标准洪水及其地区洪水组成，各水库按照确定的防洪调度方式进行调洪计算，考虑河道洪水演进，可求出防洪控制点的洪水过程。如果洪峰流量小于河道允许流量，则该组防洪库容分配方案可行。一般而言，水库群防洪库容分配可能存在多组可行方案。

各库防洪库容的大小与水库汛限水位和防洪高水位的高低直接有关。当汛限水位等于正常蓄水位时，防洪库容的大小基本上与水库兴利效益无关，这时防洪库容的大小仅与防洪高水位相关，即影响到坝顶高程及水库防洪投资。当汛限水位低于正常蓄水位时，防洪库容的大小既与水库兴利效益有关，又直接影响到坝顶高程及水库防洪投资。因此，可根据不同的水库群防洪库容分配方案中相应的防洪投资和兴利效益，选择较优的水库群防洪库容分配方案作为推荐方案。

# 第四章　土地整治与土地资源可持续利用

## 4.1　土地整治

土地整治是指在一定区域内，按照土地利用总体规划、城市规划、土地整治专项规划确定的目标和用途，通过采取行政、经济和法律等手段，运用工程建设措施，通过对田、水、路、林、村实行综合整治、开发，对配置不当、利用不合理以及分散、闲置、未被充分利用的农村居民点用地实施深度开发，提高土地集约利用率和产出率，改善生产、生活条件和生态环境的过程，其实质是合理组织土地利用。积极开展土地整治，有利于提高土地资源利用率，增加有效耕地面积；改善土地质量，提高土地生产能力，缓解人地矛盾，进而改善生产条件和生态环境。

### 4.1.1　国外土地整治发展

根据有关文献资料，“土地整治”一词最早出现在德国、俄罗斯等欧洲国家的记载中。土地整治相关方面的概念以及有关方面的法律最早出现在德国；法国的国土整治工作是在二战后的经济恢复和发展时期开始的；荷兰作为著名的“低洼之国”，土地资源较为贫乏，是世界上开展土地整治较早的国家；俄罗斯的土地整理是为了实施有关土地法令和政府关于组织土地利用及保护土地的决议，创造良好的生态环境和改善自然景观的一系列措施体系；日本从农田盐碱地治理、围海造田发展到鼓励集中居住和区域整治规划及生态保育型土地整治，土地整治是日本土地管理的重要手段；韩国的土地整理是指根据利用基础设施建设能带来相邻地段价值增值的原理，对土地利用方式与土地收益分配进行调整的一种措施。

### 4.1.2　国内土地整治发展

我国的土地整理可以追溯到公元前1000多年的西周时期。《周礼·地官司徒·遂人土均》记载：“凡治野，夫间有遂，遂上有径，十夫有沟，沟上有畛……川上有路，以达于畿。”这段话就清楚地说明了当时田块、渠系和道路的布置形式，表明当时的人们已开始了以规整田块、兴修渠道和建设道路为主要内容的土地整理。古代奴隶社会的井田制、汉代的屯田制、西晋的占田制、北魏隋唐的均田制等，都可以被认为是土地整理的雏形。

我国现代意义的土地整理实践起步较晚，土地整理真正作为土地开发、利用、整治和保护的重要手段得以实施还是在中华人民共和国成立初期，即20世纪50年代。从我国土地整理的发展历程看，不同时期，土地整理的内容与重点也不一样。如20世纪50年代土地整理的主要内容是重新分配土地，即将地主的土地分配给贫下中农，实现耕者有其田的目标；50年代后期，通过人民公社化，将土地收归集体，集中起来进行耕种，土地整理的主要内容是变更土地的权属关系；60年代受自然灾害与“文化大革命”影响，土地整理工作处于停滞阶段；70年代全国“农业学大寨”，农业建设得到大发展，土地整理工作受到重视，土地整理以平整土地、合并田块、兴建新村和完善道路、沟、林为主要内容，农业生产条件得到显著改善，土地生产能力得到较大的提高；80年代，随着农村联产承包责任制的推广与发展，土地整理工作的重点又转到了土地权属关系的调整上来。

1998年国土资源部土地整理中心成立和2001年国务院批准112个土地利用总体规划，标志着我国土地整理进入一个新发展阶段，在理论基础、政策法规、整理技术、管理及信息化方面取得长足进展。2000年起，我国开始批量安排实施国家投资土地开发整理项目，2003年《全国土地开发整理规划》颁布实施。“土地开发整理”这一概念在土地整理的基础上并入了未利用地开发，扩大了土地整理的涵盖范围。2008年开始提出土地整治的概念，土地整治上升为国家层面的重要战略部署。2008年10月，十七届三中全会《中共中央关于推进农村改革发展若干重大问题的决定》提出“大规模实施土地整治，搞好规划、统筹安排、连片推进”，“提高耕地质量，大幅度增加高产稳产农田比重”。《全国土地整治规划(2011—2015年)》中，首次提出了“土地整治”这一术语，将土地整治定义为对低效利用、不合理利用和未利用的土地进行治理，对生产建设破坏和自然灾害损毁的土地进行恢复利用，以提高土地利用率、改善生态环境的活动。

2016年以后，土地整治进入综合发展阶段，土地整治相关政策、规程规范密集出台。2016年4月印发的《国土资源“十三五”规划纲要》提出“形成‘四区一带’国土综合整治格局”。2016年9月财政部、原国土资源部、原环境保护部联合发布的《关于推进山水林田湖生态保护修复工作的通知》，标志着系统化国土综合整治正式开始从理念转化为实践。2017年1月，国务院印发《全国国土规划纲要(2016—2030年)》，确定了“四区一带”国土综合整治格局。2018年全国国土资源工作会议进一步提出，国土综合整治要全面加强，把国土综合整治与乡村振兴、区域协调、脱贫攻坚等重大战略有机结合，实施综合整治重大工程，增强“国土整治+”综合效应，发挥国土综合整治在推进山水林田湖草系统治理中的重要平台作用，促进自然生态保护修复，提高资源环境承载能力。

### 4.1.3　土地整治的原则与程序

#### 4.1.3.1　土地整治的原则

土地整治应贯彻“十分珍惜、合理利用土地和切实保护耕地”的基本国策，贯彻耕地总量动态平衡要求，坚持“在保护中开发，在开发中保护”的总原则，以增加农用地特别是耕地面积、提高耕地质量、改善生态环境为目的。基本原则包括以下几个方面。

1）坚持政府主导

坚持政府主导、国土搭台、部门协同、上下联动、公众参与的工作机制，加强政府的组织领导，强化部门合作，有效发挥整体联动的综合效应；建立健全激励机制，充分调动社会各方的积极性、主动性，推进土地综合整治。

2）坚守耕地红线

立足发展现代农业和解决农村民生问题，按照稳定和提高农业基础地位的要求，加快农村土地整理，适度开发宜耕后备土地，补充有效耕地数量，提高农用地质量，改善农业生态环境，夯实农业农村发展基础，保障国家粮食安全。同时也要围绕落实国家粮食安全战略，坚持最严格的耕地保护制度，以大规模建设高标准农田为重点，合理安排土地整治重点区域和重大工程，大规模推进土地整治、中低产田改造和高标准农田建设，确保耕地数量和质量有提升，夯实农业现代化和粮食安全基础。

3）坚持促进“三农”发展

按照有利生产、方便生活、改善环境的要求，以基本农田整治为重点，提高高产稳产基本农田比重，逐步与散乱、废弃、闲置、低效利用的农村建设用地整治相结合，实施田、水、路、林、村综合整治，充分发挥土地整治的经济、社会和生态综合效益，促进农民增收、农业增效、农村发展。

4）坚持促进城乡融合

立足保障和促进科学发展，规范推进农村建设用地整治，开展城镇建设用地整治，挖掘存量建设用地潜力，统筹安排农村建设用地整理、城乡建设用地增减挂钩、工矿废弃地复垦利用、城镇低效用地再开发等活动。优化城乡建设用地结构与布局，促进小城镇和大中小城市协调发展，促进土地要素在城乡间有序流转，助推一二三产业融合发展，加强农村基础设施建设和公共服务，推进城乡基本公共服务均等化，促进城乡一体化发展。

5）坚持维护农民合法权益

坚持农民主体地位，尊重农民意愿，保障农民的知情权、参与权、监督权和受益权，切实维护农村集体经济组织和农民合法权益；坚持工业反哺农业、城市支持农村，加大新增建设用地土地有偿使用费、耕地开垦费和增减挂钩收益对农村的投入，鼓励社会资本投向农村，改善农民生产生活条件，保证农民共享工业化、城镇化发展成果。

6）坚持因地制宜、量力而行

立足地方经济社会发展水平，顺应农民改善生产生活条件的愿望和能力，以满足农民生产生活实际需要为前提，防止一哄而上、盲目推进。要围绕农村经济社会发展和农民生产生活中最迫切需要解决的问题，优先安排农民住宅、农村基础设施、公共服务设施和发展非农产业用地。

#### 4.1.3.2 土地整治的程序

土地整治的程序一般分为 6 个阶段，分别为土地开发整理规划阶段；可行性研究阶段；规划设计与预算阶段；建设实施阶段；竣工验收阶段以及后评价阶段。

1）土地开发整理规划

土地整理规划阶段相当于项目建议书阶段，其主要任务是：立项，审查，实地调研并收集资料，进行土地开发整理潜力分析，确定土地开发整理规划目标和任务，划定土地开发整理区，拟定土地开发整理规划方案、规划的可行性分析并上报审批与实施。具体包括以下内容：

（1）组织准备。建立由政府负责，相关部门参加的规划编制工作领导小组，负责制订工作计划、审查规划方案、协调重大问题、落实编制经费等。由自然资源部牵头设立规划编制工作组，负责规划编制具体工作。

（2）调查分析。省级规划以县为单元，市县规划以乡镇为单元，收集自然资源条件、经济社会状况、生态环境状况、土地利用现状、相关规划及标准等基础资料，必要时进行实地踏勘和补充调查，分析评价土地整治的条件和潜力，开展土地整治重大问题研究。

（3）拟定方案。在土地整治潜力评价和重大问题研究的基础上，明确土地整治战略和目标，根据土地利用总体规划和当地经济社会发展要求等，与相关规划协调，提出土地整治规划方案，并与上级规划相衔接。

（4）协调论证。采取多种方式广泛征求公众意见，组织有关部门、专家对规划供选方案进行论证，综合各方面意见，修改、确定规划方案，完善规划成果。

（5）评审报批。组织有关部门和专家对规划成果进行评审。规划成果经同级人民政府审核同意后，报上级自然资源部审批。

2）项目可行性研究

项目可行性分析是进行项目投资、工程建设之前的准备性研究工作，对项目的技术、经济、工程、环境等进行最终论证和分析预测，从而提出项目是否值得投资和如何进行。

土地整治项目可行性研究主要是对立项的合法性、技术的科学性以及效益的合理性进行分析，进而编写可行性研究报告，具体包括以下内容：项目概况，编制依据，项目区概况，项目分析，规划方案，建设内容，投资估计，权属调整，效益分析，结论与建议。

3）项目规划设计与预算

土地行政主管部门对申报项目进行审查，符合规定要求的，纳入土地整治项目库（备选库），并通知项目申报单位，按规定要求编制项目规划和预算。之后由土地行政主管部门对项目规划设计和预算进行审核，符合规定的，纳入土地整治项目库（初审库）。之后由相关部门编制国家年度预算项目计划与预算（预算库），并报送财政部。

4）项目的建设实施

项目实施是项目程序中重要的一环。项目前期准备工作需要在项目实施工作中接受检验，只有顺利实施的项目，才能实现土地整治的预期目标。

5）项目的竣工验收

项目竣工验收是指由建设单位、施工单位和上级土地行政主管部门派出的项目验收组，对项目实施的总体情况进行检验。

6）项目后评价

项目后评价是在土地开发整理项目实施建设工作结束后，进入经营期时所进行的综合分析工作。它以项目建成运行后的实际数据资料为基础，重新计算项目的各项经济数据。后评价的目的是评判投资效果，分析偏差情况以及原因，吸取经验教训，进而提高项目决策和项目管理水平。

## 4.2 土地整治内容

土地整治实际上是一个较大的概念，是一个动态的土地管理系统，在我国土地管理方面，通常简单化地称为“土地整理”，《全国土地开发整理规划》指出，“土地开发整理”包含土地整理、土地复垦和土地开发三项内容。其中土地整理是指通过工程施工等途径，对一定范围的土地进行“田水路林村”综合整治，从而增加有效耕地面积，并且提高土地质量和单位利用效率，最终改善生产、生活条件和生态环境，包括农用地整理、建设用地整理。土地复垦是指对一些由于各种原因(或临时占用或挖损或塌陷)造成耕作层破坏的土地进行修复，通常是剥离表层杂物后再推填土壤进行翻耕整理，形成可耕种状态，恢复其利用价值。土地开发的概念有狭义与广义之分。在狭义上，土地开发是指新开发，对人类未利用的土地进行开垦；在广义上，它既包括对未利用过的土地进行开垦，又包括对已开发利用的土地进行整理和复垦。

### 4.2.1 农业用地整理

农业用地的范围主要包括耕地、园地、林地、草地、交通用地、水域及水利设施用地及其他用地。农业用地整理是指对上述地块进行整理的活动，包括平整土地，水、电、路基础设施配套、零星农宅迁并、防护林建设、沙化地、盐碱地、污染土地改良等，对“田、水、路、林、村”进行综合整治。农业用地整理是土地整治的主要工作，通过农用地整理，能有效增加耕地面积，改善耕地质量，提高粮食生产能力，改善农业生产条件与生态环境，对于实现耕地总量动态平衡目标，推进农村现代化建设具有极其重要的意义[14]。

农业用地整理项目一般分为土地平整工程、农田水利工程、道路工程和农田防护工程等四大单项工程。四大单项工程的规划设计是互相联系的，每一个单项工程都要与其他工程相互协调。

#### 4.2.1.1 土地平整工程规划设计

土地平整是指根据土地利用要求，结合项目区的实际地形，先采取填挖措施，平整田块，保持田块内高差在一定控制范围内，再确定耕作田块布置形式，以满足耕作需要与灌排要求。土地平整的目的是方便机耕、发挥机械效率、提高机耕质量，同时节约用水、提高灌水质量，改良土壤质地、满足作物高产稳产的要求。

1）土地平整原则

(1) 因地制宜原则。土地平整必须适应当地自然地理因素、社会经济条件、农业耕种习惯和农业基础设施。

(2) 综合考虑原则。要和土地利用工程规划统一起来。土地平整必须适应土地整治的要求，并作为其一个组成部分。平整土地应与田、沟、渠、林、路等工程密切结合，以避免挖了又填，填了又挖，造成返工浪费。

(3) 效益最佳原则。土地平整需要实现经济、生态和社会效益最佳。其中，经济效益最佳代表平整土方量少，机械效率高和光能利用高。生态效益最佳指的是努力做到防治风害，保持水土，防洪排涝以及改善环境。社会效益最佳意味着农民权益得到了充分保障，社会稳定性得到了进一步提高。

(4) 权属完整原则。

2) 土地平整的要求

不同土地类型平整要求不一。其中对于平原地区水稻田而言，要以一个格田的面积为平整单位，格田内部高差不超过±3 cm。对于旱作区而言，以毛渠或垄沟为平整单元，田面纵坡方向一般与自然坡降一致，田面横向不设计坡度，局部起伏高差不大于3～5 cm。平整后的田面坡度应满足灌水要求，田面纵坡方向应顺着耕作方向和灌水方向，不允许倒坡。对于山丘区坡耕地而言，土地平整的形式主要包括水平、隔坡和坡式梯田。田面比降一般为1/500～1/300，局部起伏高差在10～15 cm。

3) 农田平整高程设计

农田平整高程设计的合理与否关系到平整工程量的大小及相应的田块规划。在不同地区，农田平整高程设计的标准不同。地形起伏小、土层厚的旱涝保收农田田面设计高程根据土方挖填量确定；以防涝为主的农田，田面设计高程应在常年涝水位0.2 m以上；地形起伏大、土层薄的坡地，应修建梯田，田面设计高程应根据梯田的规格确定；地下水位较高的农田，田面设计高程应在常年地下水位0.8 m以上。

4) 土地平整方案

根据平整的精度，土地平整分为大平、粗平和细平。大平是土地平整中用工最多，土方量最大的工程。粗平是平整土地最广，范围最大的工程，例如取高垫低、合并地块、改田埂等。细平就是在粗平的基础上进行进一步的精细平整。

根据平整方案，土地平整包括局部平整和全面平整两种。局部平整是指以耕作田块为平整单元，在每个平整单元中，保持土方的填挖方平衡，各田块之间允许有一定的高差。局部平整的优点是工程量小，工程投资小，有利于保护表土。其缺点是土方量计算复杂，新增耕地较少，沟渠的布置难度较大。全面平整是在地形平坦地区，将整个项目区作为一个平整单元，设立一个合适的平整高程，以平整高程为基准对整个项目区进行平整。全面平整的优点是土方量计算简单，新增耕地面积较大，方便农业生产，便于布置各项其他工程。其缺点是工程量大，投资较大，对表土层破坏严重。

5) 土地平整设计方法

土地平整设计方法包括传统方法（方格网法、散点法和截面法）和软件方法（MAPGIS、TFT软件和DEM等）。

（1）方格网法

方格网法是最常用的一种方法，适用于地形复杂、田块方正的情况，精度较高。其设计步骤如下：

① 平地测量

根据地形条件和施工方法将要平整的田块划分为边长为 10～50 m 的方格。一般地形起伏较大或者水田地区，采用 10 m×10 m 的方格；地形平坦，需要人力施工的地区，采用 20 m×20 m；地形平坦可以机械施工的地区，采用 50 m×50 m 的方格。各方格的顶点均用木桩标定，形成方格网，对各个方格进行标号，分别测出各方格四个顶点的高程，并绘制方格顶点的高程图，如图 4-1 所示。

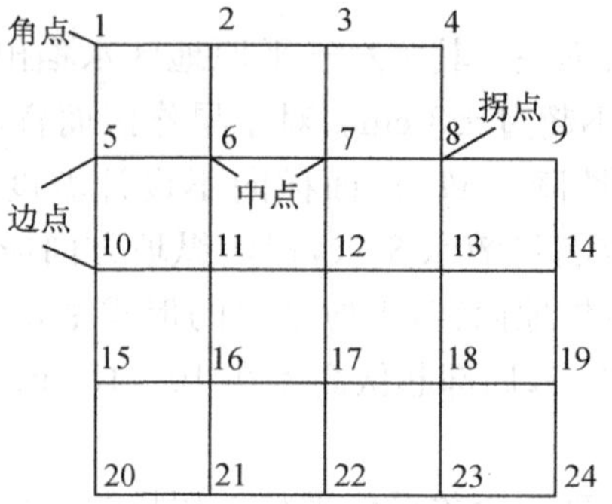


**图 4-1　方格网点名称**

② 计算田面平均高程

根据测出的高程点和方格总数计算田面平均高程，即

$$H_0 = \frac{\sum H_{角} + 2\sum H_{边} + 3\sum H_{拐} + 4\sum H_{中}}{4n} \tag{4-1}$$

式中：$H_0$为平整田块的平均高程，m；$\sum H_{角}$ 为方格网各角点的高程之和，m；$\sum H_{边}$ 为方格网各边点高程之和，m；$\sum H_{拐}$ 为方格拐点的高程之和，m；$\sum H_{中}$ 为方格中点高程之和，m；$n$ 为方格网的个数。

③ 计算设计高程及挖填深度

对于水平田面，田面平均高程就是各网格点设计高程 $H_0$；对于旱地，未来满足沟畦灌排，要求田面有一定的坡降，此时，各网格点的设计高程应计为方格边长乘以设计坡面比降算出的方格边长高差值。

通常以平均高程作为田块设计坡度方向中心点的设计高程，然后从中心点开始，推算上下各网格点设计高程，逆坡逐点递增一个方格边长的高差值，顺坡逐点递减一个方格边长的高差值。各网格点设计高程计算出之后，按照以下公式计算各点的填挖深度。其中，填挖深度为“＋”表示挖方；为“－”表示填方。

$$填挖深度 = 地面高程 - 设计高程 \tag{4-2}$$

④ 绘制施工零线

施工零线即挖、填方的分界线，首先确定设计标高的位置（零点），将相邻边线上的设计标高点相连，这条线就是土方施工零线。通常采用线性差值法绘制施工零线。

⑤ 计算填挖方量

一般要求填挖方量基本平衡，或者挖方接近或者稍大于填方。按照公式（4-3）和（4-4）计算填挖方量。

$$V_{挖}=\frac{\sum h_{角挖}+2\sum h_{边挖}+3\sum h_{拐挖}+4\sum h_{中挖}}{4}\times M \tag{4-3}$$

$$V_{填}=\frac{\sum h_{角填}+2\sum h_{边填}+3\sum h_{拐填}+4\sum h_{中填}}{4}\times M \tag{4-4}$$

式中：$V_{挖}$ 为总挖方量，$m^3$；$V_{填}$ 为总填方量，$m^3$；$\sum h_{角挖}$ 为方格各角点挖深之和，m；$\sum h_{边挖}$ 为方格各边点挖深之和，m；$\sum h_{拐挖}$ 为方格各拐点挖深之和，m；$\sum h_{中挖}$ 为方格各中点挖深之和，m；$M$ 为一个方格网的面积，$m^2$；$\sum h_{角填}$ 为方格各角点填高之和，m；$\sum h_{边填}$ 为方格各边点填高之和，m；$\sum h_{拐填}$ 为方格各拐点填高之和，m；$\sum h_{中填}$ 为方格各中点填高之和，m。

（2）散点法

散点法适用于地形变化均匀，不太复杂的地形。这种方法测量不受太多限制，可以根据地形情况布置测点。其设计步骤如下：

① 平地测量

在整个田面四角四边、田块的最高点、最低点、次高点、次低点以及一切能代表不同高程的各个位置均匀布置测点，并测出其高程。

② 计算田面平均高程

$$H_0=\frac{1}{n}\sum H_i=\frac{H_1+H_2+\cdots+H_n}{n} \tag{4-5}$$

③ 计算各网点设计高程和填挖值

将各实测点高程与平均高程相比较，大于平均高程的为挖方，小于平均高程的为填方，等于平均高程的表示不挖不填。算出各点高程与平均高程的差值，作为施工时应掌握的挖填深度，再将其中的正值求平均，可算出平均挖深，负值求平均，即为平均填高。计算公式如下：

$$h_{挖}=\frac{\sum H_{\omega}}{k}-H_0 \tag{4-6}$$

$$h_{填}=H_0-\frac{\sum H_t}{m} \tag{4-7}$$

式中：$h_{挖}$ 为挖方区平均挖深，m；$\sum H_{\omega}$ 为大于平均高程 $H_0$ 的各测点高程之和，m；$k$ 为大于平均高程 $H_0$ 的测点数；$h_{填}$ 为填方区平均填高，m；$\sum H_t$ 为小于平均高程 $H_0$ 的各测点高程之和，m；$m$ 为小于平均高程 $H_0$ 的测点数。

④ 计算挖填面积和挖填土方量。根据挖填平衡原则，由下列方程组可分别求得挖方面积、填方面积及相应的挖填土方量：

$$\begin{cases} A_{挖}\,h_{挖} = V_{挖} = V_{填} = A_{填}\,h_{填} \\ A_0 = A_{挖} + A_{填} + A_b \end{cases} \tag{4-8}$$

挖方面积：

$$A_{挖} = \frac{(A_0 - A_b)h_{填}}{h_{填} + h_{挖}} \tag{4-9}$$

填方面积：

$$A_{填} = \frac{(A_0 - A_b)h_{挖}}{h_{填} + h_{挖}} \tag{4-10}$$

挖填方量：

$$V_{挖} = V_{填} = \frac{(A_0 - A_b)h_{填}h_{挖}}{h_{填} + h_{挖}} \tag{4-11}$$

式中：$A_{挖}$ 为挖方面积，$m^2$；$A_{填}$ 为填方面积，$m^2$；$A_b$ 为不挖不填面积，$m^2$；$V_{挖}$ 为挖方量，$m^3$；$V_{填}$ 为填方量，$m^3$；$A_0$ 为土地平整总面积，$m^2$；其他符号意义同前。

(3) 截面法

截面法一般适用于坡度较大，需要修筑梯田的地形。其设计步骤如下：

① 确定梯田断面尺寸

梯田断面尺寸主要包括梯田田面宽度、田坎高度和田坎坡度。具体的梯田断面尺寸设计参考《水土保持综合治理技术规范——坡耕地治理技术》(GB/T 16453.1—2008)。

② 填挖土方量计算

为了节省工程量，一般以单块梯田为平整单元，在平整单元内挖填。梯田断面要素如图 4-2 所示，从图中可以推算各要素之间的关系为：

$$B_m = H\cot\theta \tag{4-12}$$

$$H = \frac{B}{\cot\theta - \cot\alpha} \tag{4-13}$$

$$B_1 = \frac{H}{\sin\theta} \tag{4-14}$$

式中：$\theta$ 为原地面坡度，(°)；$\alpha$ 为田坎坡度，(°)；$H$ 为田坎高度，m；$B$ 为田面净宽，m；$B_m$ 为田面毛宽，m；$B_1$ 为原坡面斜宽，m。

根据确定的田面宽度 $B$、田坎坡度 $\alpha$ 和原地形坡度 $i$，计算梯田的挖填土方量为：

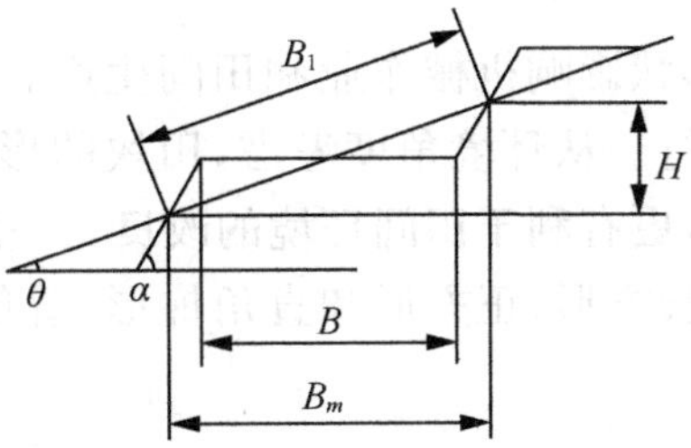


**图 4-2　梯田断面要素示意图**

$$V_{挖}=\frac{B^2}{8\times(\cot\theta-\cot\alpha)}=\frac{B^2}{8\times\left(\frac{1}{i}-\cot\alpha\right)}=V_{填} \tag{4-15}$$

6）土地平整的注意事项

（1）必须保留一定厚度的表土。平整土地的施工中，保留一定的表土层，是保证增产的重要一环。保留表土厚度以 20～30 cm 为宜。

（2）留有一定的虚高。进行平整的田块，由于其填方地块所填虚土将会有一定的沉陷，因此，在填方处，一般应留有相当于填土厚度 20%左右的虚高，保证虚土沉实后达到设计田面高程要求。

7）田块设计规划

土地平整的基本单元是耕作田块，即由田间灌排渠系、道路、林带等固定工程设施所围成的地块。其规模、方向、长度、宽度、形状和内部等要素的合理规划直接影响灌排系统等的布设和田间管理的效率，因此正确进行田块设计规划是耕地内部规划的重要一环。田块规划设计主要指田块的长度、宽度、方向、形状及规模等要素的设计。具体内容如下：

（1）田块方向

应因地制宜进行田块布置，田块长边方向以南北方向为宜。此外，不同地区存在的问题不同，所需侧重考虑的因素也不尽相同，不可机械地加以确定。如在水蚀地区田块方向一般平行于等高线布置；风蚀地区田块长边与主害风向交角应大于 60°。田块方向的选择还要考虑种植作物类型，交通的便捷程度，因地制宜的地选择田块方向。

（2）田块长度

田块的长度不仅影响机械作业效率，土地平整的工程量大小，还影响灌排系统的布设。田块的长度设计不是一成不变的，要根据地形、土壤、作业方式和作物种类等因素加以综合确定。其中，田块长度的经验范围为 500～800 m。如在平原地区田块可长些，而在丘陵地区要短些。

（3）田块宽度

田块的宽度主要取决于末级固定沟道的间距、机械作业的要求、防护林的有效防护距离、田块的面积，同时还要考虑地形和地貌的限制。一般而言，耕作田块的宽度要求分别为：机械作业要求宽度为 200～300 m；排水要求的宽度为 100～300 m；防止风害要求的宽度为 250～300 m。

(4) 田块形状

从经济角度考虑，田块形状影响机械作业和田间生产。良好的田块形状应有利于机械作业和田间生产的顺利进行。从环境角度考虑，田块的形状将影响田间生态环境。规整的田块可以优化田间布局，更有利于田间环境的改良。一般情况下，田块的形状应该尽可能规整。形状选择依次为长方形、正方形和直角梯形，避免不规则的三角形和多边形，长宽比以不小于 4∶1 为宜。

(5) 内部规划

耕作田块主要有条田和梯田两种形式。条田以格田和畦田为主，梯田主要包括水平梯田、坡式梯田和隔坡梯田三种。对于平原地区，水田一般采用格田形式，格田设计必须保持灌排畅通，调控方便。格田的内部高差应在±3 cm 以内，长度保持在 60～120 m 为宜，宽度以 20～40 m 为宜。一般畦田的内部坡度为 1/800～1/400，局部高差为 3～5 cm。若自然条件允许，梯田一般设为长条形，田面长度以 150～200 m 为宜，田面宽度以 5～15 m 为宜。

4.2.1.2　*农田水利工程规划设计*

灌溉排水系统主要包括输配水工程和田间工程。其中输配水工程包括骨干沟渠，田间排灌沟渠和配套建筑物。

1) 骨干沟渠规划布置

根据水源条件和地形条件确定骨干沟渠(干、支和斗渠沟)的位置和走向，测算其控制的灌排面积。在山区和丘陵区，干渠的布置采用“长藤结瓜”式，干渠沿灌区上部边缘布置，走向大致与等高线平行。在平原区，干渠沿灌区上部边缘布置，走向大致与河道方向平行。在圩垸区，由于其地势平坦低洼，河湖密布，洪水位高于地面，四周有圩堤围护，内有完整灌排系统，所以干支渠的布置采用内外分开的形式。

斗渠的布置受地形影响较大。其中丘陵地区的斗渠较短，控制面积较小；平原地区的斗渠较长，控制面积较大。对于北方平原大型自流灌区，斗渠长度一般布置为 3～5 km，控制面积在 3 000～5 000 亩。

2) 田间沟渠布置

田间沟渠主要包括田间农渠(沟)、毛渠(沟)、输水沟和输水畦。农渠一般垂直于斗渠布置，长度多根据机耕要求确定。在平原地区的农渠长度一般为 500～1 000 m，间距为 200～400 m，控制面积为 200～600 亩，丘陵地区的农渠长度和控制面积较平原地区小。有控制地下水位要求的地区，农渠间距要根据农沟间距确定。

在平原区，农渠和农沟采用灌排相邻、灌排相间和灌排兼用的方式布置。灌排相邻适用于在地面向一侧倾斜的地区，渠道只能向一侧灌水，排水沟也只能接纳一边的径流，上灌下排、互相配合。灌排相间适用于地形平坦或稍有地形起伏的地区，渠道和沟道宜交错布置，两边控制，工程量较省。灌排兼用适用于地势较高、地面有相当坡度或地下水位较低的地区，不需要控制地下水位，灌排矛盾小。

3) 地下灌排工程布置

地下灌排工程主要包括管道灌溉系统、暗管排水系统和建筑物。地下灌排工程的布置应该考虑渠(管)首(泵站)位置适中,渠(管)线最短;干支沟渠互相垂直,各级灌排设施配套,渠(管)线沿高地布置,路渠(管)结合。

4)灌排系统的其他工程规划

灌排系统的其他工程规划要满足渠系输水、分水、蓄水、泄水、排水及防洪等要求,保证渠系正常运行;建筑物数量和类型在满足安全运行,便于管理的条件下,做到数量少,工程量省,尽可能采用联合布置的形式。另外,规划要使流态稳定、水头损失小,能控制较大的自流灌溉面积,保证灌区交通顺畅,满足生产生活的需要。

5)喷微灌工程规划

根据地形、土壤、气象、水源、土地利用规划及土地利用方式,选定喷微灌系统类型。根据水源、地形、作物类型和喷微灌系统的工作特性,对管道进行布置。

6)竖井工程规划

竖井工程规划一般与灌排系统配套进行,包括井型选择、井数确定、井的平面布局等。竖井工程规划需要进行地下水资源估算,查清地下水储量、可采量及可利用量;计算降雨入渗补给、灌溉回渗补给、河渠引水补给及地下径流补给量;进行水资源采、供平衡计算,确定宜开采水层,合理规划井位、井距,确定井的数量。大面积开采地区,必须进行总体规划,避免造成地下水的恶化和产生地面沉降。

7)灌排电气工程规划

确定电力灌排设备总容量、受载系数和同时率,计算负荷量。合理布置变电站,确定主变容量和电压等级,确定馈线分布、负荷分配及保护方式,保证经济、有效,安全供电。

8)渠系建筑物

调节及配水建筑物(控制建筑物)用以调节水位和分配流量,如节制闸、分水闸等。交叉建筑物是渠道与山谷、河流、道路、山岭等相交时所修建的建筑物,如渡槽、倒虹吸管、涵洞等。泄水建筑物是为保护渠道及建筑物安全或进行维修,用以放空渠水的建筑物,如泄洪闸、虹吸泄洪道等。落差建筑物(衔接建筑物)是在渠道落差集中处修建的建筑物,如跌水、陡坡等。量水建筑物是用以计量输配水量的设施,如量水堰、量水管嘴等。冲沙和沉沙建筑物是为防止和减少渠道淤积,在渠首或渠系中设置的冲沙和沉沙设施,如冲沙闸、沉沙池等。

#### 4.2.1.3　道路工程规划设计

农村道路是乡镇道路网的延伸,沟通乡镇、村庄与田块,整理区内的农村道路按照功能和使用特点可分为干道、支道、田间道和生产路。

干道一般指乡镇与乡镇联系的道路,以通行汽车为主,是整个管理区道路网的骨干,联系着农村居民点和各乡镇,承担着项目区的主要客货运输。支道一般指村庄与村庄之间联系的道路,是村庄对外联系的通道,承担着运进农业生产资料,运出农产品的重任。田间道是指联系村庄与田块,为货物运输、作业机械向田间转移及为机器加水、加油等生产过程服务的道路。生产路是联系田块,通往田间的道路,主要起田间货物运输的作用,为人工田间作业和收获农产品服务。

1）干道、支道规划设计

在规划干道前，为了减少修建道路的费用，充分利用现有道路网和道路建筑物，必须进行调查研究，调查内容主要包括：现有道路的位置和长度，道路建筑物的种类和状况，路基状况，现有路基上的土质状况，道路建筑耗材等。

（1）选线，确定交通量

如果现有道路基本符合要求，可以以其作为基础进行改造；如果现有干支道不能满足管理区需要，要重新选线。依据交通量和货运方向，确定线路的位置。交通量是指某道路横断面上单位时间内通过车辆的数量。农村道路设计时交通量主要考虑满足旺季交通运输要求及生产运输车流量。

（2）道路纵坡和弯道半径

平原地区道路纵坡一般小于6%；丘陵山区一般小于8%，个别大纵坡地段以不超过11%为宜。弯道半径根据地形、工程难易程度和行车安全确定。平原地区或丘陵地区弯道半径不小于20 m，山区最小半径一般为15 m，对地形复杂地区回头弯道半径一般采用12 m。

（3）设计路基和路面

路基的宽度为行车路面与路肩宽度之和。整理区干道的路面宽为6～8 m，路基宽度一般为7～9 m。支路的路面宽一般为3～6 m，路基宽度一般为4～7 m。路基的高度应使路肩边缘高出路面两侧地面积水高度，同时要考虑地下水、毛管水和冰冻的作用。路基的边坡取决于土石方经过填挖后能达到的自然稳定状态的坡度，路堤的边坡一般采用1∶1.5；受水漫淹的路堤的边坡应放缓为1∶2。

整理区的干支道一般采用中低级路面，常见的铺筑路面的方式有粒料加固土路面、级配路面、泥结砾石或泥结碎石路面。其中，粒料加固土路面是指用当地的砾石、砂、风化碎石、礓石、炉渣、碎砖瓦及贝壳等粒料与当地的黏性土壤掺和以后铺成的路面。级配路面是用颗粒大小不一的砾石、砂材料逐级填充空隙，并借用黏土的黏结作用，经过压实得到的一定密度的路面。泥结碎石路面是以碎石或轧碎的卵石为骨料，以泥浆为黏结料，经碾压后，以碎石相互嵌固而稳定成型的路面。

2）田间道和生产路规划设计

田间道和生产路同农业生产作业过程直接相连，一般在农地整理的田块规划和沟渠规划后进行布设。田间道和生产路具有货运量大、运输距离短、季节性强、费工多等特点，其规划设计要有利于田间生产和劳动管理，既要考虑人畜作业的要求，又要为机械化作业创造条件，应与田、林、沟、渠结合布局，主要有路—沟—渠，沟—路—渠和沟—渠—路三种布置方式。其最大纵坡宜取6%～8%，最小纵坡在多雨区取0.4%～0.5%，一般取0.3%～0.4%。一般田间道的路宽为3～4 m。生产路一般设在田块的长边，其主要作用是为下地生产和田间管理工作服务。

#### 4.2.1.4 农田防护工程规划设计

农田防护工程是对农田采取一些措施以防范灾害、保护土地，并建立起合理的农田防护措施体系，以实现农地资源的永续、高效利用。农田防护大致可以分为生物防护和工程防护两大类[15]。

1）农田生物防护措施

生物防护主要是利用植物发达的根系固沙、固土以及其杆茎枝叶防风避风，具体实施项目包括农田防护林、水土保持林、固沙林、护岸固滩林。一般见效慢、实施周期长，但较工程措施用工和投资少，且可实现标本兼治，具有多方面的生态、经济和社会效益。既可改善区域内的环境气候，促进水土资源的合理利用，提高农业产出率，又能建立秀丽的农田景观系统。

农田防护林是为了防止自然灾害，改善土地质量、气候，创造有利于农业生产和牲畜生长的环境。在没有特殊灾害的地方，建在田块周围以降低农田内的风速，减少田内水分蒸发，以改善农田内的小气候为目的，一般布局成林网。农田防护林工程必须依照当地的地质条件、气候条件以及技术经济条件来设计，在此基础上再加入农田景观设计，满足经济和社会效益。

水土保持林是以减免与控制水土流失，改善农业生产基本条件，保护农田为主要目的而建立的防护林。主要采用适应性强、繁殖容易、蓄水保土作用大的速生树种，一般有分水岭防护林、护坡防护林和固沟防冲林等。水土保持林措施，对于维持、改良人类的生存条件可以发挥众多的综合效用。不仅在水源、土壤、固碳、净化、固沙、生物多样性等方面发挥众多效能，而且还可以节约大量的环境建设资金，有利于我国可持续发展，进而营造“山水林田湖草”生态保护与修复机制。

固沙林是指采用适应性强、抗风蚀、耐干旱瘠薄、沙埋沙压后能很快长出根、生长迅速、紧育容易的树种而建的以防止风蚀、固定流沙、保护农田为目的的防护林，在改善和促进区域生态恢复方面发挥着核心作用，已成为干旱区治理沙化土地最持久、最有效和最经济的措施。

护岸固滩林是为了防止河流两岸土地冲刷和前塌，防止河水泛滥而在河滩地和河岸营造的防护林，包括固滩林和护岸林。应结合工程治理，营造护岸固滩林，以阻水淤沙、保护农田、扩大耕地、保障村镇安全，同时建立用材林和薪炭林基地。

保护草是在水土流失和风沙危害的地区，种植草本植物，以恢复草被，增加覆盖率，蓄水保土，防风固沙，减少径流和沙移。草场应根据整理区地形、土壤、草被情况及固坡要求，与林业工程措施配合。

2）农田工程防护措施

工程防护是根据项目区地形地势、土地质量的特征建设有必要设立的工程项目，如治坡工程、治滩工程、治沟工程等，目的是改变项目区的局部构造和地形，从而影响水流方向，阻挡风沙，保持水土，达到保护农田的目的。工程措施花费的时间短、见效快，但由于成本高，投资者有一定的经济风险，最主要的是它无法从根本上消除不良因素对环境的影响，只适用于农田受灾严重的地区。

治坡工程是在坡面上沿等高线开沟、筑埂，修成不同形式的水平台阶，用于改变局部地形。一般包括坡地梯田工程、鱼鳞坑与水簸箕工程、坡地蓄水工程等。

治沟工程是指从上到下、从坡到沟、从沟口到沟底的一系列治沟措施的总称。在沟头兴修防护工程如土埝、树桩埝、截水沟埂等，将地面径流分散拦蓄，使之不从沟头下泄，制止沟头发展；在沟坡，通过坡面工程减少、减缓下泄到沟底的径流；在沟底，依据不同条件采取修谷坊、淤地坝、小型水库等工程抬高和巩固侵蚀基点，拦蓄洪水泥沙。

治滩工程主要是通过人工垫土、水利冲土等办法治理河滩地，淤地造地，包括修堤、改河道、引洪淤滩等工程。治滩工程难度较大，应采取综合措施，修筑堤防，开挖河网，配套小型桥、涵、闸、站，达到旱涝保收的标准。

防洪防潮工程主要是根据洪潮特点，合理确定圩堤位置；按防洪防潮标准，设计堤顶高程和堤线；合理进行联圩筑堤，缩短防洪堤线。

潮排工程包括自排与机电排工程。潮排系统一般由河网（包括内、外河）、挡潮排水闸、涵洞、排水站（包括外排站和内排站）及湖塘、海涂水库等组成。自排时内河的水经外河排入大海。规划时应通过潮位频率计算及圩内水位推算，分析潮排地区自流排的可能性及机电排的必要性，合理确定排水面积、自排、抽排的范围及配合方式，以防涝保田。

### 4.2.2 建设用地整理

建设用地整理是以提高土地集约利用为主要目的，采取一定措施和手段，对利用率不高的建设用地进行综合整理。建设用地整理主要是指村镇用地整理、城镇用地整理、独立工矿用地整理、交通和水利基础设施用地整理等。

#### 4.2.2.1 建设用地整理内容

1）村镇用地整理

村镇用地整理的内涵是指宏观上对农村居民点数量、等级规模及布局的调整和微观上对农村居民点用地规模、内部结构的调整，包括村镇的撤并、撤迁和就地改扩建。村镇用地整理一方面可以提高村镇用地的利用效率、改善人居环境，另一方面可对废弃的村镇建设用地进行复垦，增加耕地面积。因此，村镇用地整理是实现新农村建设非常重要的途径。

2）城镇用地整理

城镇用地整理主要指城镇建成区内的存量土地的挖潜利用、旧城改造、用途调整和零星闲散地的利用。

3）独立工矿用地整理

独立工矿用地整理主要指就地开采、现场作业的工矿企业和相配套的小型居住区用地的布局调整、用地范围的确定和发展用地选择，一般不包括大规模废弃地复垦。

4）基础设施用地整理

基础设施用地整理包括公路、铁路、河道、电网、农村道路、排灌渠道的改线、裁弯取直、疏挖和厂站的配置、堤坝的调整，也包括少量废弃的路基、沟渠等的恢复利用。

#### 4.2.2.2 建设用地整理要求

建设用地整理要与土地利用总体规划、城镇和村镇体系规划以及其他有关专项规划相衔接。建设用地整理要根据用地定额，充分利用土地并满足地上、地下工程管线铺设的要求。建设用地整理要符合建设用地规律，依据整理地段的地形、地质、水文、风向等，做到布局合理，有利于生产，方便生活，美化环境。建设用地整理要统筹规划，合理安排用地，保持良好的生态环境条件，做到土地资源的可持续利用。

村镇用地整理要与城镇化发展水平相适应，满足农村现代化建设的需要。因地制宜、循序渐进向中心村、镇归并集中。村镇用地整理应尽量结合现有基础较好的村镇改建扩建，注意节约土地，少占耕地，用地标准要符合《镇规划标准》(GB 50188—2007)。独立工矿用地除必须现场作业的企业外，应逐步向工业区和工业园区集中。交通、水利设施新建工程应尽可能和土地整理相结合，以做到土方量平衡、节约用地、少占或不占耕地。

## 4.2.3　废弃用地复垦与未利用地开发

### 4.2.3.1　废弃用地复垦

废弃土地是指在各种类型土地的利用过程中，随着人类活动的停止而使得已经使用或已开发的土地目前处于闲置、遗弃或未被完全使用的特殊状态且要经过一定的治理才能投入将来的再次利用的土地。废弃地复垦是指对曾经利用、目前废弃的土地进行整理，使其恢复到可利用的状态。

人类生产生活利用后的各种类型的废弃土地依据土地利用整体规划、整治规划以及城市规划等明确其用途与目标，借助高效的行政与法律等方式，通过施工建设，借助土地整治，针对没有科学利用、合理配置以及没有得到全面利用、分散的废弃土地加以修整，让土地得到更好的利用，增强土地集约化，提升土地的利用率与产出率，优化生活、生产以及改善自然环境，其本质要求是合理利用土地资源。因此，废弃土地整治是全域土地综合整治不可或缺的一部分，是当下亟待解决的土地利用问题。

废弃地复垦要因地制宜，以生态效益、社会效益和经济效益并重为原则，确定复垦的方式和规模，最大限度发挥综合效益。废弃地复垦要结合国民经济和社会发展计划与土地利用总体规划确定整理的目标、方向、方法和进度。大面积的工矿废弃地复垦要列入国民经济和社会发展计划分期实施，按照《土地复垦规定》实行"谁破坏、谁复垦"的原则，由有关单位组织进行，也可纳入土地整理统一计划，分工负责，复垦后的土地利用要符合土地利用总体规划。

### 4.2.3.2　未利用地开发

未利用地开发是指对从未利用过，但有利用潜力和开发价值的土地进行开发利用，包括对滩涂、沼泽、盐碱地、荒山、荒水等的开发利用。

《中华人民共和国土地管理法》第三十九条、第四十条、第四十一条对未利用土地开发做了详细规定：

一是国家鼓励单位和个人按照土地利用总体规划进行未利用地开发。对未利用地的开发是补充耕地的有效途径，国家给予鼓励，并给予各种政策倾斜。国家保护开发者的合法权益不受侵害，对侵害开发者合法权益的单位和个人将依法作出处理。开发未确定土地使用权的国有荒山、荒地、荒滩，从事种植业、林业、畜牧业、渔业生产的，经县级以上人民政府批准，可以确定给开发单位或个人长期使用，可以依法将土地的使用权或承包经营权确定给土地开发者，明确土地使用权或者承包经营权的年限。土地使用权或者承包经营权可以继承，但是不得用于非农业建设。

二是未利用土地的开发，必须以保护和改善生态环境，防止水土流失、土地荒漠化、土壤污染等为前提条件，要根据土地利用总体规划制定未利用土地开发规划，合理确定开发未利用土地的区域，对于可能造成水土流失、土地沙化和洪涝灾害的地区，要禁止开发。要将未利用土地的开发与生态环境建设相结合，采取措施防止水土流失和土地沙化，不但不能使未利用土地开发造成生态环境的破坏，还要通过土地开发达到改善生态环境的效果。

三是因地制宜，适宜开发成农用地的，应当优先开发成农用地，其中适合开发成耕地的首先应当开发成耕地。

## 4.3　土地资源可持续利用

### 4.3.1　土地资源可持续利用的含义

可持续发展是在不超越环境系统更新能力的前提下，改善人类的生活品质的发展。土地资源可持续利用是1990年由印度农业研究会、美国农业部和美国Rodale研究所在新德里共同组织的首次国际土地持续利用系统研讨会上正式提出。

土地资源可持续利用是随着可持续发展理念提出的，其现实背景是土地资源的有限性是土地可持续利用研究的动力来源，研究的目的是以保护土地生态为基础，防止土地的不合理开发和闲置，确保土地的可持续利用。可持续发展研究为土地利用指明了研究方向，是支撑评价研究的理论基础之一。

土地可持续利用理论是从土地生态角度的可持续发展反映人与土地生态系统各要素之间的关系，不仅是一种外在发展观，更是一种措施、方法和手段。土地生态的基本要求是可持续利用，包括经济、社会和生态可持续性。土地经济可持续性是手段，指对土地的利用控制在土地生态的承载极限范围内，从而保证土地生态系统的健康有序发展。土地社会可持续性是关键，指对土地利用满足人们的基本需要，符合社会发展基本要求，同时保证同代之间、代际之间的公平。

土地特征中的稀缺性、不可再生性和转移性使之成为人类赖以生存的自然资源和生产生活资本。过去几十年我国经济的蓬勃发展在很大程度上是依赖土地的低成本价值而获得的，然而想要实现经济可持续发展，土地价值的地位必须提高；因经济发展而导致的农地非农化与耕地急速减少、土地污染和土壤退化等问题会对我国粮食安全和社会稳定造成影响，只有在可持续发展理论的指导下对土地利用和开发进行政策管制和约束才能保证区域社会发展的和谐。因此土地资源可持续利用要遵循生产性原则、稳定性原则、保护性原则、可行性原则、可承受性原则。

### 4.3.2　土地资源可持续利用的对策

1）加大建设用地控制力度

政府需要将保护耕作用地作为农村土地规划工作中的首要任务，通过确立专项的法律规定，约束好当地政府和社会企业，任何工作的开展都要以保护耕地为基础，需要切实找寻耕作用地与开发用地之间的平衡，划分区域范围内的耕作保护用地。同时，政府职能单位还要发挥好宣传和监督的职能作用。通过加强宣传工作，使得当地的农户意识到耕作用地的价值，确保其合理使用耕作用地。同时，做好监督工作，针对擅自使用耕作用地的企业重拳出击，重点整治并规范作业。

2）加大对农田基本建设的投入

各个区域的职能单位需要深入了解自身的实际情况，找出自身耕作用地上的不足，有针对性地调整改造，从最大程度上契合当地农户的生产发展需求，使其耕作的热情更高，以更低的经济成本换取更大的经济效益，形成可持续发展的良性循环。

3）优化土地资源利用结构

政府首先需要出台专项的土地资源利用方案，详细分析我国的实际情况，开展有价值的规划工作，后经由区域政府，结合自身的发展需求进行统筹工作，切实均匀分配好区域的用地规划。针对有待进一步发展的农业产业区域，政府职能单位需要做好扶持工作，除了加大资金投入以外，还需要派遣专业的科研队伍进驻，以求帮助农户提升农业生产过程之中的智能化水平，以更为规范化、科学化的姿态完成土地资源利用。

4）积极进行土地整治

众所周知，我国是一个地域辽阔的国度，因此在土地资源的利用调整上，势必是一项艰巨而漫长的过程。我国政府需要充分参考实际情况，进行生态环境的针对性调整。目前我国已经进行的土地整治工作包括：开发“四荒”资源，即荒山、荒沟、荒丘、荒滩，通过各项科学化的措施，力求对原本不适宜农业生产或居住用地的区域进行深度开发，从而最大化利用好我国的土地资源。同时，针对目前我国已经受到污染侵袭的区域，还需要进行重点整治，力求还原其原有的生态平衡，杜绝更深层次的污染问题再次侵袭。

5）强化土地可持续发展意识

为了更好驱动我国进行土地资源利用的转型优化工作，政府首要任务是帮助全社会人民群众建立完善的土地资源利用和保护的规范意识。通过多元化的宣传方式，利用好包括电视媒体、广播媒体、互联网媒体在内的媒体，进行宣传教育。同时，还需要在基础教育的过程中，重点培养人民群众利用保护环境资源的基础意识，确保我国土地资源的可持续开发与利用。

6）做好土地利用的区域调控工作

在我国一定程度上取得土地资源管理的整治成果形势下，政府需要进一步做好区域调控工作。首先，需要将农村耕作用地的土地资源调度作为首要任务，只有确保我国农业产业的稳定、有序发展，才能保障整个国家的基础建设。其次，在矿山利用开发工作上，政府需要最大化开发利用好矿产资源，并在其使用完毕后进行绿色还原的工作，确保我国林业资源的发展。最后，针对我国污染严重区域，除了需要发挥监管职能，避免污染的扩大以外，还需要采取各项科学化措施加以整治。

# 第五章　水土资源开发利用及保护新技术

水土资源是地球上不可替代的宝贵自然资源，是人类赖以生存和生产的不可缺少的基本物质，同时也是重要的战略性资源。水土资源匮乏正日益影响着全球的社会和经济持续的发展与生态环境，甚至导致国家和地区间的冲突。21 世纪，水资源正在成为一种宝贵的稀缺资源。水资源问题已不再仅仅是一种资源问题，更成为关系国家经济、社会可持续发展和长治久安的重大战略问题[16]。人类活动的加剧和气候变化的影响增加干旱、洪涝发生的频率和强度，加剧水资源供需矛盾。因此，应该在大力开发常规水源、节约用水的同时，积极推进再生水、集蓄雨水、淡化海水、苦咸水、矿坑水等非常规水源的开发利用，保护和合理利用土地资源，转变水土资源利用的理念、方式，提高水土资源利用水平[17]。

## 5.1　水资源保护新技术、新材料

水资源一直是人们赖以生存的重要资源之一。我国水资源丰富，但人口基数庞大，水资源人均占有率较低。节约型社会建设是我国社会建设中的重点目标。农业作为我国主要的用水单元，通过田间节水灌溉新技术运用，依托于先进技术和工艺合理利用水资源，减少水资源损耗，显著提升农业生产效益，推广和使用节水技术，在节水型社会建设中占有重要地位。

1）喷灌技术

喷灌技术是节水灌溉技术中发展时间最长，技术也最纯熟的一种，其作用毋庸置疑。随着节水灌溉技术研究的不断深入，喷灌技术也逐渐融入许多新的技术内容。例如，节能就是当前喷灌技术创新中的重点，同时也是未来相当长一段时期内的研究趋势。

所谓喷灌技术就是指利用管道将水输送到农田中，然后借助压力设备将水均匀地喷洒到农作物表面，进而完成灌溉工作。该技术的优势在于灌溉的均匀性，如此可以使水资源得到充分利用，最大限度地减少水资源的浪费。相关数据显示，喷灌技术在农田灌溉过程中的均匀度可达 90%，对水资源的利用率最高也能达到 85%，比以往的漫灌技术节水 30%～50%。由此可见，喷灌技术本身就具有节能的特点。另外，在技术应用的劳动力投入上，由于喷灌技术运用了先进的压力设备，所以喷灌过程的控制需求较小，这在一定程度上也节省了灌溉人员的劳动量,使得劳动力投入较以往减少 80%。随着计算机控制技术和自动化技术的应用,喷灌技术所需要的劳动力投入将进一步缩减,同时也将进一步提升灌溉技术的节能效果[18]。

2) 微灌技术

微灌技术出现时间较喷灌技术晚,但在当前农田水利建设中应用较多,其是在传统滴灌技术衍生出的一种新型技术。微灌技术可以分为渗灌、微喷灌、滴灌以及小管出流灌等,根据不同的灌溉需求,可以自由选择和搭配。相较于其他节水灌溉技术,微灌技术具有需水量少、作用范围广、运用灵活等特点。例如,在农作物灌溉过程中,微灌技术既可以对农田地表进行灌溉,也可以同时在地表下方进行灌溉,直接作用于农作物根系,更好地促进农作物对水分的吸收,提升农作生长质量和速度,缩短农作物生长周期。此外,微灌技术在实际应用中也可以与压力设备配合使用,通过供水压力设备的调节作用来根据灌溉的实际需求对微灌水量加以调节,如此就能进一步提升节水效果。同样,与大水漫灌技术相比,微灌技术的节水率最高能达到 80%,且对劳动力的需求较小。由于微灌技术能够直接作用于农作物的根部,这也在一定程度上提升了农作物对水资源的利用率,减少消耗,因此该技术还具有较强的经济性,是当前十分受欢迎的一种节水灌溉技术。

3) 低压管道灌溉技术

低压管道灌溉技术也是当前农田水利建设中应用较多的一项节水灌溉技术,其主要通过较低压力把水输送到农田中并完成灌溉操作。这种技术同样需要调节管道中的压力来完成水的输送,因此其能够根据不同农田对水资源的需求量进行自由调节,这对于水资源也能起到良好的节约效果。低压管道灌溉技术的实现是建立在低压管道灌溉系统基础之上的,该系统包含输水管道、给配水装置、安全保护设施以及灌溉设施等部分。低压管道灌溉技术可以随时根据实际情况对管道进行设置并对输水压力进行调节,因此能够更好地保证灌溉过程中用水的科学性,极大地提升水资源利用率,有数据表明,该项技术的水资源利用率可达 90%。此外,该项技术还能减少水资源在输送过程中的损失,比传统明渠灌溉的节水量提升了 70%。在管理方面,低压管道技术管理简单、操作简便,因此在农田灌溉方面的应用十分广泛,同时也在农民群体中有着良好的口碑。

4) 步行式灌溉技术

相较于上述灌溉技术,步行式灌溉技术在减少劳动量上有所提升,但其实际操作需要借助各种先进的农机设备,因此同样属于新灌溉技术的范畴。随着现代科技水平的不断提升,步行式灌溉技术所使用的机械设备越来越高端、智能,无论在水资源节约还是减少劳动量方面都具有极大的提升潜力。

5) 坐水种

此种技术适合缺水和干旱严重地区,是指在挖穴下种时灌溉少量水,加快农作物发芽出苗的速度。具体操作中,人们可以通过使用坐水种单体播种机,一次性完成种植,且可以满足人们的农业生产需要。

为了实现现代农业生产需要,提高灌水利用效率,我国应不断推动节水灌溉技术的创新和完善。相关人员应结合我国实际情况,对现有的灌溉模式进行创新,根据实际情况选择合适的灌溉技术。

此外，水资源合理开发利用是水资源保护的主要途径之一，而目前的水资源调度管理手段比较传统，技术也比较落后，缺乏有效的信息化手段，导致在水资源调度管理中无法做到精细化和智慧化。随着信息化的发展及大数据、人工智能等新技术的逐步成熟，应利用数字化手段弥补原有管理的不足和缺陷，构建完整的水资源调度管理系统，逐步提升水资源管理业务应用效果，从而真正实现水资源精细化管理、精准化应用。

## 5.2 非常规水资源利用与保护

非常规水资源是指区别于一般意义上的地表水、地下水的水源，包括污水处理回用水、海水、微咸水等。非常规水资源利用量的多少是一个城市水资源开发利用先进水平的重要标志，充分利用非常规水是解决城市缺水问题的必要手段。在社会经济快速发展的背景下，人们对水资源的开发利用意识普遍提高，非常规水资源化手段已成为水资源开发利用和保护的重要组成部分，也是衡量水资源开发利用程度的重要标志。

### 5.2.1 海水和苦咸水淡化技术

我国是一个水资源匮乏的国家，特别是在沿海地区表现更为突出，而这里是我国人口最多、经济最发达的地区。该地区的可持续发展也面临着水和其他资源的日趋紧缺，以及近海环境质量退化等严峻问题，这严重制约了该地区经济、社会的可持续发展和海防安全。向占全球水总储量 96.5%的海水要水，大力发展海水淡化和综合利用技术，是解决沿海地区资源短缺、促进沿海经济和社会繁荣的重要措施。

地下水的化学成分和浓度的分布是长期地质历史发展过程中，多种地球化学作用和地形、地貌、气象、水文、构造等地质条件以及人类活动等因素相互作用的结果。苦咸水通常指口感苦涩，很难直接饮用的水，长期饮用会影响人的健康，其矿化度大于 1 000 mg/L，无法直接利用。同时，高矿化度水中的氟化物含量往往也会超标。根据国家标准 GB 3838—2002 对地表水环境质量标准的规定，集中式生活饮用水地表水源中的氟含量应该不大于 1 mg/L。苦咸水中按含盐量的高低又分为：低盐度苦咸水，含盐量 1～5 g/L；中盐度苦咸水，含盐量 5～10 g/L；高盐度苦咸水，含盐量大于 10 g/L[19]。再高的含盐量称之为卤水。也有按碳酸盐、硫酸盐、氯化物等地下水的化学组成来划分的。在漫长的地质演变过程和复杂的地理环境作用下，苦咸水逐渐形成，浅层的地下苦咸水主要是由于地下水的水分蒸发、盐分浓缩而形成的。苦咸水往往受所处地理位置、地质条件以及水流经的土壤岩石成分的影响而表现出不同的化学组成，但都表现出特有的苦咸味道。苦咸水中的可溶性固体物质、氟化物、重金属离子等浓度要比生活饮用水中各项指标高很多，如果长期饮用未经处理的苦咸水，则可能引起氟骨病、消化系统疾病、肝硬化甚至癌症等疾病。

海水和苦咸水的淡化实际上就是盐水淡化，使盐水脱盐淡化或者经处理后达到饮用水标准。苦咸水和海水淡化方法有许多种，主要是蒸馏法、电渗析法和反渗透法。国外早在20世纪40年代就开始了以蒸馏法为主的海水淡化技术研究。美国最早于1952年首先开发了电渗析盐水淡化技术，继而在60年代初又开发了反渗透淡化技术。世界上首个海水淡化工厂1954年建于美国得克萨斯州。随着水资源危机的加剧，海水淡化技术得到了加速发展。根据国际脱盐协会（IDA）显示数据表明：2012年，全球共有逾16 000家海水淡化工程分布在125个国家，总产能达到了每日4 000千万t，这其中有80%的产能作为饮用水源供给约1亿人口。目前苦咸水淡化大多采用电渗析法和反渗透法，在海水淡化方面主要是蒸馏法和反渗透法。

5.2.1.1　电渗析法

电渗析法属于一种自然物理现象，该法的技术关键是新型离子交换膜的研制，其适用于含盐量小于20 g/L的苦咸水的淡化。电渗析法耗能很大，只能除去水中盐分，不能除去水中有机物，某些高价离子和有机物还会污染膜，运行过程中易发生浓度极差化而结垢，大型海水淡化装置基本上不采用电渗析法[20]。

1）电渗析法的基本原理、特点和适用范围

电渗析法是一种膜分离技术，其利用离子交换膜在电场作用下分离盐水中的阴、阳离子，从而使淡水室中盐分浓度降低而得到淡水。电渗析装置是利用离子在电场的作用下定向迁移，通过选择透过性的离子交换膜达到除盐目的。该技术已比较成熟，具有工艺简单、除盐率高、制水成本低、不污染环境等优点，但存在对水质要求较严格、需对原水进行预处理等缺点。20世纪50年代，美国、英国开始将这种方法用于苦咸水淡化，中国在20世纪80年代将此法用于苦咸水淡化、工业用纯水和超纯水制造。

2）电渗析法在苦咸水淡化工程中的应用特点

（1）电渗析对铁、镁、钙、钾、氯化物等溶解性无机盐类及毒理学指标砷、氟化物的去除率达66%～93%，可以满足苦咸水淡化需求；

（2）电渗析对耗氧量、$NH_3$-N、$NO_3$-N、$NO_2$-N及硅的去除率较低，仅15%～45%，但由于原水中上述指标含量较低，去除率虽低，尚能满足生活饮用水卫生要求；

（3）电渗析对$SO_2$的去除率为63.8%，用以淡化$SO_4$-Na型和$SO_4$CI-Na型水，很难满足生活饮用水卫生要求；

（4）电渗析过程的能耗与给水含盐量有密切关系，给水含盐量越高，能耗越大，因此电渗析比较适合低盐苦咸水的淡化。

此外，由于电渗析设备运行能耗较大，无法去除水中有机物和细菌，因此电渗析装置在苦咸水淡化方面逐渐被反渗透装置所取代。

5.2.1.2　反渗透法

反渗透法的基本原理及特点：用一种选择透过性膜将一个容器分为两半，在膜的两侧同时分别加入纯水和盐水，使膜两侧的液面一样高，过了一定时间会发现盐水侧的液面在升高，纯水侧的液面在下降，这是由于水分子透过半透膜向盐水侧迁移的结果，这种现象称为渗透。能够对水或溶液具有选择透过性的膜称为半透膜。如果在浓溶液一边加上适当的压力，则可使渗透停止。当稀溶液向浓溶液的渗透停止时的压力称为渗透压。反渗透则是在浓溶液一边加上比自然渗透更高的压力，扭转自然渗透方向，把溶液中的离子压到半透膜的另一边，这与自然界的正常渗透过程相反，故称之为“反渗透”，这种装置称为反渗透装置[20]。

反渗透膜分离的特点是它的“广谱”分离，即它不但可以脱除水中的各种离子，而且可以脱除比离子大的微粒，如大部分的有机物、胶体、病毒、细菌、悬浮物等，故反渗透分离法又有广谱分离法之称。与其他水处理方法相比，反渗透法具有无相态变化、设备简单、效益高、常温操作、占地少、能量消耗少、操作方便、适应范围广、自动化程度高和出水质量好等优点。尤其以风能、太阳能作动力的反渗透净化苦咸水装置，是解决无电和常规能源短缺地区人们生活用水问题既经济又可靠的途径。

5.2.1.3 蒸馏法

蒸馏法就是把苦咸水或海水加热使之沸腾蒸发，再把蒸汽冷凝成淡水的过程。蒸馏法是最早采用的淡化法，其主要优点是结构较简单、操作容易、所得淡水水质好。蒸馏法有许多种，如低温多效蒸馏、多级闪蒸、压汽蒸馏、膜蒸馏等。

1）低温多效蒸馏法（MED）

低温多效蒸馏法（MED）是指原料海水的最高蒸发温度一般低于 70 ℃的海水淡化技术。其特征是将一系列的水平管降膜蒸发器或垂直管降膜蒸发器串联起来并分成若干效组，用一定量的蒸汽输入，然后通过多次蒸发和冷凝，从而得到多倍于加热蒸汽量的蒸馏水。MED 法是蒸馏法中最节能的方法之一，由于节能，近些年发展迅速，装置的规模日益扩大，成本逐渐降低。

目前 MED 法在实际应用中主要与火电厂联运，欧洲和亚洲一些火力电厂都有使用。在中国，天津北疆电厂海水淡化工程就是采用的 MED 法进行海水淡化，它是国内最大规模的海水淡化项目，采用世界单机容量最大、效率最高的海水淡化装置，其单套装置日产水量为 $2.5\times10^5$ t。一期工程全部投产后，日产水量将达 $20\times10^5$ t，在满足电厂生产生活自用和不开采地下水的同时，每年可为滨海新区输送水 $60\times10^5$ t，相当于滨海新区年用水量的 1/10。

2）多级闪蒸法（MSF）

闪蒸是指将原料水引入一个压力较低的空间内，原料水因降压过热而急速地部分汽化，产生蒸汽，蒸汽经冷凝而变成淡水。多级闪蒸海水淡化技术，是利用闪蒸原理将经过加热的海水，依次在多个压力逐渐降低的闪蒸室中进行蒸发冷凝而得到淡水，是 20 世纪 60 年代初在多效蒸馏的基础上发展而来的，是目前主流的海水淡化技术之一。多级闪蒸具有传热管内无相变，产品水质好，单机容量大等特点。其技术成熟、结垢减轻、运行安全、结构简单、负荷范围宽、投资成本较低。多级闪蒸法得到的淡水价格相对反渗透法低，单台产水量最大，特别适合于电厂大型海水淡化项目，但是需要较大的传热面积，海水循环和流体输送电耗大，运行成本较高。

我国海水处理仍存在问题：

1）海水淡化总体规模偏小，利用水平远低于国外先进地区

以青岛为例，经测算，目前青岛海水淡化规模为 23.55 万 t/d，年供水量约 0.77 亿 t，而根据《2019 年青岛市水资源公报》，青岛市全年总供水量为 9.184 亿 t，海水淡化水供水

比例仅占全市供水总量的8.6%，所占比重较低；且海水淡化的产品水大部分用于海水淡化厂周围的工业用水，极少应用在生活用水，利用水平与国内外先进地区有很大差别。主要原因在目前海水淡化不属于公用事业，无法享受自来水、南水北调等水利工程的财政补贴和扶持政策，产业完全靠市场运作，竞争力弱小，发展较慢。

2）资金投入和政策激励较少，配套设施不完善

虽然早年我国就制定了海水淡化产业发展规划，也将海水淡化作为重点建设内容，但由于缺乏系统的规划和布局，导致海水淡化工程的建设较为分散，海水淡化配套管网建设也较为滞后，限制了海水淡化的发展。此外，目前对海水淡化资金投入较少，用户推广及配套政策也不完善，缺乏有力的政策支持和资金投入，也没有形成合理统一的海水淡化市场机制、定价机制和财政补贴机制，全面推广应用也存在较大的困难。

3）对海水淡化的认识不足，对海水淡化作为生活用水存在疑虑

大多数市民对水资源短缺的认知不足，对海水淡化存在认识误区，尤其是对海水淡化水作为生活用水存在抵触心理，缺乏对海水淡化的认同，这在一定程度上也阻碍了海水淡化的发展和应用。

5.2.1.4 新能源技术的应用

近年来，通过技术引进和自主创新，我国海水和苦咸水淡化成本逐渐降低，但目前海水淡化、苦咸水淡化综合成本仍在4～5元/$m^3$，每吨水的能源消耗在4 kW·h，占综合成本的30%以上。我国是能源消耗大国，能源供给主要以化石能源为主，在调整产业结构、转变经济发展方式的大背景下，为了控制能耗需求的过快增长和减少温室气体排放，海水淡化和苦咸水淡化技术的应用一直被谨慎缓慢推广。但在淡水供需矛盾越来越突出的今天，不得不规划建设大规模苦咸水淡化工程，以缓解淡水资源不足的现状。因此苦咸水淡化处理容量将产生巨大的能源需求，对能源供给是一大挑战。国家“973”基础研究项目非并网风电大规模应用，突破传统思维定式，在非并网风电多能源协同供电应用于海水淡化方面进行了积极探索，取得了一系列科研成果。该系统基本原理是风电不接入电网，直接用于海水淡化等高载能负荷。这种可再生能源应用模式有效解决了风电上网的难题，对电网不造成任何影响，且可独立运行控制，实现可再生能源100%利用[21]。新型多能源非并网风（光）电苦咸水淡化系统将提供一种适应风能、太阳能发电特性，风电、太阳能发电100%被利用的苦咸水淡化工业化生产系统，具有良好的经济效益，其主要包括以下几个方面：

一是苦咸水淡化能耗低且以风电、太阳能为主。非并网风（光）电苦咸水淡化系统能源供给主要以风电、太阳能为主，先进的智能耦合供电控制系统和低温多级高效风电苦咸水淡化新工艺，能够确保风电、太阳能100%得到利用，使苦咸水淡化吨水能耗不受风电波动影响，基本保持不变。先期海水淡化示范工程运行表明，1 t水能耗仅需要3.6 kW·h，其中90%以上为风电，这与传统能源供给以网电为主的海水淡化工程相比，能耗成本要低得多，有效降低了海水淡化成本。

二是解决了风电、太阳能发电上网难的问题。近年来风电产业发展迅猛，但由于风能资源分布与负荷中心不匹配、电网建设滞后以及调节容量不足等不利因素，上网难制约了

风电、太阳能发电的发展。即使电网建设能够满足风电、太阳能发电上网的要求，复杂的输变电系统和接入电网等配套工程也需要大量的资金（约占整个电场建设费用的30%）。非并网风（光）电多能源苦咸水淡化系统实现了风电、太阳能发电不上网，突破风电在电网中的比例不超过10%的局限，也不会给电网带来冲击。

三是双重优惠政策会进一步降低苦咸水淡化成本。非并网风（光）电苦咸水淡化包括可再生能源发电和苦咸水淡化两个战略新兴产业，这两个产业都是未来我国经济可持续发展的重要战略支撑。国家会从税收、信贷等多方面，给予苦咸水淡化产业（类似于支持风电、太阳能发电产业）优惠政策。因此发展非并网风（光）电苦咸水淡化能够享受国家给予的双重优惠政策，这会进一步刺激投资人的热情和降低苦咸水淡化成本。

### 5.2.2 污水处理技术

开发利用非常规水资源，可以缓解经济社会发展、人口增长、工业化和城镇化加剧对常规水资源的需求压力，是缓解水资源供需矛盾、改善水生态环境质量的重要举措[22]。

#### 5.2.2.1 再生水处理技术

再生水以城镇废污水为原水，经一定的净化处理达标后供给用户，一般供应的是预先确定的用水行业和用户，其开发利用工程是污水处理厂、再生水厂乃至用户自备水质净化处理设置。污水资源化利用技术和设施的选择与入厂废污水的污染程度、用户的用水水质要求、处理费用、经济效益等因素有密切关系，污水资源化利用量以与用户签订供水协议的方式按需求进行提供，用户可以分为农林牧渔业用水、城市杂用水、工业用水、环境用水、补充水源用水五大类[23]。图5-1为江苏宜兴城市污水资源概念厂。

图5-1　江苏宜兴城市污水资源概念厂

1）工业废水处理技术

（1）生物技术

生物技术是通过微生物的新陈代谢使工业废水中的有机污染物转化为无害产物，从而使工业废水得到净化。工业废水处理技术中的生物技术包括厌氧生物处理技术、好氧生物处理技术等[24]。

(2) 物理处理技术

工业废水使用物理技术进行处理,主要是为了保证工业废水所具有的化学性质不发生变化,可以对工业废水使用分离或者过滤的方式来进行处理,将其中一些不溶解以及悬浮的物质进行处理,实现废水的有机处理。工业废水处理技术中的物理处理技术包括萃取法、吸附法、蒸发结晶法、膜分离法等。

(3) 化学处理技术

工业废水处理技术中的化学处理技术是指在进行废水处理时添加化学剂让其中的不能使用物理剔除的物质,改变其化学性质或者物理状态从而将其从污水中剔除。化学处理技术包括中和法、混凝法、氧化还原法、电化学法等。

2) 城镇生活废污水处理

(1) 城镇生活污水处理的必要性

生活污水在城镇污水总量中占据较大比重,其氮、硫、磷含量较高,通过与大量厌氧细菌的接触与作用将持续生产具有恶臭性的产物,严重影响城镇水体及空气的品质。当缺乏有效治理措施时,水体富营养化问题显现并随着时间的延长而逐步加剧,对于沿海城镇而言该部分水体汇聚至入海口,出现赤潮现象。微生物是有机物分解过程中的重要参与者,会消耗大量赋存在水中的氧,若缺乏干预措施,溶解氧浓度低于 4 mg/L 时将破坏水体环境,多数鱼类难以正常生活,死亡率增加,扰乱生态系统。因此,亟待以城镇生活污水处理的现状为立足点,采取合适的处理工艺,从根本上解决问题。

(2) 城市生活污水处理工艺技术

现在的城市生活污水处理中主要采用的工艺技术除了生物处理技术还包括化学处理技术、膜处理技术、生物接触氧化技术[25]。

① 对生活污水采用生物处理技术

生物处理技术的原理就是将城市生活污水处理中的有机污染物进行微生物新陈代谢处理,通过代谢作用,进行物质转化。生物处理技术通过生物反应使污水得到有效处理,在处理过程中,污水中的有机物和细菌结合产生胶体,从而实现固体分离,然后对污水进行全面地过滤和沉淀,再采用氧化技术对剩余而没有形成分解的细菌进行有效降解,使污水得到净化。

② 对生活污水采用化学处理技术

生活污水化学处理技术的原理就是在城市生活污水中溶解一定化学物质,溶解之后与污水中的物质产生化学反应,在化学反应的影响下去除污染物。化学处理技术对水质成分要求较高,要求污水中的物质能够与还原剂产生反应。在化学处理技术中,絮凝剂是常用的化学物质,主要包括有机絮凝剂和无机絮凝剂两种类型。

③ 对生活污水采用膜处理技术

采用膜处理技术处理生活污水的效果非常好。该技术的原理是,介质滤料面层上有生物膜,污水和微生物附着在上面,经过触碰,可以有效地降解溶解性有机污染物。有机污染物源在水中溶解之后，被微生物吸附，逐渐发生变化，就可以起到一定的净化作用。

④ 对生活污水采用生物接触氧化技术

早在20世纪70年代，对污水的处理就开始采用生物接触氧化技术，主要是将填料放置在反应池中，污水浸过填料，布置生物膜，发挥微生物自身所具备的新陈代谢功能去除污水中的污染物，达到水体净化的效果。采用这种工艺技术，其所具备的一个重要特点是提高容积负荷，增强抗冲击能力。但在具体的操作中，该技术复杂，产水率不高，而且还需要定期清理反应池。

此外，还有许多新的思路和技术被应用到城镇污水处理中，如：人工湿地、超声水处理技术、高级氧化处理技术等。

1）人工湿地

人工湿地是由基质、水生植物、微生物组合而成的能够净化水质的系统，由于工艺简单、净化效果好、抗冲击负荷能力强、运行成本低、具有生态景观效应等优点，人工湿地技术在污水处理中得到了广泛应用。人工湿地主要有表流（FWS）、水平潜流（HSSF）和垂直潜流（VF）三种基本类型。如果一个人工湿地涉及这三种基本类型的组合，称之为复合型人工湿地。目前人工湿地主要用于处理各类污水，能够去除水中的N物质、P物质、有机污染物、重金属离子、悬浮物和一些特定化合物等[26]。

2）高级氧化处理技术

高级氧化处理技术又被称做深度氧化技术，能够产生具有强氧化能力的羟基自由基（OH），在高温高压、电、声、光辐照、催化剂等特定的条件下，使大分子难降解有机物氧化成低毒或无毒的小分子物质。根据自由基产生的途径，可以将高级氧化处理技术分为Fenton法、超声氧化法、光降解法、臭氧氧化法等[27]。

5.2.2.2 *矿井疏干水处理技术*

矿井疏干水是由于在矿床开采过程中破坏了地下水原始赋存状态并产生裂隙，使各含水层之间的水力联系变得密切，使得大气降水、地表水、地下水等各种水沿着原有和新的裂隙渗入井下采掘空间形成的[28]。矿井疏干水在不同程度上存在杂质和污染物质，对矿井地下水进行处理和利用不仅可以避免对水环境以及水生态的污染，还可以防止大量水资源浪费。根据所含污染物种类和浓度，矿井水可以分为洁净矿井水、高悬浮物矿井水、酸性矿井水、高矿化物矿井水以及含特殊污染物矿井水等若干类型。在经过处理后，矿井疏干水可回用于矿区生产、生态环境等，也可作为矿区周边企业的工业补充用水以及农田灌溉用水等，在经过深度处理后也可作为居民生活用水水源。

1）矿井疏干水资源化方式

不同矿井水水质和排放量差异很大，回收利用时应根据用途遵循分质分用、经济方便的原则。供水优先顺序应满足先井下后井上，先矿内后矿外，先生产后生活的原则。利用方向主要包括以下几方面（见图5-2）：

（1）井下用水。主要包括：井下防尘、消防用水、煤层注水等。一般只需降低水中悬浮物，可利用井下水池进行絮凝、沉淀就可直接应用于生产。对于开采深度较大的矿井来说，其经济效益显著。

(2) 煤矿工业用水。一般对水质要求较低,矿井水只需要经过简单的混凝、沉淀、过滤、消毒等常规处理即可满足要求。矿井疏干水作为工业用水主要包括选煤厂用水、洗煤用水、冷却用水、产品处理用水等。

(3) 生活用水。对洁净的矿井水经深度净化处理达到国家饮用水标准要求后,可作为饮用水直接供应矿区用户或作为矿泉水销售到市场。

(4) 农业灌溉。在我国广大北方地区,农业灌溉用水主要依靠开采地下水。地下水的大量开采和矿井水的任意排放造成了大量的水资源浪费。煤矿周围一般有大片的农田,为矿井水作为灌溉用水提供了条件。

(5) 生态环境用水。对水质要求不高,矿井水做简单净化处理后可应用于园林绿化、喷洒道路、景观生态用水等。

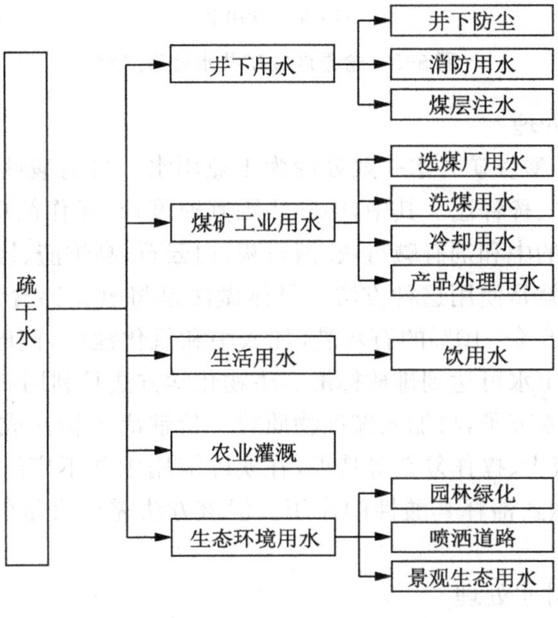


**图 5-2 疏干水资源利用图**

2) 矿井疏干水处理方式

(1) 含悬浮物矿井水处理

目前,我国矿井排水量的 60%左右为含悬浮物矿井水。含悬浮物矿井水中悬浮物成分主要是煤粉,这类水处理方式比较容易。根据悬浮物的特性,对工业用水净化常用的处理工艺有混凝、沉淀、过滤的方法。如果作为居民生活用水,则需在工业处理的基础上增加吸附工艺除去水中有机物污染。混凝是水处理工艺中十分重要的环节,混凝对水质没有不良影响。常用的混凝剂为铝盐和铁盐混凝剂。山东鲍店煤矿用化学沉淀法,利用中央水仓处理悬浮物矿井水也取得了良好的效果。兖州矿务局南屯煤矿采用混凝剂和助凝剂复合配方,使废水中悬浮物在普通煤泥沉淀池中沉淀,处理后可达排放标准,且能满足工业用水要求。常见的工艺流程见图 5-3。

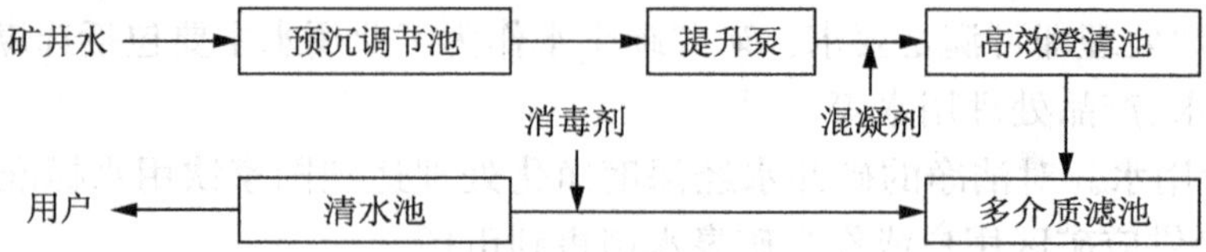


(a) 工业用水

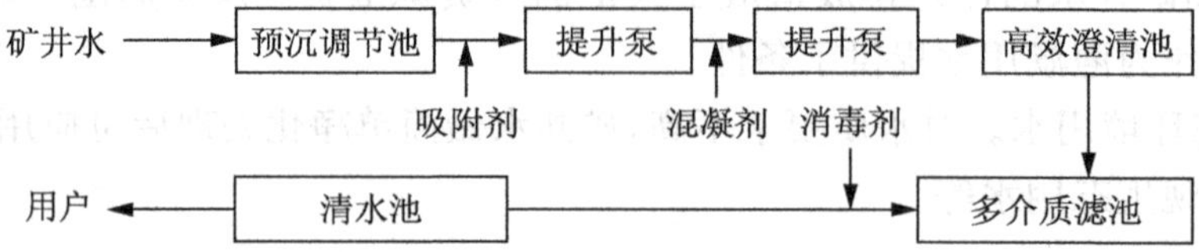


(b) 生活饮用水

**图 5-3　含悬浮物矿井水处理流程**

(2) 酸性矿井水处理

从经济角度考虑,酸性矿井水一般处理为工业用水。目前酸性矿井水处理方法主要有中和法、生物化学法、稀释法。其中,中和法因其速度快、操作简单、成本低廉等特点得到普遍的应用。常用的中和剂有碱石灰、消石灰、白云石、高炉渣、烧碱等。例如福建省永定矿务局瓦窑坪煤矿就是使用这种方法。具体做法是将氧化钙含量为 67%~81%的石灰制成含活性氧化铝 5%~10%的石灰乳,加入中和氧化池中,同时进行充分机械搅拌,然后经沉淀、过滤后,出水可达到排放标准。生物化学方法是利用氧化亚铁硫杆菌将二价的铁离子转化为三价铁离子,再加入碱性物质将三价铁离子转换成氢氧化三铁沉淀。但因其反应速度慢、投资大、操作复杂等特点,在实际应用中并不广泛。稀释法是用非酸性水冲淡酸性矿石水,达到稀释其酸性的作用。但该方法需要大量的非酸性水,应用也不广泛。

(3) 高矿化物矿井水处理

高矿化物矿井水处理关键是脱盐。目前,较常用的方法是膜处理法。膜处理法又包括电渗析法和反渗透法。电渗析脱盐是以直流电场为动力,利用离子交换膜的选择透过性,将含盐水中的溶质和溶剂分离的一种物理化学处理过程。该技术在我国的大同矿务局同家梁煤矿、甘肃阿干煤矿以及徐州张集煤矿等得到过应用。但由于该方法的能耗高、水的回收率低、容易发生极化结垢等问题,目前已基本被淘汰。反渗透法是借助于半透膜在压力作用下(一般为 3.0~7.0 MPa)进行物质分离的方法,它能有效除去无机盐类、低分子有机物、病毒和细菌等,适用于含盐量大于 4 000 mg/L 的水的脱盐过程,较为经济。山西大同的达子沟煤矿、白洞沟煤矿、青磁窑煤矿,太原东山煤矿等均采用 RO 反渗透处理技术将矿井水进行处理用于生活饮用水。总体来说,目前高矿化度废水处理技术还不成熟且处理成本较高。

(4) 含特殊污染物矿井水

在我国,含放射性物质煤矿开采受到严格限制且矿井开采量极少。因此,本文主要讨论含氟化物以及重金属离子矿井水的水处理工艺。含氟矿井水中氟含量一般在1～10 mg/L。处理方法主要有氧化铝吸附法、膜分离法、絮凝沉淀法等，应用最成熟、最广泛的方法是活性氧化铝除氟法。活性氧化铝是一种白色颗粒状的多孔吸附剂，具有很大的表面积和较强大的吸附能力，与氟离子反应形成铝氟化合物，从而达到去除氟的目的。对含重金属离子矿井水的处理，一种是采用化学方法将重金属离子转变成难溶解的化合物程度；另一种是通过膜法或蒸发浓缩法施行重金属离子和水分子的分离。考虑到处理技术和成本，目前对含氟矿井水处理一般是处理到符合排放标准即可，很少将含氟矿井水用作生活水源。

### 5.2.3　非常规水源开发利用保证措施

1）制定合理可行的水价管理体系

综合考虑水资源费的变化动态，以改善水质、输排水管网、水量为目的，对供水成本进行核算，在满足非常规水资源成本基础上，合理制定回用水的供水价格。完善水价形成机制，制定科学、合理、公平的收费标准，取缔不合理加价收费，完善水价计费方式，实行末级水价收费制度。

2）加强非常规水源工程建设

加强再生水、海水、雨水、矿井水和苦咸水等非常规水多元、梯级和安全利用。鼓励将非常规水源工程纳入水源工程体系和区域水资源配置工程。新建小区、城市道路、公共绿地等因地制宜配套建设雨水集蓄利用设施，在离岸有居民海岛实施海水淡化工程。鼓励社会资本参与非常规水源工程建设与运营[29]。

3）非常规水资源利用管理体系建设

在实施最严格水资源管理制度的条件下，非常规水资源的用水、节水、治水等都离不开法律规范的约束和管理，法律的实施是非常规水资源可持续利用的保证，因此，建立水法规体系，不仅能满足可持续发展的要求，还能以水资源可持续发展来完善法律制度体系。在法律制度的条件下，把非常规水资源引入市场，在市场机制下，建立与市场经济相适应的水市场，这样可以用经济手段去对水资源进行公平的分配。

## 5.3　土地资源保护新技术

### 5.3.1　土壤盐碱化

土壤盐碱化是一种环境地质现象，影响土壤理化性质、土壤微生物活动、农作物及动植物生长发育等。目前，土壤盐碱化已成为一个全球性的问题，不同地区的土壤盐碱化管理及治理措施也不尽相同。我国盐碱地分布广泛，总面积超过33万$km^2$，主要分布在西北内陆地区、黄河中上游半干旱地区、黄淮海平原、东北平原和沿海地区。因此盐碱地土壤资源的优化和合理开发利用成为解决我国耕地资源锐减问题、保障耕地和粮食生产安全、严守国家耕地红线的重要途径之一，对改善生态环境，促进区域经济、社会和生态的可持续发展具有重要意义。经济合理和安全高效开发以及资源化利用，是提高盐碱地综合治理效果、降低治理成本和维护生态安全的有效途径，对实现区域生态恢复、土地可持续健康发展和保障粮食安全具有重要的理论价值和实践意义[30]。

5.3.1.1 土壤盐碱化的成因及危害

盐碱土是在一定的环境条件下形成和发育的，在众多的环境因素中，以气候、地形、地质、水文和水文地质及生物因素的影响最为显著。此外，人类活动也会从正反两方面对土壤盐碱化产生巨大影响[31]。

1）气候条件

大面积的盐碱土分布在我国北方干旱、半干旱地带和沿海地区。在这些地区，降水量小，蒸发量大，蒸发量和降水量的比值大于1，土壤水的毛管上升运动超过了重力下行水流的运动，在蒸降比很高的情况下，土壤及地下水中的可溶性盐类则随上升水流蒸发、浓缩，累积于地表。

2）地形及地貌

地形及地貌对盐碱土的形成有很大影响，地形高低起伏和物质组成的不同直接影响地表水和地下水的运动，也就与土壤中盐分的运动有密切关系。从大地形看，水溶性盐随着水流由高处向低处移动，在低洼地带积聚，因此盐碱土主要分布在内陆盆地、山间洼地和平坦排水不畅的平原区。从低洼地的局部地形看，在洼地边缘和洼地的局部高起部位，地表水分蒸发比较强烈，水分易散失，盐分比较容易积聚，经常形成斑状盐碱土。

3）成土母质

土壤盐渍化的形成与母质的沉积类型及沉积特性密切相关。古老含盐地层、河湖相沉积物、海相沉积物、洪积物、风积物等母质的分布及沉积特性不同，故盐渍程度也有差别。

4）水文及水文地质条件

河水泛滥或引水灌溉以及河水通过渗漏补给地下水，均可影响土壤的盐碱化。此外，浅层地下径流和深层地下水也可引起土壤盐碱化。

盐碱土是一种以碱性危害为主的低产土壤，它与盐渍土都是受可溶性盐类浸渍而成的。土地盐碱化不仅会通过影响气孔收缩和营养吸收对植物组织造成破坏，也会抑制土壤微生物的活性，影响农业生产效益。盐碱对植物的危害表现在以下几个方面：

（1）引起植物的生理干旱盐土中含有过多的可溶性盐类，可提高土壤溶液的渗透压，从而引起植物的生理干旱，使植物根系及种子发芽时不能从土壤吸收足够的水分，甚至还导致水分从根细胞外渗，使植物萎蔫甚至死亡。

（2）土壤含盐量过高伤害植物组织，尤其在干旱季节，盐类集聚表土会对胚轴造成伤害，其伤害能力以碳酸钠、碳酸钾为最大。在高 pH 值下，还会导致氢氧根离子对植物的直接伤害。有的植物体内集聚过多的盐，而使原生质受害，蛋白质的合成受到严重阻碍，从而导致含氮的中间代谢物的积聚，造成细胞中害。

(3) 影响植物正常营养吸收，由于钠离子的竞争，使植物对钾、磷和其他营养元素的吸收减少，磷的转移也会受到抑制，从而影响植物的营养状况。

(4) 影响植物的气孔关闭。在高浓度盐类作用下，气孔保卫细胞内的淀粉形成受到阻碍，致使细胞不能关闭，因此植物容易干旱枯萎。

#### 5.3.1.2 土壤盐碱化改良

盐碱地的主要特点是含有较多的水溶性盐或碱性物质。治理盐碱地的原则是要在排盐、隔盐、防盐的同时，积极培肥土壤。主要措施有：物理改良、化学改良、生物改良、综合治理等。

1) 物理改良

明沟排盐、暗管排盐、冲洗、松土、铺沙等方法均可以用于盐碱土改良。不同类型的灌溉手段结合明沟、暗管、竖井等排水方式，能够控制或降低地下水位、维持耕层或植物根系分布区的水盐平衡、促进土体盐分排出。盐碱土经过深耕，能够疏松土壤表层，切断毛细管，减少蒸发量，改变土壤结构，增加孔隙度，提高土壤的通透性，从而加速土壤淋盐和防止返盐作用[30]。

2) 化学改良

化学改良措施具有操作简单、见效迅速、能改善土壤理化性质、降低土壤盐分等特点。常用的盐碱土化学改良剂包括石膏、脱硫石膏、黄铁矿、保水剂和DS改良剂等，能有效降低土壤含盐量，但存在效果单一、持续时间短、易发生二次污染等问题而被限制应用。石膏由于独有的钙质特性，可置换土壤胶体表面吸附的钠，结合其他改良措施而被广泛应用。

3) 生物改良

盐碱地生物改良措施主要包括建设防护林、种植耐盐碱植物、施用生物改良剂和绿肥等。防护林具有美化环境、调节气候的作用，与适种植物共同作用可减少盐碱地面水分蒸发，防止土壤表层盐分积聚。常见的耐盐碱适种植物有小胡杨林、刺槐、木麻黄、碱蓬和星星草等。土壤生物改良剂中酸性成分与植物根系活动分泌的有机酸等，同盐碱土碱性盐发生中和反应，可降低土壤盐分，同时有机酸能够激活土壤矿物态的营养物质向植物可直接吸收利用的有效态转化，提高土壤N、P、K的有效性，促进植物生长。绿肥中生物质腐解含有的有机质，以及微生物菌剂的施用可促使土壤微生物大量繁殖，均可促进盐碱地土壤有机质生成，提高土壤肥力，改善土壤理化结构。

4) 综合治理

综合治理是指采取物理改良措施、生物措施、化学改良等措施综合治理，从而改良盐碱地。我国各地综合利用挖沟排盐、种稻改盐、台田降盐、上农下渔等方式，开展盐碱地综合治理，改善了盐碱地的农业生产条件。

### 5.3.2 土壤污染修复

土地资源的开发与利用与人民群众的日常生活息息相关，现阶段在社会经济快速发展的背景下，国土地资源的可用面积持续减少。与此同时，在对土地展开利用的进程中，还出现环境污染等一系列问题，为我国社会的发展带来了严重的危害，并且不符合社会科学发展观所提出来的要求。

土壤污染是指人类活动产生的污染物进入土壤并积累到一定程度，引起土壤质量恶化并导致生态或人体健康危害的现象。土壤污染具有隐蔽性、滞后性、累积性、不均匀性、难可逆性等特征，土壤中的污染物来源广、种类多[32]。土壤污染不仅会影响农产品质量、还会危害人居住宅环境、威胁生态环境安全。

5.3.2.1 土壤污染的危害及来源

土壤污染的危害，可从三点说起：

第一，土壤污染会导致农作物产量下降。以土壤重金属污染为例，重金属污染对农作物的危害，不仅造成农作物本身重金属超标，重金属的富集还会造成农作物的不可食用，危害着人们的身体健康。同时，重金属还会造成粮食减产，只要农作物重金属超标就会给群众带来舆论恐慌，如新乡大米镉超标，就严重影响到整个豫东地区的粮食销售；

第二，土壤污染会降低农作物的质量。土壤污染除了会降低农作物的产量外，还会降低农作物的质量，如在城市近郊一旦土壤污染，就会影响到附近的蔬菜种植业，这不仅会导致蔬菜种植业的产量、质量下降，还会在人们食用这些蔬菜后对身体健康造成严重的危害；

第三，土壤污染会危害人体的健康。毕竟土壤一旦遭受污染，就会给人体带来不可逆转的危害，这是因为污染的土壤含有重金属，会危害到人们的身体健康。

土壤污染的来源，可从四点说起：

第一，化学污染物是导致土壤污染的一种。一般来说，化学污染物主要包括有机污染物和无机污染物，有机污染物主要是农药、化学制品及石油等成分，无机污染物主要是铅、磷、汞、氮、硫化物及氧化物等；

第二，土壤污染来源于物理污染物。物理污染主要是矿山、工厂生产中产生的固体废弃物，包括粉尘、尾矿及飞石等，一旦这些废弃物没有经过合理处理，肆意排放在土地中，必然会造成土壤污染；

第三，土壤污染来源于生物性污染物。生物性污染物又可分为病原体、变应原污染物等。食品的生物性污染是指对食物造成污染的微生物、寄生虫、虫卵和昆虫，寄生虫和虫卵往往会污染食品而使人致病，如蛔虫、绦虫、中华枝睾吸虫以及旋毛虫等，主要是粪便或土壤污染了饮水或食品，威胁人类生存；

第四，土壤污染来源于放射性污染物。由于土壤污染的类型非常多，有多种受污染的途径，并有着较为复杂的污染遭受原因，这就加大了控制土壤污染的难度。同时，放射性污染物主要是在开采核原料时的一种污染，是在核试验地区造成的土壤污染。

5.3.2.2 土壤污染修复的技术与应用

1）物理修复技术

（1）客土修复技术

客土修复技术是针对污染较轻的土壤所使用的一种方法，一般是通过在污染土壤上直接覆盖干净土壤或者在污染土壤表层覆盖净土之后再进行适当翻耕，从而达到修复目的。客土修复技术在改良盐碱土、黏土和重金属土壤等方面有很好的应用[33]。

(2) 电动修复技术

这种技术是指在电场驱动下土壤重金属活化，并通过电迁移、电渗流和电泳三种方式定向运动，促使重金属向两电极邻近区域富集，最后通过抽离电解质等方式实现重金属的去除。电动修复技术在处理污染土壤时具有高效性，不需要投入化学药剂，修复过程对环境影响较小。电动修复技术能源消耗高、容易发生极化、受 pH 影响较大，不适用于渗透性高、传导性差的土壤。为提升电动修复效率，通常会选择螯合剂、表面活性剂等强化剂削弱或消除不良效应对电动过程的影响[34]。

2) 化学修复技术

(1) 土壤淋洗技术

土壤淋洗技术通过向土壤中注入淋洗剂，借助重力和水力压头的作用，推动淋洗液通过土壤，从而溶解土壤中的污染物质并分离出来，以此修复被污染的土壤。土壤淋洗技术可以选择原位修复或者异位修复[35]。

(2) 固化/稳定化修复技术

固化/稳定化修复技术通过物理或化学手段固定有毒有害物质或者把污染物转成化学性质不活泼的形态，从而降低污染物毒害程度。固化/稳定化修复技术也存在不足，如果环境发生了变化，污染物可能再次释放出来[36]。

3) 生物修复

(1) 原位生物修复

原位生物修复技术原理是指不移动受污染的土壤，直接将营养物加入被污染土壤中，或是控制污染土壤当中的氧含量，从而有效降解土壤中的污染物。土壤原位生物修复技术包括投菌法、生物培养法、生物通气法、土地耕作法及植物修复法[37]。

(2) 异位生物修复

异位生物修复采用挖掘土壤或抽取地下水等措施移动受污染的土壤、沉积物到邻近地点或反应器内，采用生物法进行处理，从而使污染物降解为无害物质。异位生物修复主要包括生物堆肥法、生物反应器法、预制床法等方法。原位生物修复不需要转移污染物，成本低且工艺简单，但难以控制过程。异位生物修复可以在土壤受污染初期限制污染物的迁移和扩散，也可以安装生物反应器促进生物降解速率，其缺点是修复费用较高，在运输过程中会对土壤生态结构造成破坏。

### 5.3.3 水土保持措施

近年来经济突飞猛进，各行各业都有了长足的进步，人民生活水平也有了很大提高。但是相应的代价就是环境的破坏，经济发展越快，水土流失的问题也日益严峻。现阶段，从全国的范围来看，在多方面因素作用下，有不少地区都发生了严重的水土流失现象，且水土流失面积呈逐渐增大的趋势，往往呈现千沟万壑的状态。水土流失会破坏耕地，使土壤养分不断流失，影响到农作物的耕种效果，降低农民的收入，同时可能对粮食生产带来严重的影响，进而影响到我国经济的发展以及人民生活水平的提高。当大雨降临时，由于土壤内部缺少足够的黏合力、土地抗侵蚀能力降低、地表植被覆盖率较低，在雨水的冲刷下会出现水土大量流失的状况，容易出现洪涝灾害。在干旱大风的气候条件下，树木少容易形成沙尘暴，给人们的生命财产安全带来威胁，若是得不到科学有效的治理，则会造成生态环境受破坏的面积持续扩大，给我国可持续发展战略的落实带来严重阻碍。应针对不同的地区，因地制宜地开展工作，适当引进先进技术开展生态系统的修复，避免水土流失状况的继续恶化[38]。

水土保持的治理措施体系包括工程措施、植物措施和保土耕作措施。在实际应用中，可以将三种措施相组合，从而使综合效益达到最高。

1）工程措施

水土保持工程措施的主要作用是通过修建各类工程改变小地形，拦蓄地表径流，增加土壤地表水入渗，从而达到减轻或制止水土流失，开发利用水土资源的目的。水土保持的工程措施包括坡改梯、沟头防护、拦水堤、护坡边岸、拦砂坝等。

2）植物措施

植物措施也称为林草措施。它通过利用天然林、或种草造林及管护方式，提高植被覆盖度，从而实现防治水土流失的目标，包括营造水土保持林、生态经果林、建设人工草地、发展复合农林业等方式。通过植物措施，可以调节地表径流、固土保肥、固碳释氧。

3）保土耕作措施

保土耕作措施结合每年农事耕作，采取各类改变微地形或增加地貌植物被覆，或增加土壤入渗，提高土壤抗蚀性能，从而保水保土，减轻土壤侵蚀，提高作物产量。保土耕作措施包括等高耕作、草田轮作、深耕、地膜覆盖等。

水土保持措施需要根据区域自然条件和实际环境特征采取综合措施，从而提高水土保持效果。在水土流失程度比较严重的区域只运用工程措施仅能做到拦蓄径流泥沙、保护坡面及抑制沟底下切，加入植物措施后可以补充工程措施的不足，从而高效率地进行水土保持(图 5-4)。

图 5-4 水土保持措施

生产建设项目水土保持信息化监管是指用“天地一体化”方式开展生产建设项目水土保持监管，即综合应用卫星或航空遥感（RS）、GIS、GPS、无人机、移动通信、快速测绘、互联网、智能终端、多媒体等多种技术，开展生产建设项目水土保持监管及其信息采集、传输、处理、存储、分析、应用的过程。生产建设项目水土保持信息化监管包含区域监管和项目监管两种模式[39]。随着计算机技术的发展，人工智能在对水土保持信息化监管中发挥了重要作用。近几年全国各级水行政主管部门、水土保持事业单位、大量的第三方技术服务机构等都投入大量人力、物力和财力，基本做到年度普遍监管一次，但与强监管的要求相比仍有不足，特别是传统的监管方式受到监管效率低、投入成本大等技术性制约。因此通过大数据、人工智能、互联网、云计算等高新科技提升监管效率与水平已经成为热点问题。

# 第六章　水土资源规划方案编制

## 6.1　水资源系统规划

### 6.1.1　水资源规划的类型

根据水资源系统规划的不同范围和要求，大致可以分成以下几种类型[40]。

1）江河流域水资源规划

它是以整个江河流域为对象的水资源系统规划，也常称为流域规划。它包括大型江河流域的水资源系统规划和中小型河流流域的水资源系统规划。其研究的区域一般是按照地表水系空间地理位置划分的，以流域分水岭为系统边界。其内容涉及国民经济发展、地区开发、自然资源与环境保护、社会福利与人民生活提高以及其他与水资源有关的问题，研究的对策一般包括防洪、灌溉、排涝、发电、航运、供水、养殖、旅游、水环境保护、水土保持等内容。针对不同的流域规划，其规划的侧重点有所不同。例如，黄河流域规划的重点之一是水土保持；淮河流域规划的重点之一是水资源保护规划。

2）跨流域水资源规划

它是以一个以上的流域为对象，以跨流域调水为目的的水资源系统规划。跨流域调水，涉及多个流域的社会经济发展、水资源利用和生态与环境保护等问题。因此，其规划考虑的问题要比单个流域规划更广泛、更深入，需要探讨由于水资源的再分配可能对各个流域带来的社会经济影响、生态与环境影响，也要探讨水资源利用的可持续性以及对子孙后代的影响和相应对策。

3）地区水资源规划

它是以行政区或经济区、工程影响区为对象的水资源系统规划。其研究的内容基本与流域水资源规划相近，其规划的重点视具体的区域和水资源功能的不同而有所侧重。例如，有些地区是洪灾多发区，水资源规划应以防洪排水为重点；有些地区是缺水的干旱区，则水资源规划应以水资源合理配置、节水与水资源科学管理具体途径为重点。

4）专门水资源规划

它是以流域或地区某一专门任务为对象或某一行业所作的水资源规划。例如，防洪规划、水力发电规划、灌溉规划、城市供水规划、水资源保护规划、航运规划以及某一重大水利工程规划（如三峡工程规划）等。

按规划期可以划分为长期规划和近期规划。对全国水资源规划、大型江河流域水资源规划等范围较大的水资源规划而言，长期规划的规划期通常为20～30年或更久一些，即与国家战略规划、国土规划等的规划期一致，以利于水资源长期规划的实施；近期规划则为10～15年。对小范围的水资源规划，规划期则根据不同情况略短一些。

### 6.1.2　水资源规划的主要目标和原则

水资源综合规划的主要目标是，在查清水资源的现状后，提出水资源合理开发，高效利用、优化配置、全面节约、有效保护、综合治理、科学管理的布局和方案，以水资源的可持续利用支撑经济社会的可持续发展，作为今后一定时期内水资源开发利用与管理活动的重要依据和准则[41-42]。

鉴于水资源系统是社会系统、自然系统的一个重要的组成部分，水资源系统规划是关系国计民生、社会经济发展、生态与环境保护的一件大事，在制定水资源系统规划时，要给予高度重视。要在力所能及的范围内，尽可能充分考虑社会经济发展、水资源充分利用、生态与环境保护的协调；尽可能满足各方面的需求，以最小的投入获取最满意的社会效益、经济效益和环境效益。在制定水资源系统规划时，一般应遵守以下原则。

1）从全局出发，统筹兼顾局部要求的原则

水资源规划实际上是对水资源系统本身的一次人为再分配，因此，只有把水资源本身看成一个系统，从整体的高度、全局的观点来分析水资源系统、规划水资源系统，才能保证总体最优的目标。一切片面追求某一地区、某一方面作用的规划都是不可取的。当然，“从全局出发”并不是不考虑某些局部要求的特殊性，而应该是从全局出发，统筹兼顾某些局部要求，使全局与局部辩证统一。

2）系统分析与综合开发利用的原则

如前所述，水资源规划涉及多方面、多部门、多行业，同时水资源供与需很难完全一致。这就要求在做水资源系统规划时，既要对问题进行系统分析，又要采取综合措施，尽可能做到一水多用、一库多用、一物多能，最大可能满足各方面的需求，让水资源创造更多的效益，为人类做更多的贡献。

3）坚持按经济规律治水的原则

要适应经济管理体制的要求，认真研究产权、水权、水价、水市场等问题，研究体制、机制、法律法规问题。要科学制定水资源开发、利用、配置、节约、保护、治理的有关经济政策，利用经济手段调节水事活动，发挥政府宏观调控和市场机制的作用。

4）科学治水的原则

要广泛应用先进的科学技术和现代化的技术手段来科学配置水资源，以缓解面临的主要水资源问题。

5）因时因地制定规划方案的原则

由于水资源系统不是一成不变的，而是一个动态的、与人类活动密切相关的系统。水资源系统不断发生变化，社会、经济和科学技术不断向前发展，因此，在做水资源规划时，既要因时因地、合理选择开发方案，又要留适当的余地，考虑各种可能的新情况的出现，方案应具有一定的“应付”能力。同时，要用发展的观点，随时吸收新的资料和科学技术，分析新出现的问题，及时调整水资源规划方案，以满足不同时间、不同地点对水资源规划的需要。

无论什么类型的水资源规划，在最终选择水资源规划方案时，既要考虑所选方案的经济效益，又要考虑方案实施的可行性，包括技术上是可行的、经济上是可行的、时间上是可行的。如果不考虑“实施的可行性”这一原则，往往制定出来的方案不可实施，成为一纸空文。

## 6.2 水资源规划方案编制

### 6.2.1 水资源规划编制基本流程

1）形成计算方案集

由于水资源配置具有多水源、多用户、多工程的特点，综合规划方案形成了一个极为复杂的多维空间，所以不可能将所有方案组合一一列出。应依据流域或区域的社会、经济、生态、环境等方面的具体情况，有针对性地选取增大供水、加强节水等各种措施，筛选出有代表性的各类方案组合，得到配置计算的基本方案集。

综合规划方案设置本身也是一个动态的过程，通过方案—反馈—新方案—再反馈的一系列过程完成方案设置，最后得到模型计算的基本方案集。

2）选择推荐方案

从高效、公平和可持续性原则出发，在经济、社会、环境效益等方面制定具体的评比指标体系，采用适当的评价方法，对供需平衡计算或优化配置计算的结果进行分析比较，选出综合效益最好的方案作为推荐方案。对推荐方案及其主要措施还要进行技术经济分析。

推荐方案应包含各种措施的实施地点、规模和次序安排。推荐方案的选择是一个非常复杂的问题，通常要通过多方案比较进行选择，有时也应用最优化技术进行优化计算。

### 6.2.2 水资源规划管理的工作流程和内容

尽管按照不同的标准可以将水资源规划划分为不同的类型，但各种水资源规划管理的工作流程是基本一致的。水资源规划管理的工作过程通常可以分为四个阶段，即制定规划目标、分析现实与目标之间的差距、制定和选择规划方案、成果审查与实施[43]。具体工作流程如图 6-1 所示。

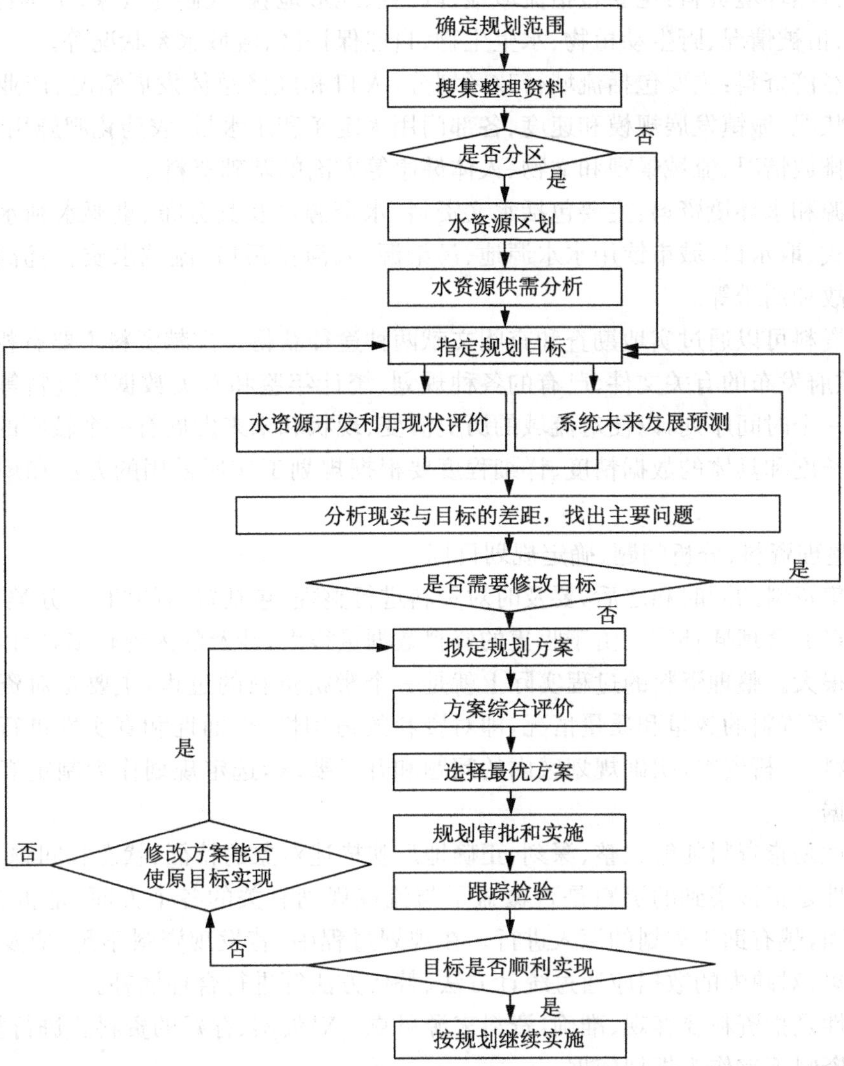


**图 6-1　综合规划工作流程**

按照上述规划管理的工作流程，现以流域综合规划为例对水资源规划的内容做详细的探讨。

1）制定规划目标阶段

制定规划目标是水资源规划管理的两大核心任务之一，是展开后续工作的基础和依据，这一阶段还包括搜集整理资料和水资源区划等前期工作。

（1）搜集整理资料

搜集整理资料是进行水资源规划管理必不可少的、重要的前期工作，对规划成果的可靠程度影响很大。流域水资源综合规划需要搜集三大类基础资料，即流域自然环境资料、社会经济资料、水资源和水环境资料。

流域自然环境资料：主要包括流域地理位置、地形地貌、气候与气象、土壤特征与水土流失状况、植被情况、野生动植物、水生生物、自然保护区、流域水系状况等。

社会经济资料：主要包括流域行政区划分、人口和经济总体发展情况、产业结构及各产业发展状况、城镇发展规模和速度、各部门用水定额和用水量、农药化肥施用情况、工业生活污水排放情况、流域景观和文物、人体健康等方面的基础资料。

水资源和水环境资料：主要包括水文资料、水资源量及其分布、重要水利水电工程及其运行方式、取水口、城市饮用水水源地、污染源、入河排污口、流域水质、河流底质状况、水污染事故和纠纷等。

基础资料可以通过实地勘查和查阅文献两种途径获得。文献资料主要有相关法律法规、各级政府发布的有关文件、已有的各种规划、统计年鉴和有关数据库资料等。多数资料需要有一个时间序列，以便对流域的历史演变、现状和未来发展有一个较好的把握。时间序列的长度和具体的数据精度、详细程度要根据规划工作所采用的方法和规划目标要求而定。

(2) 整理资料、分析问题、确定规划目标

在收集资料的同时和之后，要及时对资料进行整理，包括资料的归并、分类、可靠性检查以及资料的合理插补等。由于收集的资料数据量很大，涉及的内容较多，所以这一步的工作量也很大。整理资料的过程实际上就是一个辨析资料的过程，主要是对资料进行分类归并，了解资料的数量和质量情况，即对资料的适用性、全面性和真实性进行辨析。通过整理资料、分析资料，明确规划区内的问题和开发要求，选定规划作为制定规划方案或措施的依据。

适用性是指资料能够完整、深刻、正确地反映描述对象的特征、状态和问题。

全面性是指搜集到的资料是否覆盖了与流域规划有关的各个方面，是否有所遗漏。资料越全面，越有助于规划的深入进行。在规划过程中，若发现资料不足，应及时做补充调研和搜集；对缺失的数据应通过统计方法、替代方法等进行合理插补。

真实性是指资料要客观、准确，资料来源可靠。对失实、存疑的资料要进行复查核实，不真实的资料不宜作为规划依据。

(3) 进行水资源区划

流域规划往往涉及较大范围，各局部地区的水资源条件、社会经济发展水平、主要问题和矛盾等不尽相同，需要在流域范围内再做进一步的区域划分，以避免规划区域过大而掩盖一些重要细节。因此，区划工作在流域水资源综合规划中也是一项很重要的前期工作，便于制定规划目标和方案时更具体，更有针对性。在进行水资源区划时，一般考虑以下因素：

地形地貌。地形地貌的差异会带来水资源条件的差异，也会影响经济结构和发展模式。如山区和平原之间就有明显差别，山区的特点是产流多，而平原的特点是水资源可利用量多。

现有行政区划框架。水资源区划应具有实用性，并能够得到普遍接受，因此在分区中应适当兼顾现有行政区的完整性。各个行政区有自己的发展目标和发展战略，而流域内

许多具体的水资源管理事务仍是按行政区进行，将行政区作为一个整体有利于规划的顺利展开。

河流水系。不同的河流水系应该分开，同时要参照供水系统，尽可能不要把完整的供水系统一分为二。

水体功能。水资源具有多功能性，在进行水资源区划时应尽量保证同一区域内水资源主导功能的一致，使区划工作能够对水资源不同功能的发挥、不同地区间的用水关系的协调起到指导作用。

(4) 水资源评价及供需分析

水资源评价的内容包括规划区水文要素的规律研究和降水量、地表水资源量、地下水资源量以及水资源总量的计算。合理的水资源评价，对正确了解规划区水资源系统状况、科学制定规划方案有十分重要的作用。

在进行水资源评价之后，需要进一步对水资源开发利用现状进行分析。了解现状条件下流域用水结构、用水状况，分析目前的需水水平、存在的问题及今后的发展变化趋势，对水资源规划有指导意义。

另外，需要进一步对水资源供需关系进行分析。其实质是针对不同时期的需水量，计算相应的水源工程可供水量；进而分析需水的供应满足程度。其目的是：摸清现状、预测未来、发现问题、指明方向，为今后规划制定提供依据，从而实现水的长期稳定供给。

(5) 节约用水规划

在水资源开发利用情况调查评价的基础上，根据经济技术发展水平，对提高水资源利用效率的可能性进行分析，估算现状生活和生产用水水平在不同发展阶段的节水潜力。进行节水投入产出分析和技术经济比较，分析水价对需求的抑制作用，分类提出合理的定额指标体系和用水水平控制指标。

制定以提高水资源利用效率为核心的节水规划。分别确定农业、工业和城市的节水目标，制定实现节水目标的工程、行政、法律和经济等各类措施，并分析研究实现节水目标对水资源及其开发利用可能造成的影响。

(6) 水资源保护与污水处理再利用规划

按照可持续发展的原则，对江河湖库的水域实行“功能分区、纳污能力核定、入河总量控制”，切实保护和改善水环境。根据水资源利用和保护的要求进行水域功能区划，确定分区水质目标；根据江河湖库水域特点核定纳污能力；制定排污总量控制目标与对策，编制流域和区域水资源保护规划。

制定污水处理再利用规划。在分析水污染现状和未来利用的基础上，估算污水处理再利用的潜力，建立污水处理与再利用量和投入需求的关系；对污水处理再利用的技术与方式进行研究，加强促进污水处理再利用的机制建设，制定合理措施与规划。

(7) 水资源开发利用潜力分析与供水预测

现状供水工程潜力分析。进一步挖掘已建水源工程的供水潜力，包括地表水和地下水，当地水资源和跨地区、跨流域调水工程，通过除险加固、优化调度、配套挖潜等措施增加供水潜力。

规划供水量计算。在节水和污水处理再利用的基础上，考虑经济结构调整，根据各地水资源开发利用模式和水资源开发利用的潜力，预测不同开发利用模式与方案情况下的可供水量。

其他水源开发潜力分析。它包括海水利用、雨水及洪水利用、微咸水利用等。在摸清现状用水条件、水源分布及其特点、用户使用可行性的基础上，通过技术经济比较，估算其潜力，确定利用措施与使用用途。

(8) 水资源合理配置

水资源合理配置是指在流域或特定的范围内，遵循高效、公平和可持续利用的原则，对各种可利用水源，通过工程与非工程措施，在时间与空间尺度上，对不同区域向不同用水部门进行的需求控制、增加供给和保障生态环境安全活动的集合。

各水平年供需平衡分析。根据规划水平年的经济社会发展目标要求和水资源条件，拟定把握未来发展情势和水资源开发利用方向的可能方案及其组合，进行水资源的动态供需平衡分析，并对未来发展的需水控制方案、综合供水方案和生态环境保护方案进行多方案的分析比较。供需平衡分析原则上采用长系列调节计算的方法，并考虑水资源的重复利用。分析供水系统对满足生活、生产和生态需求量的程度，重点分析不同方案下的缺水量、缺水时空分布、缺水程度、缺水性质、缺水原因以及缺水影响等。

确定水资源配置方案。根据不同水平年水资源供需平衡分析成果，在水资源开发利用综合潜力分析的基础上，研究水资源优化配置总体目标和水资源合理配置方案；并通过不同配置方案的经济、技术和生态环境综合分析的比较，确定水资源配置方案。配置方案不仅要明确不同区域和部门水资源的最大可利用量，还要根据水资源的条件，提出区域水资源开发利用的方向和重点，缺水地区产业布局和经济结构调整的建议等。

特殊干旱情况应急对策制定。在分析流域水文情势和流域水资源配置方案的基础上，研究连续干旱年和特殊干旱年的水资源应急调配方案。

水资源合理配置中要注意处理好相互关系，并从多方面逐步实现协调与平衡：水资源开发利用与经济社会发展协调；水资源开发利用与防洪减灾和生态保护与环境建设之间的协调；地表水与地下水，当地下水与外流域调水、常规水源与非常规水源等多种水源的合理调配和联合调度；水资源调配在时间与空间尺度上的协调；水资源供给与需求的动态平衡；耗用水量与水资源可利用量之间的平衡；生活、生产和生态需水之间的协调；减少需求、增加供给和保障质量之间的协调；不同水源与用户间在水量与水质目标上的协调；利用工程措施和非工程措施进行资源调配的协调。

2) 分析差距、找出问题阶段

(1) 水资源评价

进行水资源评价是为了较详细地掌握规划流域水资源的基础条件，评价工作要遵循四项技术原则：地表水与地下水统一评价；水量水质并重；水资源可持续利用与社会经济发展和生态环境保护相协调；全面评价与重点区域评价相结合。

水资源评价分为水资源数量评价和质量评价两方面。水资源数量评价的内容主要是水汽输送量、降水量、蒸发量、地表水资源量、地下水资源量和总水资源量的计算、分析和评价。水资源质量评价内容则包括河流泥沙分析、天然水化学特征分析和水资源污染状况评价等。无论是数量评价还是质量评价，都应将地表水和地下水作为一个整体进行分析。

(2) 水资源开发利用现状分析

进行水资源开发利用现状分析是为了掌握规划流域人类活动对水资源系统的影响方式和影响程度，主要包括以下内容：供水基础设施及供水能力调查统计分析；供用水现状调查统计分析：现状供用水效率分析；现状供用水存在的问题分析；分析水资源开发利用现状对环境造成的不利影响等。

(3) 水资源供求预测和评价

在掌握了水资源数量、质量和开发利用现状后，还需要结合流域社会经济发展规划，预测未来水资源供求状况。

供水预测：预计不同规划水平年地表、地下和其他水源工程状况的变化，既包括现有工程更新改造、续建配套和规划工程实施后新增的供水量，又要估计工程老化、水库淤积等对工程供水能力的影响，科学预测各类工程可提供的水量。

需水预测：需水预测分生活、生产和生态环境三大类。生活和生产需水统称为经济社会需水，其中生活需水按城镇居民和农村居民生活需水分别进行预测，生产需水按第一产业、第二产业和第三产业需水分别预测。生态环境需水是指为生态环境美化、修复与建设或维持现状生态环境质量不至于下降所需要的最小需水量。随着可持续理念的深入人心，对生态需水的重视日益提高，科学预测“三生”需水量是规划的主要指标。

(4) 水资源承载力研究

水资源承载力是指在一定区域或流域范围内，在一定的发展模式和生产条件下，当地水资源在满足既定生态环境目标的前提下，能够持续供养的具有一定生活质量的人口数量，或能够支持的社会经济发展规模。水资源承载力的主体是水资源，客体是人口数量和社会经济发展规模，同时维持生态系统良性循环是基本前提。通过计算和评估流域水资源承载力，可以对无规划状态下流域社会经济系统与生态环境系统、水资源系统的协调程度进行判别，进一步明确流域可持续发展面临的主要问题和障碍，从而为调整规划目标、制定规划方案和措施提供理论支持。

3) 制定和选择规划方案阶段

制定和选择规划方案是水资源规划的又一核心任务，是寻找解决问题的具体措施以实现目标的关键环节，具体包括方案制定、方案综合评价和确定最终方案等工作。

(1) 方案制定

所谓规划方案就是在既定条件下能够解决问题、实现规划目标的一系列措施的组合。流域水资源综合规划中可选择的措施多种多样。同时，流域水资源综合规划的目标也不是单一的，涉及经济、社会和生态环境三个方面，并能进一步细分为多个具体目标，这些目标间常常不一定能共存，或彼此存在一定的矛盾，甚至有的目标不能量化。同一目标可以对应不同的实现措施，但各措施的实施成本、作用效果有所不同；同一措施也会对不同目标的实现均有所贡献，但贡献率各不相同，这就使得措施组合与目标组合之间的作用关系十分复杂。因此，在流域水资源规划中常常需要制定多个可能的规划方案，通过综合分析和比较来确定最终方案。

水资源综合规划方案的设置涉及用水、供水、配水等多个方面。用水方面主要受经济社会发展和节水实施的影响，涉及一般措施下经济社会需水方案、强化节水下的经济社会需水方案以及生态环境需水方案等。供水方面涉及地表水工程建设规划、地下水开采利用规划、污水处理再利用规划、非常规水源利用规划、跨流域调水规划等。运行管理方面涉及不同用户优先级、水源利用次序、水利工程调度方式等。相关各方面内容一般本身又包含多个方案，将以上各个方面的方案有机结合起来形成可行方案集。针对方案集中的每一种组合进行计算，依据一定的比较准则选择出推荐方案，如图 6-2 所示。或根据规划问题和目标，拟定若干规划方案，进行系统分析，采用数学模型方法，优选得到规划方案。

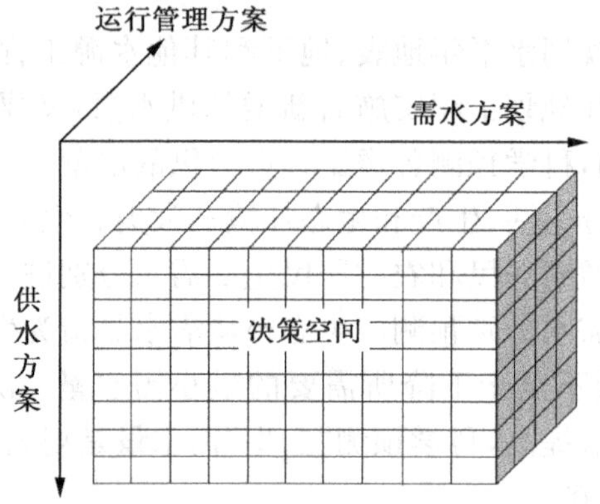


**图 6-2　水资源配置方案空间**

水资源开发利用布局与实施方案制定内容：

① 制定水资源开发利用的总体布局。在对各类增水、减需、防污和保护措施及其组合方案分析比较的基础上，结合水资源合理配置研究中对各种组合方案的综合比较，评价规划措施对缓解流域及区域水资源短缺和改善水环境与生态的作用，确定各类地区的开发利用方向与模式，确定各项措施实施的优先顺序和相互之间的配合关系及水资源开发利用的总体布局。

② 制定节水规划措施实施方案。

③ 制定水资源保护及污水处理再利用规划实施方案。

④ 制定各类供水水源工程的实施方案，规划各类（项）水源工程建设的实施顺序，包括蓄水、引水、提水、调水等工程。

⑤ 制定其他水源的开发利用实施方案，确定其开发利用模式与控制指标，包括海水利用、微咸水利用、雨水及洪水利用等措施的实施方案。

⑥ 制定各类水资源工程的建设方案和管理方案。

⑦ 制定规划实施方案的投资计划和资金筹措方案。

⑧ 评价各类规划工程的实施效果，包括对经济社会发展及生态环境改善的影响。

(2) 方案综合评价

对已制定的不同方案，要采用一定的技术方法根据规划目标、要求和资料的情况，进行社会、经济和环境等多准则综合评价，最终确定水资源规划方案；要全面衡量各方案的利弊，为选择最终方案提供参考。拟定的方案应尽可能反映各方面的意见和需求。评价内容主要包括以下方面：

① 目标满足程度。根据规划开始时制定的规划目标，对每一非劣方案进行目标改善性判断。由于流域综合规划的多目标性，期望某一方案在实现所有目标方面都达到最优是不现实的。因此，首先要对各方案产生的各种单项效益标准化，并对有利的和不利的程度做出估量，然后加以综合判断。各规划方案的净效益由该方案对所有规划目标的满足情况综合确定，综合评价时应区分“潜在效益”(可能达到的收益)与“实际效益”，这些效益在规划方案的反复筛选和分析过程中，可能使某些“潜在效益”变成“实际效益”，或变成无效益。

② 效益指标评价。对各规划方案的所有重要影响都应进行评价，以便确定各方案在促进国家经济发展，改善环境质量，加速地区发展与提高社会福利方面所起的作用。比较分析应包括对各规划方案的货币指标、其他定量指标和定性资料的分析对比。分析对比应逐个方案进行，并将分析结果加以汇总，以便清楚地反映出入选方案与其他方案的利弊。

③ 合理性检验。规划作为宏观决策的一种，必须接受决策合理性检验。对宏观决策而言必须有一定标准可对决策方案的正确性进行预评估，这个标准一般包括方案的可接受性、可靠性、完备性、有效性、经济性、适应性、可调性、可逆程度和应变能力等。

(3) 确定最终方案

经过综合分析和评价，在充分比较各待选方案利弊的基础上确定最终规划方案。由于流域综合规划的多目标性，各方案之间的优劣不能简单判别。确定最终方案的过程是一个带有一定主观性的综合决策过程，定量化计算评价的结果只能作为筛选方案的依据之一，决策者的价值取向、对问题的特定看法、政治上的权衡等都会对结果产生很大的影响。

4) 成果审查与实施阶段

这是水资源规划管理的最后一个阶段，直接关系到整个规划管理工作的实际成效，包括规划成果审查、安排详细的实施计划、提供保障条件以及跟踪检验等工作。把规划成果按程序上报，通过一定程序进行审查，如果审查通过，就可以安排实施；如果提出修改意见，就要进一步修改或重做。由于水资源规划是一项十分复杂、涉及面较广的系统工程，在做实际规划时，很难一次就拿出一个让所有部门和每个人都十分满意的规划，经常需要多次的反馈、协调，直至认为规划成果比较满意为止。另外，我们还要看到，随着外部条件的改变以及人们对水资源系统本身认识的深入，需要随时对规划方案进行适当的修改、补充、完善。

编制完成的规划，应按照一定的程序递交管理部门进行审查。经过审查批准的规划才具备法律效力，能够真正指导实际工作；如果审查中发现了问题，提出了意见，就要做进一步的修改。规划的顺利实施需要一定的外部保障条件，包括健全相关的法律、法规和配套规章制度、加强政府的组织指导和协调工作、明晰各部门的责任、保证资金投入、加强宣传教育、鼓励公众参与等。在实施过程中，还应进行跟踪检验，其目的是检验原规划目标的实现情况，识别障碍因素；评估规划实施对各方面产生的影响，掌握系统和环境的变化情况，发现新的问题，及时对原规划进行修改和完善。

## 6.3 土地资源规划

1）土地利用规划的概念

土地利用是人类通过一定的行动，利用土地的特性来满足自身需要的过程。土地利用规划是指在一定规划区域内，按照国家社会经济可持续发展的要求以及区域的自然、社会经济条件，对土地资源的开发利用、治理保护等在时间和空间上所做的安排和布局。因此，土地规划的主要任务体现在两个方面：一是在国民经济各个用地部门之间和农业各业之间合理地分配土地，使之形成一个与经济结构相适应的、合理的土地利用结构；二是把各种用地尽可能配置在合适的土地利用类型上，以形成各种用地合理的空间组合和布局格式，从而达到最佳的经济、生态、社会效益[44]。

2）土地利用规划的性质

研究土地利用问题将涉及多种学科，合理组织土地利用也必将涉及自然、社会经济、技术及其边缘学科的诸多知识领域。因此，土地利用规划需要的知识跨度很大，要综合运用有关学科的技术和知识[45]。

（1）学科方面，要了解和掌握地理学、农学、畜牧学、耕作学、植物生理学、气象学、水文学和土壤学等学科知识，这是规划设计的基础。

（2）专业方面，要掌握土地资源学、土地经济学、土地法学、城镇规划和地籍管理，这是设计的必要专业基础。

（3）技术方面，要掌握编图、绘图、规划设计技术、数学、遥感图像处理和GIS技术等。

根据规划的性质和目的，可分为：

土地利用总体规划：用于宏观土地利用规划，是各级政府按照行政辖区，从全局利益、长远利益出发，对城乡全部土地的开发、利用、整治和保护，在空间、时间上所做的统筹安排和统一规划。

土地利用专项规划：单项用地规划，兼有微观与宏观规划的性质，主要为解决某项用地的开发、利用、整治、保护等具体问题而进行的规划。

土地利用规划设计：用于微观土地利用规划，主要是为解决土地使用（所有）单位内部的土地开发、利用、整治、保护等具体问题而进行的规划，有较强的工程技术性质。

# 6.4 土地利用总体规划

土地利用总体规划是在一定规划区域内，根据当地的自然和社会经济条件以及国民经济发展的需求，对土地资源在各部门之间的合理配置以及对土地的开发、利用、整治、保护进行统筹协调、合理安排的长期性战略规划。为了充分、科学、合理地利用每寸土地资源，正确解决农业用地与建设用地、人口与土地之间的矛盾，不断改善生态环境，为国民经济各业发展提供良好的土地条件，促进社会、经济、生态效益协调可持续发展，编制土地利用总体规划是一项十分重要的工作。其组织部门为各级人民政府；规划对象为规划区域内全部土地资源；规划任务为宏观调控和均衡各业用地；规划内容为合理安排土地利用、开发、保护和整治；规划效果为取得最佳生态、经济、社会的综合效益。

## 6.4.1 土地利用总体规划目标、原则及内容

土地利用总体规划的目标是在土地利用结构研究的基础上，根据国民经济社会发展的长期规划对土地资源的需求、土地资源的供给状况、土地的人口承载力和土地利用战略的研究成果，提出规划年所应实现的土地利用目标。规划目标不应是抽象的，而应是具体的、可量化的。规划目标的具体内容主要包括以下几个方面：

1）耕地保护目标

耕地保护是土地利用总体规划里最重要的目标，要按照耕地总量动态平衡的原则和确保耕地总量目标实现的要求，明确规划期耕地保有指标，基本农田保护区面积指标，占补平衡的主要指标等。

2）建设用地控制目标

根据优先满足国家、省和地方重点建设项目和基础设施建设用地的原则，确定重点建设用地规模及其占用耕地的指标，同时使建设用地总量得到有效控制。

3）用地结构目标

对保障各业用地的基本需求、合理调整土地利用结构、优化土地资源配置提出总体要求，确定土地利用结构调整方向以及规划期内各业各类用地的比例结构。

4）土地开发、整理、复垦目标

适度开发宜农土地，把土地整理和复垦作为增加各用地供给量特别是补充耕地的主要措施，确定土地整理和复垦的数量，同时确定宜农后备土地资源合理开发的规模。

5）土地生态环境目标

从实现土地可持续利用的角度，提出改善生态环境的基本目标，如确定退耕还林、还草、还湖面积，治理水土流失面积等。

编制总体规划应遵循的原则：

1）总体控制，逐项规划布局

土地治理规划措施，涉及农业、工业、交通、水利、城镇开发等一系列行业，形成了规划

内容的广泛性。因此，规划中需要总体控制，逐项规划布局。要根据土地开发、保护、治理的要求，考虑措施的功能及施工时间顺序的特点，先安排控制性工程项目，做到先控制，后细部，先总体，后局部。要做到统筹安排，层次分明。

2）先近后远，远近期规划相结合

充分考虑规划措施实施的序列，根据当地国民经济发展的要求，以及当地经济技术水平及治理措施的可行性，分别制定土地利用规划分年度实施方案。规划项目的实施，要立足于近期并考虑长远发展的要求，与当地经济发展相符并具有适当的前瞻性。

3）开发与治理相结合，满足可持续发展战略

土地是自然界的有限资源，土地资源的脱化、耕地的缩小已成为人类生存的主要威胁之一。土地的开发规划一定要与治理规划相结合，把生态环境保护、水土保持工程规划、小流域治理与土地开发、整治紧密联系起来，满足“谁开发、谁保护”原则，满足社会经济可持续发展对土地资源的要求。

4）经济评价、多方案比较

土地开发治理规划要通过不同方案比较进行优选。方案优选主要根据规划措施可行、治理效益最佳、投资最少和土地治理效果最好等标准进行方案对比，选出最佳方案。

土地利用总体规划的基本内容包括以下几个方面：

1）确定土地利用总体规划的目标和任务

2）进行土地利用现状和潜力分析

3）预测规划期内人口发展规模和各类土地需求量、供给量

4）综合平衡各业用地，合理调整土地利用结构和布局

5）确定土地整理、复垦、开发、保护分阶段任务

6）提出实施规划的政策、措施

（1）分区研究土地利用方向。

（2）分区研究部门用地规模、结构与布局方案。

（3）分区提出保证实施规划的政策与管制规则。

7）安排重点建设项目用地

8）分解下达用地指标

9）制定实施规划的措施

### 6.4.2 土地利用规划编制程序

土地利用规划编制主要包括组织准备；基础资料收集；编制土地利用总体规划文本；规划协调论证；规划评审；规划报批等。下面以县级土地利用规划为例进行阐述。

1）组织准备

规划班子应由多层次、多学科、多方面的人才组成，组织准备由县政府领导以及相关部门领导组成，可包括土地、城建、计委、畜牧、水产、水利、交通等部门，主要负责土地利用总体规划编制工作的组织和协调、土地利用总体规划方案的论证和验收工作。专业队伍则负责开展编制土地利用总体规划所需的各项专题研究以及土地利用总体规划方案的具

体编制工作。另外，根据实际情况，有些县还举办主要用地部门专业人员规划培训班，以提高专业班子的业务水平。

2）基础资料收集

基础资料收集包括土地自然性状调查、社会经济因素调查和土地利用现状调查。其中土地自然性状调查包括：地形地貌资料，土壤资料，植被资料，水文资料，农业气候资料和自然、人文景观资料。社会经济因素调查包括：地理位置与交通条件，农业生产能力、生产潜力和生产环境条件，人口及劳动力情况，工矿企业分布与产出，区域的形状、形态特征。土地利用现状调查包括：农、林、渔、牧、副、工、居、路各业用地的生产情况、利用水平、用地的环境质量等。

3）编制土地利用总体规划文本

（1）确定规划期内土地利用方式。

土地利用方式是在一定自然、经济和社会背景下的土地利用种类，我国土地利用现状共分为12个一级类。根据地区规划的目的，以及国民经济、社会发展趋势预测，明确土地利用的方向和重点，应尽可能详细、准确地描述土地利用方式。有些土地资源，在规划初的利用方式就是明确的（例如耕地）；也有一些土地资源，在研究开始时，其未来用途尚不清楚。随着社会、经济的发展，土地利用方式，特别是城郊结合处的土地利用模式处于动态变化之中，应采用相关分析、时间序列分析等动态预测方法，指标对比分析法，根据不同的规划标准，对土地利用方式进行科学的分类。随着调查的进展和新的定量数据的获得，可对预测结果进行不断地补充、完善。

（2）土地适宜性评级。

土地适宜性评价是对区域土地资源进行宜农、宜林、宜水产养殖类和不宜类评价，掌握区域各类适宜性的土地资源的数量、质量、限制因素及其分布；摸清各类适宜性土地后备资源的数量及其分布；评价出利用不合理的土地资源的数量及其分布；对土地资源的利用潜力和生产潜力做出评价，从而为土地供给量预测、土地利用结构调整和布局、土地利用分区提供依据。在进行土地适宜性评价时，可通过增加评价指标和细化评价单元等工作，将土地适宜性评价引申至评估和划分出农地的质量等级，以适应市场经济的要求。

（3）水土平衡分析。

在土地利用现状分析评价的基础上，预测各类用地的供给量，分析研究国民经济和社会发展规划及各业发展规划对用地的需求，预测各类用地的需求量，根据土地供给量和各类用地的需求量，分析土地供需趋势。它为有计划、因地制宜、合理安排农业和非农业用地提供依据，为协调产业用地矛盾，加强土地利用科学管理和宏观控制，编制土地利用总体规划提供依据。具体预测包括土地需求量预测、人口预测、消费水平预测、作物产量预测、生产潜力预测、土地人口承载量预测等方面。

（4）工程规划根据土地利用方式，对工程进行规划，工程规划包括两方面的内容：

① 对以土地资源为载体的开发工程项目（如工业区、交通、农业开发等）进行初步规划，确定土地利用数量、范围、工程投入产出、工程效益及土地报酬率等。

② 对土地资源本身进行规划，这是土地资源计算的重点。内容包括土地利用方式调

整的可行性、合理性分析，调整后土地资源的补偿措施，土地资源保护工程规划等。例如农业开发工程，土地规划应包括以下内容。

a. 土地灌溉与排水工程规划。

b. 农业种植模式及农村经济发展规划。

c. 土地利用与低产田治理规划。

d. 居民点及道路交通工程规划。

e. 农村防护林带规划。

f. 水土保持及生态农业工程规划。

4）拟定供选方案阶段

在土地利用总体规划的编制中，编制方案是总体规划的核心，而土地利用总体规划方案的核心又是土地利用调整指标的确定和土地利用分区的划定。县级土地利用总体规划报告应包含以下内容：根据社会经济发展的需要和土地资源条件，确定全县规划期内土地利用的目标以及为实现这一目标应遵循的土地利用方针：拟定规划供选方案，根据规划方案制定各类用地指标；合理调整土地利用结构和布局，确定土地整理、复垦、开发和保护分阶段任务；土地利用分区确定行区土地利用管制规则，包括划定基本农田保护区和配置重点建设项目用地；将全县土地利用指标分解落实到各乡镇；制定实施规划的政策和措施。除了土地利用总体规划文本（初稿）以外，还要形成土地利用总体规划说明和规划底图。

5）方案选优与可行性论证阶段

规划编制完成后，将土地利用总体规划的初稿和说明在省、市、县、乡之间，国民经济各部门之间和各业用地之间进行反复协调，然后由县政府、县委、县人大、县政协四套班子领导审议，再组织专家进行规划的可行性论证（技术、组、效益）和评审。

6）规划审批和实施阶段

规划报告编写完成后，要履行审批手续，形成一个规范性文件。根据审批手续，上一阶段评审合格的土地利用总体规划经同级人民政府审核同意后，由县人民政府报省人民政府批准，并报上级土地管理部门备案，最后由同级人民政府公布实施。

拟定实施规划的措施，同时对规划进行动态监测，根据规划和实际的差距以及反馈信息，进行规划调整和修改，根据实际情况回到第一步，进行又一轮规划分析。

### 6.4.3 土地总体规划成果

土地总体规划成果包括规划文本、规划说明、规划图件和规划附件。

1）规划文本

(1) 前言。

(2) 项目区概况。

(3) 规划目标与方针。

(4) 规划方案。

(5) 规划方案评价。

(6) 实施规划的措施。

2）规划说明

（1）编制规划的主要过程。

（2）指导思想、原则、任务及依据。

（3）规划中若干具体问题的说明。

3）规划图件

（1）土地利用现状图：比例尺恰当，面积较大时应分幅编制。主要内容应包括境界线、土地权属界线、地类界及符号、线状地物、明显或重要地物点。图例应符合《土地利用现状调查技术规程》及 GB/T 20257.1—2017、GB/T 20257.2—2017 和 GB/T 20257.3—2017。

（2）土地利用总体规划图编制要求如下：

① 以土地利用现状图为基础进行编制。

② 主要内容：必要的地理要素、设计高程、水流方向；沟、路、林、渠及建（构）筑物等的位置；居民点及工矿用地布局、权属界限等。

③ 图面配置内容应包括：图名、图廓、方位坐标、坐标系统、指北针、邻区名称界限图签栏等。

④ 图例应符合规范要求。

4）规划附件

包括规划编制的工作总结和技术报告、专题研究报告和图件与其他资料汇编等，具体有：

（1）土地利用总体规划工作总结和技术报告。

内容主要包括：规划的组织领导、参加人员，工作方案，规划内容与专题设置，所采用的技术路线和技术方法，完成的规划成果，编制规划的经验、体会和建议等。

（2）专题研究报告和图件。

调查研究和规划协调过程中形成的各种专题报告，包括土地利用现状分析、土地适宜性评价、土地供需预测、土地战略研究以及土地利用总体规划与城镇规划协调情况报告，基本农田保护区规划。具体的研究项目视各地具体情况而定。专题研究图件主要是土地适宜性评价的系列评价因子图以及土地适宜性评价图等。

## 6.5 土地利用专项规划

土地利用专项规划是实施土地利用总体规划的重要技术措施，它既以总体规划为依据和指导，又是总体规划方案在专项土地利用上的深入和补充，具有较强的针对性和专一性，是土地利用总体规划的有机组成部分，是实现土地利用总体规划的重要技术措施。土地利用专项规划是在土地利用总体规划的框架控制下，针对土地开发、利用、整治和保护的某一专门问题而进行的规划，是对土地利用总体规划的补充和深化。它包括如土地开发、土地治理、土地保护、土地复垦和土地整理等几方面的规划。

1）土地利用专项规划的特点

（1）针对性。对规划区域的土地开发、利用、整治和保护中的某一专门问题或某一类型的土地使用问题进行规划，因而具有很强的针对性。每一种专项规划只涉及一种用地或一类用地，是对土地利用某一方面的深入研究。因此，规划内容和目标都比较单一。

（2）局部性。只是规划区内的部分土地。在一定时期，需要开发、利用、整治和保护的土地只是局部存在的，因而土地利用专项规划是相对规划区内部分土地而言的。

（3）实用性。相对土地利用的某一专门方面的问题进行规划，规划的内容、措施、解决的土地利用问题都比较详尽，其实用性和可操作性较强。

2）土地利用专项规划的性质

（1）宏观性。土地利用专项规划是针对区域内某一类用地进行规划，规划的范围一般是一个行政区域，如县、市，或是一个流域和开发区。从规划内容分析，土地利用专项规划是对某项用地进行组织利用，协调该项用地与其他用地矛盾。再从时间上分析，土地利用专项规划的规划期一般与土地利用总体规划期一致，规划期比较长，因此，土地利用专项规划也具有宏观概括性。

（2）微观性。相对土地利用总体规划，土地利用专项规划是针对某一专项用地，主要研究该专项用地的开发、利用、整治和保护问题，而不是对该区域内所有用地进行规划；其规划成果只对某一部门或某一单项用地的组织利用具有实施指导意义。

### 6.5.1 土地开发规划

土地开发是人类通过一定的行政、经济、技术的手段，扩大对土地的有效利用范围，提高土地利用深度，以满足对土地不断增加的需求。土地开发包括两方面的含义，一方面是指土地利用范围的扩大，即对未利用土地的开发，如把荒山、荒滩、海洋等转化为可利用的土地；另一方面是指土地利用深度的开发，如把已经利用但利用尚不充分，生产效益低下的土地，包括中低产田、盐碱地以及与城市基础设施不配套的老城区等加以改造提高，使其利用充分，效益提高。从这两方面可以看出，土地开发是通过各种手段挖掘土地的固有潜力，提高土地利用率，扩大土地利用空间与利用深度，充分发挥土地在生产生活中的作用的过程。

土地开发规划是通过对区域内具有一定开发潜力和开发价值的土地进行自然、社会、经济评价和开发的可行性论证，以确定土地开发利用目标、开发方式、开发模式，制定实现土地开发目标应采取的措施和对策的一项措施。这也是对规划地区内待开发土地的开发利用所作的全面安排或设计。

#### 6.5.1.1 土地开发规划的任务

1）确定土地开发的目标和方向

2）制定土地开发规划方案，提出土地开发的具体措施

3）提高土地利用率

4）提高土地生产力

5）通过规划，保护和改善生态环境

6.5.1.2　土地开发规划的类型和内容

综合性开发规划的内容：

综合开发规划是对区域内土地开发的全面系统的部署。它以土地利用总体规划确定的土地开发指标为依据，综合考虑区域社会经济发展的要求、土地资源的特点及土地开发的技术、资金条件等，拟定区域土地开发的规模、地点、开发的先后次序，确定待开发土地的用途。一般来说，综合开发规划的内容主要包括以下几方面。

1）待开发土地的调查和评价

在对待开发土地资源的自然和社会经济条件进行调查研究的基础上，评价土地的适宜用途，分析土地开发的有利条件和限制因素，明确待开发土地开发的难易程度。

2）土地开发的可行性论证

包括土地开发的生态平衡、经济效益、开发的技术、政策、资金条件等方面的可行性论证。

3）确定土地开发目标

土地开发目标是土地开发要达到的结果，可以表现为土地开发的社会、经济、生态效益，开发土地的总体规模及各种用途土地的数量等。目标可以是单一的，也可以是多方面的。综合开发规划目标一般分为中期和远期目标。

4）确定待开发土地的利用结构和布局

根据土地条件和土地需求状况，确定待开发土地的利用类型及数量，并根据开发土地的分布情况，合理确定各地的土地开发量及开发用途。

5）确定土地开发模式

确定采用哪种方式进行土地开发。

6）确定开发次序和速度

对土地开发作出时间上的安排。

7）制定土地开发资金计划及实施措施

确定土地开发的资金筹集及使用方式、制定实施规划方案的政策、技术、经济等措施。

项目开发规划的内容：

项目开发规划是对具体地块、区段土地开发的规划设计。它应根据综合开发规划的要求编制。项目开发规划的内容主要有以下几方面。

1）待开发地段的勘测、评价及社会经济条件调查

2）土地开发的可行性论证

3）土地开发的目标和方向

4）开发区的总体布局

5）土地开发的技术方法及资金筹集方式

6）土地开发的实施计划

6.5.1.3　土地开发规划编制程序

1）初始商讨阶段

初期研讨会，提出问题，提出设想，确定开发目标。

2）准备阶段

包括组织准备和资料准备。

3）编制开发规划阶段

（1）土地资源开发可行性分析。

（2）待开发土地资源评价。

（3）确定开发方向、目标和规模。

（4）确定待开发土地利用结构和布局。

（5）土地开发方案的评价。

（6）确定开发方案。

6.5.1.4　实施阶段

制定开发措施，保障规划实施。着重从加强领导、制定优惠政策、合理组织开发形式等方面考虑。如：组织集体开发；确定人力、物力、资金的投入水平；确定规划的实施方法步骤；编制土地开发计划，包括中期和年度开发计划，确保土地开发规划的落实。

6.5.1.5　土地开发规划的主要成果

1）待开发土地资源现状图

主要反映出待开发土地资源的数量、分布、质量等，可以和土地利用现状图合为一份。

2）待开发土地适宜性评价图

一般采用多宜性评价方法，往往和土地适宜性评价图合为一份。

3）土地开发规划图

把待开发土地资源开发规划方案标绘在图上，还可将开发利用方向及实施计划的不同年实施部分用不同颜色和不同符号区分开来。

4）土地开发规划报告

应包括如下几方面内容：

（1）规划区基本概况，包括自然社会经济情况，地理位置等。

（2）规划区待开发土地资源的开发可行性分析，待开发土地资源的评价及开发潜力分析的有关内容。

（3）制定开发原则，确定开发目标、开发方向。

（4）编制规划方案及择优的依据。

（5）实施规划的措施。

### 6.5.2　土地治理规划

土地治理规划是在对土地受损范围、受害程度、受损源、生产力水平以及资金状况等方面研究的基础上，提出整治土地、恢复地力的计划和方案。土地治理类型包括：土地侵蚀治理、土地沙化治理、土地盐碱化和次生盐碱化治理、土地潜育化和次生潜育化治理、土地污染治理、土地复垦。其原则是：全面规划，综合治理；明确主攻方向，因地制宜治理土地；从实际出发，措施可行；远近结合，力求实效；保持土地生态平衡。

土地治理规划程序如下：

1）准备工作阶段

（1）建立组织、统一领导。

（2）制定计划、明确任务。

（3）收集资料、调查研究。

2）实际调查阶段

（1）调查方法。

① 普查主要是地域性普查。

② 重点调查主要是在普查的基础上，对土地治理地域的各治理区进行重点调查。

③ 典型调查主要是在治理地域内，对具有代表性的治理地区进行的调查。

（2）调查内容。

① 地理景观调查主要是利用现有图纸资料，通过实地踏勘，调查治理区的地域范围和自然景观及经济建设布局情况。

② 土地自然因子调查。

a. 地形地貌调查：包括地形地貌类型；地面构成物质及地面危害程度等。

b. 土壤调查：调查中，重点放在土属和土种，包括土壤分布、土壤肥力、土壤质量等。

c. 植被调查：包括调查荒地资源的分布、分类及适宜方面；植被群落构成、覆盖率、载畜和产草情况等。

d. 水文调查：调查流域内河流情况，包括流速、流量、含沙、水分年内及年际分配、频率、径流面积、径流深、径流量等；以及地下水类型、补给条件和地下水静动贮量、可开采量和可利用量、地下水埋深、水质特征等。

e. 能源资料调查：主要是与治理区有直接关系的能源。从治理措施能源保证的角度进行调查，包括水能、太阳能等。

③ 土地资源调查。

a. 土地利用现状调查：查清土地利用现状，包括农、林、牧、副、渔业用地分布、面积、范围；查清各业用地的生产情况、利用水平；查清受害土地的分布、各业用地的危害程度。

b. 土地质量调查：调查土地由于社会因素和自然因素影响的地面构成和质量状况；调查耕地的生产能力、生产潜力及集约经营情况、土地质量的分级情况。土地质量分级即土地生产力分级可按全国统一标准分为八级。

c. 土地污染调查：主要调查未经处理和处理后不符合标准的工业废水和城市污水。其由于含有毒有害元素而造成地下水和土地污染。调查还包括查清污染源、污水网布局和排污情况、污染面积和分布等。

④ 土地综合治理措施现状调查。

a. 工程治理措施：调查排灌工程的水源、输水系统、田间工程及泄水区工程分布、配置；排灌水方式及设计标准和受益面积；机电井布局、结构、数量及配套情况；排灌泵站分布、容量及效益；水工建筑物的配置及设计标准；电力线路走向、电压、输电能力、变电设备布局及容量和柴油机械容量及能源的保证情况。

b. 生物、农业治理措施调查：各种防护林的布局、结构、类型、标准及防护效益；护草的分布、面积、类型、覆盖率、草种、轮作方式及草地管理、保护技术等；作物布局形式、种植比例、作物种类构成、耕作制度和施肥及种养结合情况。

c. 田块调查：包括工程与生物、生物与农业、工程与工程措施之间的组合形式，田块规划及方(条)田设计指标与参数。

d. 工程管理调查：包括工程管理运用情况、效益及有关制度、监测预报系统布设、测试项目能力及效果等。

e. 道路、居民点调查：道路系统的级别、配置、走向、路面质量；道路的货运量、货运方向及内外交通联络状况。居民点的布局、规模、服务半径、环境卫生、建筑物状况；居民点人口、户数、劳动力构成情况。工矿企业类型、分布、数量和生产能力。

3) 规划阶段

(1) 编制规划的程序。

首先，明确治理地区的治理方向、要求和达到目标，根据土地的自然特征、危害情况，确定治理主攻方向和途径；其次，制定规划项目，根据其治理的主攻方向，按其措施的适宜性和可行性，确定主导措施和配合措施；最后，确定措施指标和规划设计标准。

(2) 编制规划的方法和要求。

① 总体控制，逐项规划布局。

② 先近后远，远近期规划相结合。

③ 经济评价、方案比较。

(3) 编制规划的成果。

一般包括土地治理规划成套图、规划方案及附件。

### 6.5.3 土地整理规划

土地整理是对土地利用的调整和治理，它是通过对土地利用生产环境的改善及生态景观建设，消除土地利用中对社会经济发展起制约或限制作用的因素，促进土地利用的有序化和集约化，从而提高土地利用效率的工程技术手段及相应的政策措施。其实质是通过对土地利用环境的建设，不断提高土地质量，来满足社会经济可持续发展对土地资源的要求，保证土地资源可持续利用的土地生态建设措施和手段。

土地整理的内容是随着一个国家经济、社会的发展而不断变化的，土地整理包括农用地整理和非农地整理。现阶段土地整理一般指农村地区土地管理，是指在一定区域内，依据土地利用总体规划，采取行政、经济、法律和技术手段，对田、水、路、林、村等综合整治，调整土地关系，改善土地利用结构和生产、生活条件，增加可利用耕地面积，改善农业生产条件和生态环境，提高土地利用率和产出率的国家措施。

具体土地整理的内容参见第四章。

# 第七章　水土资源预测方法

## 7.1　预测的内容及步骤

水土资源是自然界的动态资源，其数量和质量随自然环境因子的变化及人类活动的影响而不断变化。预测是一种预计和推测，是研究事物规律，判断未来的科学。水土资源预测就是通过对过去和现在水土资源开发整治中量和质变化、发展规律的研究，来预测未来发展趋势和状况，为项目规划和决策提供科学依据。

预测不是简单的估计，而是通过大量调查研究、科学实验及以多年基本数字资料积累为基础，经过科学分析，即预测分析，通过已知判断未来的科学方法。预测分析所采用的方法称为预测技术。预测可以提供多种方案供比较选择，为区域水土资源的决策、规划和管理提供科学依据。

水土资源的综合性、系统性及自然、经济要素的随机性和复杂性，决定了其预测的内容。除了市场需求预测外，还要进行资源潜力、容量变化、生态环境、治理趋势、用地构成，乃至投资效果、社会效益等多方面的预测，以满足不同层次、不同阶段、不同深度的规划、管理要求。

### 7.1.1　水土资源预测的内容

1）水土资源开发与利用趋势预测

水土资源开发与利用趋势预测内容包括：预测土地资源、水资源、农业自然资源等开发利用潜力及变化趋势，土地资源类型、生产能力和治理前景，国民经济各业用地、用水结构调整动向，水资源量、质变化及供需规律；开发整治地区环境演变估计；预测水土资源开发整治方向、规模及发展形势。

2）水土生态系统变化预测

水土生态系统变化预测内容包括：水土资源开发整治各种工程措施实施对水土质量变化和环境生态系统的影响。农、牧、林、工、城及水域用地适宜性的变化趋势；水土资源建设整治投入与产出，物质、能量转换的估价；水土资源的动态耦合与平衡分析；土地资源利用构成、产品构成变化;农田生态良性循环状况等。

3) 土地产品供需状况预测

土地产品供需状况预测内容包括:从国民经济发展全局和市场供需规律角度预测水、土工程开发后产品的提供量,产品的宏观需求量及特定产品的供求规律,产品出口及国内消费市场的动态,产、供、销流动状况及可能的价格波动统计;预测人口增长和水土资源承载力前景。

4) 水土资源利用结构及社会发展预测

水土资源利用结构及社会发展预测主要包括:各业用水、用地需求量预测;非农业用地占地及保护耕地的估计,城镇及工业用水对农业用水的影响及措施,用水、用地构成比例变化对当地农业生产发展的关系,以及对地区经济水平的影响;预测水、土资源开发整治的经济与社会效益。

5) 水土资源治理效果预测

水土资源治理效果预测内容包括:水土治理工程投资及构成分析预测,水土治理工程实施后生产条件改善及土地生产率和劳动生产率变化趋势,提高土地生产力,改良中低产土地的前景;预测各类受害土地的治理效果,产品产量可能达到的水平及工程投入产出报酬率。

6) 区域经济政策预测

区域经济政策预测内容包括:预测区域工业、农业、交通、服务、旅游各业的价格、成本和比价的变化趋势,农业信贷、税收的调节作用和变化动向;预测农、副、工各业产品价格体系的改革;预测区域水土资源开发整治与当地经济政策调整改革的适宜性。

### 7.1.2 预测的步骤

1) 明确目的,确定预测对象、内容和目标

首先了解水土资源开发整治预测的目的、要求和预期结果,预测的精度指标是什么?是中期目标还是长期目标?在此基础上,确定预测的内容与项目,做好预测工作计划安排。

2) 调查、收集预测资料

根据预测目的与要求,有计划地收集与水土资源开发有直接或间接关系的资料,包括历史的和现状的图表资料和文字资料以及典型调查资料。对掌握的有关资料进行合理性、可靠性、一致性检验,复核,整理与分类。

3) 选择预测方法

针对预测要求,合理确定预测方法,是定性分析还是定量分析。定性分析要组织有关定性分析资料,设计定性分析主因子及有关分析图表;定量分析要研究合理的预测数学模型及有关参数的调查与确定,研究相应的计算方法及计算机程序。实际预测一般应定性和定量分析方法结合进行。

4) 开展预测

根据预测要求的内容与项目,按选定的预测方法,对不同项目进行预测计算,并分析

判断预测结果，进行综合平衡与调整。在预测中，资料及数据不足时，必须进行补充调查，使预测结果准确可信。

5）评定预测成果

详细分析研究各种预测成果，检查数据是否准确，质量是否可信，预测目标是否可靠，不同项目预测结果是否平衡等。一般可对同一事物采用不同预测方法，对其计算结果进行比较。如果差异较大，要复查核算预测数据，检查预测方法的合理性，尤其要重视不确定因素的影响及影响程度，必要时分析采用新的预测方法，保证预测成果质量。

### 7.1.3 预测方法分类

预测学自20世纪40年代开始形成一门学科，近20年来随着计算方法和计算手段的更新得到了较大的发展，在水土资源的预测方面也得到广泛应用。

1）按预测的性质分类

一般有集对分析法、时间序列法、灰色模型预测等。

2）按预测的结果分类

一般有定性预测法和定量预测法。

3）按预测的时效分类

短期预测：一般以月、季度或一年为期限。中期预测：一般以1～5年为期限。长期预测：一般预测期为5年以上。

## 7.2 集对分析

### 7.2.1 集对分析的发展

集对分析是中国学者赵克勤先生于1989年创立的用于处理确定性与不确定性信息的系统分析理论和方法，其基本思路是：在具体问题背景下，通过分析集对的同一性、差异性和对立性，从同、异、反三方面综合描述事物之间的联系，从而有效地刻画事物之间的确定性与不确定性的对立统一关系。集对分析方法已在社会、经济、农林业、生物医药、军事、信息管理、资源与环境等学科得到广泛应用[46]。

集对分析方法的基本原理可归纳为：依据研究对象合理构造集合，进而按照研究目的构造合适的集对；针对所研究的集对，确定联系数表达式，根据研究背景对差异度系数做具体分析，计算联系数；在此基础上根据联系数所表征的不确定性关系对研究对象做全面而深入的定量分析，以达到计算、评价、预测和决策的目的。

### 7.2.2 集对分析的步骤

用集对分析方法进行系统评价与预测的方法论主要包括以下基本步骤：

(1) 分析所论系统评价与预测问题，确定系统评价与预测对象和目标。

(2) 在对研究对象系统背景分析的基础上，构建研究集对 $H(A,B)$。

(3) 确定同异反的界定原则，构建系统评价与预测问题的联系数表达式 $u=a+bI+cJ$。

(4) 建立集对分析数学模型。分析集对中所论两个集合各自具有哪些特性，根据界定的同异反概念和研究对象特性的同一性、差异性、对立性，确定所论两个集合之间的同异反特性关系；用联系数刻画同异反特性的关系程度，根据研究背景的需要建立集对分析数学模型。

(5) 解析集对分析数学模型。对集对分析数学模型做适当的分析、计算和解析；通过联系数中差异度系数 $I$ 的取值，分析讨论同异反系统的稳定性和可靠性；得出系统评价与预测结果。

(6) 对系统评价与预测结果进行修正、评定，确定最终的系统评价与预测结果，作为系统决策依据。

(7) 根据系统评价与预测的实际效果对以上步骤进行不断修正和完善。

### 7.2.3 基于集对分析的预测方法

#### 7.2.3.1 基于集对分析的相似预测方法

目前，应用较为广泛的预测方法主要有基于集对分析的相似预测方法、基于集对分析的聚类预测方法、基于集对分析的自组织预测方法、基于集对分析的秩次预测模型和基于集对分析的组合预测方法等。

基于集对分析的相似预测方法是应用集对分析的同异反联系数来测度历史样本之间的相似性，用多个最相似的历史样本的加权平均值作为当前预测值，基本步骤如下：

(1) 根据互相关系数统计假设检验和集对分析检验，确定研究问题的主要影响因子 $x_{ij}$，记为 $A=\{x_{ij}\mid i=1,2,\cdots,nj=1,2,\cdots,m\}$，其中，$n$ 和 $m$ 分别为样本数目和影响因子数目。

(2) 构建预测影响因子集与历史样本影响因子集的研究集对，确定集对的联系数，根据联系数分析预测影响因子集与历史样本影响因子集之间的相似性。

将预测对象的影响因子集 $B_{n+1}=\{x_{n+1,1},x_{n+1,2},\cdots,x_{n+1,m}\}$ 与历史样本的影响因子集 $B_i=\{x_{i,1},x_{i,2},\cdots,x_{i,m}\}$，构建集对 $H(B_{n+1},B_i)$。根据集对分析原理，分析确定集对 $H(B_{n+1},B_i)$ 的联系度表达式；进一步分析确定差异度系数 $I$ 和对立度系数 $J$ 取值，由联系度表达式计算联系数 $u_{B_{n+1}\sim B_i}$。

依据联系数 $u_{B_{n+1}\sim B_i}$ 判定影响因子之间的相似性，若 $u_{B_{n+1}\sim B_i}$ 越接近于 1，表示这两个主要影响因子集越倾向于相似性；相反，若 $u_{B_{n+1}\sim B_i}$ 越接近于 −1，表示这两个主要影响因子集越倾向于不相似性。

(3) 根据预测对象主要影响因子与历史样本的主要影响因子之间的相似性，建立预测对象的相似预测模型。

从 $n$ 个历史样本中选取 $K$ 个与预测对象的主要影响因子集 $B_{n+1}$ 最相似的历史样本，$K$ 通常根据经验和具体情况而定，一般可取 $K\leqslant n^{0.5}$。根据 $K$ 个历史样本的实测值，以及各自对应联系数 $u'_{B_{n+1}\sim B_i}$ 占 K 个历史样本联系数之和的权重值进行加权计算，即为预测对象的预测值：

$$\hat{y}_{n+1} = \sum_{i=p_1}^{p_K} \omega_i \cdot y_i \tag{7-1}$$

式中，$y_i$ 为最相似的历史样本的实测值；$\omega_i$ 为 $y_i$ 的权重，$\omega_i = \dfrac{u'_{B_{n+1}\sim B_i}}{\sum\limits_{i=p_1}^{p_K} u'_{B_{n+1}\sim B_i}}$；$i$ 为 $K$ 个与预测对象的主要影响因子集 $B_{n+1}$ 最相似的历史样本的序号。

7.2.3.2 基于集对分析的多因子回归预测方法

在基于集对分析的相似预测方法的基础上，提出采用互相关系数统计假设检验和集对分析检验相结合识别水资源变化的主要影响因子，用集对分析测度水资源历史样本之间的相似性，用多个最相似的历史样本的水资源加权平均值作为当前水资源的预测值。建立基于集对分析的水资源系统多因子回归预测方法（SPA-FR），基本步骤如下：

(1) 根据互相关系数统计假设检验和集对分析检验，确定影响水资源变化的主要物理因子。

设根据研究区域水资源的物理成因机制和统计分析，初选影响研究区域水资源 $y_i$ 的物理因子为 $\{x_{ij} \mid i = 1,2,\cdots,n j = 1,2,\cdots,m\}$ 。其中 $n$ 和 $m$ 分别为样本容量和初选的物理因子数目。物理因子 $x_{ij}$ 与水资源 $y_i$ 的互相关系数为

$$r_j = \sum_{i=1}^{n}(x_{ij} - \bar{x}_j)(y_i - \bar{y}) / [\sum_{i=1}^{n}(x_{ij} - \bar{x}_j)^2 \sum_{i=1}^{n}(y_i - \bar{y})^2]^{0.5} \tag{7-2}$$

式中，$j = 1,2,\cdots,m$；均值 $\bar{x}_j = \sum\limits_{i=1}^{n} x_{ij} / n$；均值 $\bar{y} = \sum\limits_{i=1}^{n} y_i / n$ 。

根据抽样分布理论，当

$$| r_j | > r_{\min} = t_{\alpha/2} / (t_{\alpha/2}{}^2 + n - 2)^{0.5} \tag{7-3}$$

时认为物理因子 $x_{ij}$ 与水资源 $y_i$ 之间在统计上显著相关，否则它们在统计上相互独立。

式(7-3)中，$\alpha$ 为显著水平，$t_{\alpha/2}$ 为自由度为 $n-2$ 的 $t$ 分布双侧检验的临界值，$r_{\min}$ 为相关性显著所需的最低相关系数值。

式(7-2)只是从宏观层次上刻画自变量 $x_{ij}$ 与因变量 $y_i$ 之间的线性相关关系，而事实上，变量间的关系既包含正的相关关系和负的相关关系，也包括难以确定的相关关系，这种相关系数的不确定性使得用式(7-3)识别影响水资源变化的主要物理因子仍具有一定的不确定性，需应用集对分析进一步分析自变量与因变量之间在微观层次上的这种不确定关系。

集对分析的基本思想就是在给定问题背景情况下对所论的两个集合 $A = \{y_i \mid i = 1, 2,\cdots,n\}$ 和 $B_j = \{x_{ij} \mid j = 1,2,\cdots,m\}$ 建立集对 $H(A,B_j)$，就 $H(A,B_j)$ 的相似性及其转化进行同、异、反三方面的定量比较分析，建立 $H(A,B_j)$ 的联系度表达式

$$u_{A\sim B_j} = a_j + b_j I + c_j J \tag{7-4}$$

式中：$a_j$、$b_j$ 和 $c_j$ 分别为 $H(A,B_j)$ 的特性总数中同一特性的数目、差异特性的数目和对立性的数目所占的比例，分别称为 $H(A,B_j)$ 的同一度、差异度和对立度，它们均取非负值且满足 $a_j + b_j + c_j = 1$；$I$ 为差异度系数，在[－1,1]中取值；$J$ 为对立系数，一般恒取 $-1$；$j = 1,2,\cdots,m$。

在联系度表达式 $u_{A\sim B_j}$ 中：$a_j$、$b_j$ 和 $c_j$ 分别表示变量 $x_{ij}$ 与变量 $y_i$ 之间的相关结构中存在正相关趋势的比例，既非正又非负的不确定的相关关系的比例，以及负相关趋势的比例；$a_j > c_j$ 表示变量之间存在正相关关系，$a_j < c_j$ 表示变量之间存在负相关关系，如果 $b_j < 0.50$ 则表示这种正相关关系或负相关关系是相对确定的，如果 $b_j \geqslant 0.50$ 则表示这种正相关关系或负相关关系是相对不确定的。

为了定量计算联系度 $u_{A\sim B_j}$，可将物理因子 $x_{ij}$ 和水资源 $y_i$ 分别进行如下等级符号化处理：

$$z_{ij} = \begin{cases} 1, x_{ij} \leqslant \overline{x}_j - 0.44\, s_j \\ 2, \overline{x}_j - 0.44\, s_j < x_{ij} < \overline{x}_j + 0.44\, s_j \\ 3, x_{ij} \geqslant \overline{x}_j + 0.44\, s_j \end{cases} \tag{7-5}$$

$$z_{i0} = \begin{cases} 1, y_i \leqslant \overline{y} - 0.44\, s_0 \\ 2, \overline{y} - 0.44\, s_j < y_i < \overline{y} + 0.44\, s_0 \\ 3, y_i \geqslant \overline{y} + 0.44\, s_0 \end{cases} \tag{7-6}$$

式中：$x_{ij}$ 的标准差 $s_j = [\sum_{i=1}^{n} (x_{ij} - \overline{x}_j)^2/(n-1)]^{0.5}$；$y_i$ 的标准差 $s_0 = [\sum_{i=1}^{n} (y_i - \overline{y})^2/(n-1)]^{0.5}$；$i = 1,2,\cdots,n, j = 1,2,\cdots,m$

若 $y_i$ 服从正态分布，则按式(7-6)定义的 $z_{i0}$ 分别取等级Ⅰ，Ⅱ和Ⅲ的可能性是相等的，这3个等级分别对应水资源变化的优、中和差状态。式(7-5)可以做类似解释。于是集对 $H(A,B_j)$ 中的两个集合可分别改写为 $A = \{z_{i0} \mid i = 1,2,\cdots,n\}$ 和 $B_j = \{z_{ij} \mid j = 1,2,\cdots,m\}$，通过比较这两个集合的对应分量的大小来定量计算式(7-4)：若对应分量分别处于同一等级、相邻等级和相隔等级，则分别表示 $H(A,B_j)$ 的同一性、差异性和对立性，再按式(7-4)可计算各联系度表达式 $u_{A\sim B_{ij}}$ 中 $a_j$、$b_j$ 和 $c_j$ 的值，$j = 1,2,\cdots,m$。

综上所述，既满足式(7-3)又满足"$b_j < 0.50$"的物理因子 $x_{ij}$ 被确定为影响水资源变化的主要物理因子，$j = 1,2,\cdots,M$。其中 $M$ 为主要物理因子的数目。

(2) 构建预测影响因子集与历史样本影响因子集的研究集对，确定集对的联系数，根据联系数分析预测影响因子集与历史样本影响因子集之间的相似性。

把预测当前年的水资源量 $y_{n+1}$ 的主要物理因子集 $B_{n+1} = \{z_{n+1,j} \mid j = 1,2,\cdots,M\}$ 与历史样本的水资源量 $y_i$ 的主要物理因子集 $B_i = \{z_{ij} \mid j = 1,2,\cdots,M\}$ 建立集对 $H(B_{n+1}, B_i), i = 1,2,\cdots,n$。通过比较集合 $B_{n+1}$ 和 $B_i$ 的对应分量的大小可建立 $H(B_{n+1},B_i)$ 的联系度表达式

$$u_{B_{n+1}\sim B_i} = a_i + b_i I + c_i J \tag{7-7}$$

式中：$a_i$、$b_i$ 和 $c_i$ 分别为 $B_{n+1}$ 和 $B_i$ 的对应分量分别处于同一等级、相邻等级和相隔等级的因子数目所占的比例，$i=1,2,\cdots,n$。显然，联系度 $u_{B_{n+1}\sim B_i}\in[-1,1]$。若 $B_{n+1}$ 与 $B_i$ 间的差异性越大，则 $u_{B_{n+1}\sim B_i}$ 越接近于$-1$，表示这两因子集越倾向于不相似性；若这两因子集间的差异性越小，则 $u_{B_{n+1}\sim B_i}$ 越接近于 1，表示这两因子集越倾向于相似性。可见联系度 $u_{B_{n+1}\sim B_i}$ 就是可变模糊集"$B_{n+1}$ 与 $B_i$ 间的相似性"的一种相对差异度函数，于是该模糊集的相对隶属度函数可写为

$$v_{n+1,i} = 0.5 + 0.5\, u_{B_{n+1}\sim B_i},\ i=1,2,\cdots,n \tag{7-8}$$

（3）根据预测年的主要物理因子与水资源历史样本的主要物理因子之间的相似性，建立水资源变化的相似预测模型。

与预测当前年水资源量 $y_{n+1}$ 的主要物理因子集 $B_{n+1}$ 最相似的历史样本数目 $K$ 的确定具有经验性，一般可取 $K\leqslant n^{0.5}$，同时要求 $u_{B_{n+1}\sim B_i}$ 超过某一给定值来综合确定 $K$。从 $n$ 个历史样本中选取与 $B_{n+1}$ 最相似（即联系度 $u_{B_{n+1}\sim B_i}$ 最大）的 $K$ 个历史样本，这 $K$ 个历史样本的水资源量以 $u_{B_{n+1}\sim B_i}$ 所对应的相对隶属度 $v_{n+1,i}$ 为权重进行加权平均，即得当前年水资源量 $y_{n+1}$ 的预测值为

$$\hat{y}_{n+1} = \sum_{i=k_1}^{k_K}\left[\left(v_{n+1,i}\Big/\sum_{i=k_1}^{k_K} v_{n+1,i}\right)y_i\right] = \sum_{i=k_1}^{k_K}\omega_i y_i \tag{7-9}$$

式中，相对隶属度 $v_{n+1,i}$ 的归一化值 $\omega_i$ 为最相似的历史样本的水资源量 $y_i$ 的权重，$i=k_1,k_2,\cdots,k_K$ 为 $K$ 个与预测当前年水资源量 $y_{n+1}$ 的主要物理因子集 $B_{n+1}$ 最相似的历史样本的序号。

## 7.3 时间序列法

时间序列预测法，就是将预测变量的历史值，按时间的先后顺序排成数列，根据其反映的过程、方向和趋势进行类推延伸，借以预测下一时期或以后若干期所能达到的水平的一种预测方法。这类方法一般是通过建立预测模型，即预测变量与时间的关系进行预测。它可以根据时间序列的性质直接建立模型进行预测，也可以对原始数据进行处理后，再建立模型进行预测。时间序列模型的求解可以采用：长期趋势曲线法、移动平滑法、指数平滑法等。本节主要介绍移动平滑法和指数平滑法的基本原理及其应用。

### 7.3.1 移动平滑法

移动平滑法就是对所取得的统计数据逐点推移，分段平均，以期最后得到一组具有较明显趋势的新数据。平滑即将统计数据进行平均，消除部分起伏部分，以便分析事物的发展趋势。它不是按照时间序列各期的全部数据来描述趋势，而是根据各期之前的几项数

据的平均值来分析时间序列的趋势。为此，在实际应用中，常需要对原始数据进行一次、二次、三次（或多次）移动平均处理，使处理后的新数列能充分反映时间序列的趋势，然后由此建立预测模型，进行预测。当原始数据的时间序列具有线性趋势时，多采用这种方法。其步骤如下。

1）计算一次移动平均值 $M_t^{(1)}$

$$M_t^{(1)} = \frac{x_t + x_{t-1} + \cdots + x_{t-N+1}}{N} = \frac{1}{N}\sum_{i=t-N+1}^{t} x_i \ (t \geqslant N) \tag{7-10}$$

式中：$M_t^{(1)}$ 为第 $t$ 期的一次移动平均值；$x_t$ 为原始数列；$N$ 为移动平均值的项数，或分段数。

利用一次移动平均值作预测量，将 $M_t^{(1)}$ 当作 $t$ 期的预测值 $\hat{x}_t$，然后逐步向前推移，以求出任意期的预测值。

容易看出，移动平均值是将时间序列的数据逐项移动而平均的，$M_t^{(1)}$ 和 $M_{t-1}^{(1)}$ 仅首尾两数变化，中间各数据是依次向前推移的，因此，式(7-10)可变化为

$$M_t^{(1)} = M_{t-1}^{(1)} + \frac{x_t - x_{t-N}}{N} \tag{7-11}$$

2）计算二次移动平均值 $M_t^{(2)}$

若时间序列的各项数据经过一次移动平均后，仍不能充分反映时间序列的趋势时，可以在一次平均的基础上再求二次（或多次）移动平均值。

$$M_t^{(2)} = \frac{M_t^{(1)} + M_{t-1}^{(1)} + \cdots + M_{t-N+1}^{(1)}}{N} \tag{7-12}$$

或写成：

$$M_t^{(2)} = M_{t-1}^{(2)} + \frac{M_t^{(1)} - M_{t-N}^{(1)}}{N} \tag{7-13}$$

式中：$M_t^{(2)}$ 为第 $t$ 期的二次移动平均值；其他符号意义同前。

3）建立预测模型

当二次移动平均值所得的数列线性趋势明显时，可将其序列中的最后几项作为直线，求出变化趋势，建立预测模型：

$$\hat{x}_{t+T} = a_t + b_t T \tag{7-14}$$

其中

$$\begin{cases} a_t = 2M_t^{(1)} - M_t^{(2)} \\ b_t = \dfrac{2}{N-1}\left[M_t^{(1)} - M_t^{(2)}\right] \end{cases} \tag{7-15}$$

式中：$\hat{x}_{t+T}$ 为第 $t+T$ 期预测值；$T$ 为由 $t$ 期算起的预测期数；$t$ 为目前的时期数，或为最

后一个实测数据的序号。

可以看出，移动平均值的项数 $N$ 值直接影响 $M_t^{(1)}$、$M_t^{(2)}$ 及预测模型。因此，$N$ 值是移动平均法预测的重要参数，必须恰当选择。较准确的作法是选择若干个 $N$ 值，进行试算比较，从中选择一个既能反映预测事件的变化趋势，灵敏度又高的值。在一般情况下，当时间序列数据波动较大时，$N$ 的取值应大一些，反之的取值可小一些，一般在 3～10。

### 7.3.2 指数平滑法

当时间序列数据点的分布呈非线性趋势时，常用指数平滑法确定预测模型。其计算步骤如下。

1）计算一次指数平滑值

一次指数平滑值根据本期实测数和前期的平滑值加权平均求本期平滑值。前期平滑值等于以前各期实测数的加权平滑值，能反映和代表以前的全部数据的影响，数学表达式为

$$x_t^{(1)} = x_{t-1}^{(1)} + \alpha[x_t - x_{t-1}^{(1)}] \tag{7-16}$$

式(7-16)可改写为

$$x_t^{(1)} = \alpha x_t + (1-\alpha) x_{t-1}^{(1)} \tag{7-17}$$

式中：$t$ 为数据的序号；$x_t^{(1)}$ 为第 $t$ 个一次指数平滑值；$x_t$ 为第 1 个实测值；$\alpha$ 为平滑系数（修匀指数），$0 \leqslant \alpha \leqslant 1$。

事实上，反复运用式(7-17)，可得

$$\begin{aligned} x_t^{(1)} &= \alpha x_t + (1-\alpha) x_{t-1}^{(1)} \\ &= \alpha x_t + (1-\alpha)[\alpha x_{t-1} + (1-\alpha) x_{t-2}^{(1)}] \\ &= \alpha x_t + \alpha(1-\alpha) x_{t-1} + (1-\alpha)^2 x_{t-2}^{(1)} \\ &= \alpha x_t + \alpha(1-\alpha) x_{t-1} + (1-\alpha)^2[\alpha x_{t-2} + (1-\alpha) x_{t-3}^{(1)}] \\ &\quad \vdots \\ &= \alpha \sum_{i=0}^{t-1} (1-\alpha)^i x_{t-i} + (1-\alpha)^t x_0^{(1)} \end{aligned} \tag{7-18}$$

由式(7-18)可知，第 $t$ 个一次指数平滑值反映了全部前期实测数据的影响。

2）计算二次指数平滑值

$$x_t^{(2)} = \alpha x_t^{(1)} + (1-\alpha) x_{t-1}^{(2)} \tag{7-19}$$

式中：$x_t^{(2)}$ 为序列为 $t$ 的二次指数平滑值；其他符号意义同前。

3）计算三次指数平滑值

$$x_t^{(3)} = \alpha x_t^{(2)} + (1-\alpha) x_{t-1}^{(3)} \tag{7-20}$$

式中：$x_t^{(3)}$ 为序列为 $t$ 的三次指数平滑值；其他符号意义同前。

对于初始值,取 $x_0^{(1)} = x_0^{(2)} = x_0^{(3)} = x_1$ 。

4)计算预测模型

$$\tilde{x}_{T+L} = a_T + b_T L + c_T L^2 \tag{7-21}$$

式中:$\tilde{x}_{T+L}$ 为第 $T+L$ 时段的预测值;$a_T$ 、$b_T$ 、$c_T$ 为平滑系数;$T$ 为最后一个数据的编号;$L$ 为 $T$ 的新编序号。

实际应用中,常采用下式计算平滑系数:

$$\begin{cases} a_T = 2x_T^{(1)} - x_T^{(2)} \\ b_T = \dfrac{\alpha}{1-\alpha}[x_T^{(1)} - x_T^{(2)}] \\ c_T = \dfrac{\alpha}{1-\alpha}[x_T^{(1)} - 2x_T^{(2)} + x_T^{(3)}] \end{cases} \tag{7-22}$$

5)平滑系数 $\alpha$ 的选择

指数平滑法中,$\alpha$ 的选择对预测结果影响很大。由平滑的基本公式可知,$\alpha$ 越大,则近期实际数据的影响就越大;反之,近期实际数据的影响就减弱。$\alpha$ 的选择是一个比较复杂的问题。一般而言,对于数据趋势比较稳定的序列,$\alpha$ 取值应该小些,如果外部环境变化较快,数据系列起伏较大,则 $\alpha$ 取值应该大些,以充分反映近期数据对预测值的影响。

$\alpha$ 取值一般在 0.01～0.30 为宜。也可对 $\alpha$ 值进行试选,求出不同的预测模型后,再用历史数据检验其精度,选择最优 $\alpha$ 值。

# 第八章　水土资源综合管理与保护

为了高效率地保障人类生活和经济发展的水需求，有必要运用一定的法律、行政、经济、技术等手段对水土资源的开发、利用和保护进行相关的计划、组织、协调、监督和调度控制，进行水土资源综合利用。

## 8.1　水资源管理

### 8.1.1　水资源管理概念

水资源管理，是指对水资源开发、利用和保护的组织、协调、监督和调度等方面的实施，包括运用行政、法律、经济、技术和教育等手段，组织开发利用水资源和防治水害；协调水资源的开发利用与治理和社会经济发展之间的关系，处理各地区、各部门间的用水矛盾；监督并限制各种不合理开发利用水资源和危害水源的行为；制定水资源的合理分配方案，处理好防洪和兴利的调度原则，提出并执行对供水系统及水源工程的优化调度方案；对来水量变化及水质情况进行监测与相应措施的管理等。水资源管理是与水有关的行政管理部门的有效利用、合理分配、资源保护的重要管理内容，涉及水资源优化调度以及一切水利工程的合理规范化。通过对水资源实施分配、优化调度、科学管理，以做到科学、合理地开发利用水资源，支持社会经济发展，改善自然生态与环境，并达到水资源开发、社会经济发展及自然生态与环境保护相互协调的目的[40]。

水资源管理手段包括法律、行政、经济、技术等手段，与现时的社会、经济、技术环境关系密切。在我国，全国人民代表大会常务委员会通过并颁布实施了《中华人民共和国水法》《中华人民共和国水污染防治法》《中华人民共和国防洪法》《中华人民共和国水土保持法》，国务院及水行政主管部门制定了有关法律、法规、条例、行政规章，各省（自治区、直辖市）人民代表大会及其常委会、各省（自治区、直辖市）人民政府也相应制定了一系列地方性法规和规章，建立了多层次、较为完善的水政策法规体系，确立了水资源管理的基本制度。在管理体制方面，《中华人民共和国水法》规定："国家对水资源实行流域管理与行政区域管理相结合的管理体制。国务院水行政主管部门负责全国水资源的统一管理和监督工作。”“国务院有关部门按照职责分工，负责水资源开发、利用、节约和保护的有关工作。”在经济手段方面，确立了水资源取水许可制度、有偿使用制度和排污收费制度等。同时，国家还出台了城市居民生活用水阶梯式水价制度、非居民用户两部制水价制度、工农业生产用水超额累进加价制度等，开展了水权交易、排污权交易及水市场的探索与实践。在技术手段方面，包括水资源监测与预报、取水与排水监测，水量分配和调度监控，管理信息系统建设等方面，新技术、新方法不断投入使用，促进了我国水资源管理水平的提高。同时，颁布实施了大批涵盖勘测、规划、设计、施工、运行等环节的技术规程规范，形成了我国水利技术标准体系[41]。

在长期的水资源管理实践中，人们逐渐把系统工程的原理和方法引进到水资源管理中，使传统的水资源管理方法有了很大的进步。主要表现在，水资源系统管理方法将一定区域内的水资源整体视为一个完整的“系统”，运用系统工程的原理和方法，对水资源进行系统分析、合理分配、优化调度、科学管理。特别是针对目前日益严重的水问题(包括水需求量增加与供水的矛盾，国家间、地区间、部门间用水的冲突以及经济发展与生态、环境保护间的矛盾等)，采用水资源系统管理方法显得更为重要。

### 8.1.2 水资源管理的基本内容

在水资源开发利用初期，供需关系单一，管理内容较为简单。随着水资源工程的大量兴建和用水量的不断增长，水资源管理需要考虑的问题越来越多，已逐步形成专门的技术和学科。主要管理内容如下：

1) 水资源的所有权、开发权和使用权

所有权取决于社会制度，开发权和使用权服从于所有权。在生产资料私有制社会中，土地所有者可以要求获得水权，水资源成为私人专用。在生产资料公有的社会中，水资源的所有权和开发权属于全民或集体，使用权则是由管理机构发给用户使用证。

2) 水资源的政策

为了更好地规划和使用水资源，对于如何确定水资源的开发规模、程序和时机，如何进行流域全面规划和综合开发，如何实行水源保护和水体污染防治，如何计划用水，节约用水和征收水费等问题，都要根据国民经济的需要与可能，制定出相应的水资源政策。

3) 水量的分配和调度

在一个流域或一个供水系统内，有许多水利工程和用水单位，往往会发生供需缺口，产生水利纠纷，因此，要按照上下游兼顾和综合利用的原则，制订水量分配计划和调度方案，作为正常管理运用的依据。遇到水源不足的干旱年，还要采取应急的调度方案，限制一部分用水，保证重要用户的供水。

4) 防洪问题

洪水灾害给生命财产造成巨大的损失，甚至会扰乱整个国民经济的部署。因此研究防洪决策，对于可能发生的大洪水事先做好防御准备，这也是水资源管理的重要组成部分。在防洪管理方面，除了维护水库和堤防的安全以外，还要防止行洪、分洪、滞洪、蓄洪的河滩、洼地、湖泊被侵占破坏，并实施相应的经济损失赔偿政策，试办防洪保险事业。

5) 水情预报

由于河流的多目标开发，水资源工程越来越多，相应的管理单位也不断增加，日益显示出水情预报对搞好管理的重要性。为此必须加强水文观测，做好水情预报，才能保证工程安全运行和提高经济效益。

6) 三条红线

在系统总结我国水资源管理实践经验的基础上，2011 年中央一号文件和中央水利工作会议明确要求实行最严格水资源管理制度，确立了“三条红线”的主要目标[47]。

(1) 确立水资源开发利用控制红线，到 2030 年全国用水总量控制在 7 000 亿立方米以内。

(2) 确立用水效率控制红线，到 2030 年用水效率达到或接近世界先进水平，万元工业增加值用水量(以 2000 年不变价计，下同)降低到 40 立方米以下，农田灌溉水有效利用系数提高到 0.6 以上。

(3) 确立水功能区限制纳污红线，到 2030 年主要污染物入河湖总量控制在水功能区纳污能力范围之内，水功能区水质达标率提高到 95%以上。

### 8.1.3 水资源管理的基本原则

《中华人民共和国水法》(2016 年修正)，是调整和统筹各类水事关系的综合性法律，覆盖面广。《中华人民共和国水污染防治法》《中华人民共和国水土保持法》及《取水许可和水资源费征收管理条例》等则属于专门性法律法规。上述法律法规确立了我国水资源管理的一系列基本原则。

1) 水资源属于国家所有原则

《中华人民共和国宪法》是我国的根本大法，具有最高的法律效力。《中华人民共和国宪法》第九条规定：“矿藏、水流、森林、山岭、草原、荒地、滩涂等自然资源，都属于国家所有，即全民所有；由法律规定属于集体所有的森林和山岭、草原、荒地、滩涂除外。”本条确立了矿藏资源和水资源完全属于国家所有，凸显了矿藏资源和水资源的重要。《中华人民共和国水法》第三条规定：“水资源属于国家所有。水资源的所有权由国务院代表国家行使。农村集体经济组织的水塘和由农村集体经济组织修建管理的水库中的水，归各该农村集体经济组织使用。”也就是说，农村集体经济组织的水塘和水库中的水，农村集体经济组织只有使用权，没有所有权。这一规定与《中华人民共和国宪法》精神一致。水资源属于国家所有，这为水资源统一管理奠定了基础。

2) 水资源统一管理原则

《中华人民共和国水法》第十二条规定：“国家对水资源实行流域管理与行政区域管理相结合的管理体制。国务院水行政主管部门负责全国水资源统一管理和监督工作。”为了实现全国水资源的统一管理和监督，国务院水行政主管部门应当制定全国水资源的战略规划，对水资源实行统一规划、统一配置、统一调度、统一实行取水许可制度和水资源有偿使用制度等。国务院水行政主管部门在国家确定的主要江河、湖泊设立流域管理机构，在所管辖的范围内行使法律、行政法规规定和国务院水行政主管部门授予的水资源管理和监督职责。《中华人民共和国水法》还规定:“县级以上地方人民政府水行政主管部门按照规定的权限,负责本行政区域内水资源的统一管理和监督工作。”这是考虑到我国地域广阔,各地水资源状况和经济社会发展水平差异很大,水资源管理必须紧密结合各地实际情况,充分发挥县级以上地方人民政府水行政主管部门依法管理本行政区域内水资源的积极性和主动性。但是《中华人民共和国水法》第十三条规定:“国务院有关部门按照职责分工,负责水资源开发、利用、节约和保护的有关工作。”这一规定将水资源统一管理与水资源开发、利用、节约和保护工作进行了分离。

3) 水资源综合利用原则

《中华人民共和国水法》第四条规定:“开发、利用、节约、保护水资源和防治水害,应当全面规划、统筹兼顾、标本兼治、综合利用、讲求效益,发挥水资源的多种功能,协调好生活、生产经营和生态环境用水。”这一条包含几层涵义:(1) 开发、利用水资源,应当坚持兴利与除害相结合,兼顾上下游、左右岸和有关地区之间的利益,充分发挥水资源的综合效益,并服从防洪的总体安排。(2) 开发、利用水资源,应当首先满足城乡居民生活用水,并兼顾农业、工业、生态环境用水以及航运等需要,在干旱和半干旱地区开发、利用水资源,应当充分考虑生态环境用水需要。(3) 从事水资源开发、利用、节约、保护和防治水害等水事活动,应当遵守经批准的规划。因违反规划造成江河和湖泊水域使用功能降低、地下水超采、地面沉降、水体污染的,应当承担治理责任。

4) 节约用水原则

针对目前全社会节水意识薄弱、水价偏低、用水浪费严重、水的重复利用率较低等问题,《中华人民共和国水法》对节约用水、计划用水作出了一系列规定:“国家厉行节约用水,大力推行节约用水措施,推广节约用水新技术、新工艺,发展节水型工业、农业和服务业,建立节水型社会。”“国家对用水实行总量控制和定额管理相结合的制度。”

5) 水资源保护优先原则

环境保护是我国的基本国策。水是基础性的自然资源和战略性的经济资源,要从保障经济社会可持续发展的高度,加大水污染防治和保护生态的力度,实现水资源的可持续利用,建设人与自然和谐相处的“环境友好型社会”。《中华人民共和国水法》第九条规定:“国家保护水资源,采取有效措施,保护植被,植树种草,涵养水源,防治水土流失和水体污染,改善生态环境。”

6) 运用经济手段管理水资源原则

水资源费征收是国家行使水资源所有权、推行水资源有偿使用的实现形式,是优化水资源配置,促进水资源合理利用的经济杠杆。《中华人民共和国水法》规定:“国家对水资源依法实行取水许可制度和有偿使用制度。”“直接从江河、湖泊或者地下取用水资源的单位和个人,应当按照国家取水许可制度和水资源有偿使用制度的规定,向水行政主管部门或者流域管理机构申请领取取水许可证,并缴纳水资源费,取得取水权。”同时《中华人民共和国水污染防治法》及相关法规规定:“直接或者间接向水体排放工业废水和医疗污水以及其他按照规定应当取得排污许可证方可排放的废水、污水的企业事业单位和其他生产经营者,应当取得排污许可证;城镇污水集中处理设施的运营单位,也应当取得排污许可可证。排污许可证应当明确排放水污染物的种类、浓度、总量和排放去向等要求。"随着市场经济体制的不断完善，水权及水市场理论得到积极探索与实践，2005 年水利部颁布了《水利部关于水权转让的若干意见》，首次为水权交易提供了政策依据。此外，用水户的用水权交易也正在积极尝试，一些地方开始推进用水制度改革，对用水户实行总量控制、定额管理，用水户根据定额指标购买用水权，并推行用水权有偿转让，交易价格由交易双方自行商定，促进了用水权的市场流转和水资源的市场化配置。总的来说，我国运用经济手段管理水资源尚处探索阶段。一方面，相关法律制度不够健全、市场机制欠完善，导致运用经济手段管理水资源缺乏良好的外部环境；另一方面，经济手段的设立与运用应充分反映我国社会、经济及水资源的现实特点，针对性和可操作性要强。

### 8.1.4　水资源保护

#### 8.1.4.1　水资源保护的目的和内容

为防治水污染和合理利用水资源，采取行政、法律、经济、技术等综合措施，对水资源进行的积极保护与科学管理称为水资源保护[48]。

近几十年来，自然环境保护已成为非常尖锐的问题。自然资源不是无限的，即便是可再生资源也需要一个漫长的周期。如湖泊水的更新周期为 17 年，深层地下水更新周期为 1400 年，河水为 16 天，浅层地下水更新周期约为 1 年。水的时空分布和人类对水的时空需求都是动态的，两者的矛盾在现代更趋尖锐。现代人类调动和利用水资源的能力大大提高，但人口骤增、社会经济发展，需水量迅速增长。同时，用水量集中在大城市、工业区和经济发展区，城市化、工业区和经济发展区总是优先占据自然条件优越的地区，因此，这又增加了水资源需求量在地域上的不平衡性。工业废水和生活污水大量产生，农药和化肥在农田中广泛施用，污染天然水体。污染严重的水体不能重复利用，相当于减少了水资源的数量。人类大规模的生产活动，如开矿修路、砍伐林木、垦荒种地、超采地下水等，致使土壤侵蚀增强，泥沙淤塞河道，影响到包括气候、生态等因素的自然环境。自然环境恶化必然导致水循环路径受阻，使原本就时空分布不均的水资源分布更趋于不平衡。水资源短缺的严峻现实使人们认识到，开发利用水资源必须重视对水资源的保护，做到开发而不是破坏，把对自然水体的污染和对环境的不利影响抑制或降低到最低限度，使自然水资源能够永续造福于人类。

水资源保护工程的内容可概括为以下三个方面：

1）发挥城建水资源工程作用

在改善水质、改造气候、保护环境、调配水体等方面，使水资源的循环和存储结构更符合人类的要求。社会发展使现代水资源工程规模巨大，对自然环境影响强烈。因此，规划水资源工程时，要从一个流域、一个地区或更大范围的整个水资源着眼，在考虑工程的经济效益及短期效益的同时，要预测工程的环境影响和长期效益，以确定适宜的对策或决定取舍。

2）对污染进行综合治理

改进生活用水方式和生产工艺，减少污水和废水的生成量，处理生活污水和工业废水，控制其向自然水体的排放标准。

3）开展水土保持和防治水土流失工作

水土流失或称土壤侵蚀，是地表土壤（或者成土母质）在各种自然和人为因素的影响下，受水力、风力等作用发生的移动和破坏现象。水土流失以坡耕地最为严重，给农业生产、水利方面、厂矿建设、交通运输、城镇安全和环境保护等都带来很大危害，严重地影响国民经济的发展。因此，需要涵养水源，保护河流、湖泊和水库的蓄水容积，调控河道径流的起伏变化。搞好水土保持工作，对发展农业生产，加速促进国民经济的全面发展都有着极其重要的作用。

8.1.4.2 水资源保护措施

水资源保护分为工程措施和非工程措施。

1）工业用水保护工程措施

（1）建立和完善循环用水系统

建立和完善循环用水系统的目的是提高工业用水重复率。用水重复率越高，耗水量就越少，工业污水产生量也相应降低，从而可大大减少水环境的污染及水资源供需紧张的压力。国内外工业用水的类型主要有冷却水、洗涤用水、工艺用水和锅炉用水四大方面。其中冷却用水所占比重最大，可达用水量的60%～83%，从用水行业来看，电力、冶金、化工和轻纺工业用水量可占总水量的76.7%～85.9%。因此，节水的重点应是这些部门的冷却用水。冷却水的弃水除温度较高外，水质变化不太大，在许多情况下，可作为洗涤用水。某些工艺用水、采暖供水或经处理后可继续供冷却之用。为了使“水尽其用”，必须建立完善的用水循环系统，包括工厂、企业内部的循环用水系统和企业间或社会化的循环用水系统。前者是指各车间或某个工艺环节自身的水循环，如冷却弃水放置露天降温后重复利用，一个车间的冷却水供另一车间洗涤或供暖使用等；后者是将某个工厂排出的低温弃水稍加处理后作为另一工厂的冷却水，或将冷却水纳入社会采暖系统等。目前我国工业的平均重复利用率仅为10%，除个别城市超过50%外，即使在缺水的北方，一般也只有20%～30%，与工业较发达国家相比仍有相当大的差距[43]。

（2）改革生产工艺和用水工艺

我国工业经过几十年的发展，取得了令人瞩目的成就，但同时也应看到，由于工业基础薄弱，一些工艺落后的工厂仍为数不少。改革生产工艺和用水工艺除与建立循环用水系统有关外，主要是指采用先进的技术设备和工艺流程代替耗水高、污染重的设备和生产流程以减少耗水量。①采用省水新工艺，发展新的冷却技术代替水冷。如推广空气冷却、汽化冷却。如炼油厂采用空气冷却技术后，每炼1 t油用水由20 t降至0.2 t。汽化冷却是十分有前途的技术。汽化1 kg蒸汽可带走251万J热量，而水冷1 kg只能带走8万J热量。在工艺洗涤用水方面，采用“逆流洗涤”“多级对流冲洗”“干洗”“气雾喷洗”等工艺节水效果明显。国内一些工厂采用逆流漂洗技术可节省洗涤用水30%以上，如上海第九印染厂绳洗机使用该项技术，使每小时耗水量从144 t下降到85 t，节省40%。②采用无污染或少污染技术。把污染消除在生产过程中，既可节省原料，又可节水，减轻对厂区周围水体的污染压力，保护水资源。例如过去氯碱生产采用水银电解法，是用汞最多的工业，也是汞污染的重要来源。自从日本出现汞中毒引起水俣病以来，日本政府命令1997年底前氯碱工厂原则上全部改用隔膜法，停止排汞，使水体的汞污染有了明显改观。

2）农业用水保护工程措施

（1）管道输水

管道输水主要采用低压管道代替渠道输水到田间地头。管道输水的优点是减少沿途漏失和蒸发损失，输水利用率可达95%～97%，比土渠节水30%，比硬化渠道（衬砌渠道）节水5%～15%，若配置地面移动闸管系统和先进的灌水方法，还可再省水30%。此外，管道输水还具有减少能耗、占地少、输水及时、便于管理、投资少、见效快等优点。

（2）渠道防渗

渠道防渗是我国应用最广泛的节水灌溉技术，适用于所有的输水渠道。渠道防渗的目的是减少土渠的渗漏，防止过多的水量沿途损失。

渠道防渗所选用的材料可根据当地情况而定，防渗方法目前有：草皮护面、黏土衬砌、石料衬砌、混凝土或沥青护面等。对于透水性强的沙质土渠可用黏土压实护面，厚度一般为10～15 cm，表面盖以沙土和沙砾以抗干裂。这种防渗方法投资小，但不耐冲刷。在石料丰富的地区宜采用浆砌块石护面，其防渗效果较好，且坚固持久，抗冲耐磨。在有条件的地区还可采用混凝土护面或配有钢筋的U型预制件渠道。这种渠道可使渠水利用系数达0.97～0.98，具有坚实耐用、流速快、不易淤积、抗压、抗冲等优点。

（3）新型灌溉技术

喷灌是利用专门设备将水加压或利用自流水头，通过喷头将水喷射至空中，散成细小水滴均匀散布在田间的一种灌溉方式。喷灌与地面漫灌相比，可省水30%～50%。其对透水性强、保水能力差的沙质土省水可达70%以上，但灌水设备一次性投资大。

微灌包括滴灌、微喷灌、涌流灌，是将适量的水送到作物根部附近的土壤表层的方式。这种灌水方式基本上不产生深层渗漏，比地面漫灌省水50%～70%，比喷灌省水15%～20%。其另一优点是适应性强，可适应于山丘、坡地、平地等各种地形条件；缺点是一次性投资高，灌水器易堵，因此一般常用于局部灌溉。

膜上灌是将塑料薄膜覆盖在田间，并在植株处留孔使之可以从孔中钻出，这些孔同时也是渗水孔，灌溉时水从渗水孔进入植株根部，由于减少了土面蒸发，灌水定额大幅度降低。应该注意的是，喷、滴、渗灌一般可减少或不产生深层渗漏，提高水的利用率。但对于干旱地区或采用劣质水（污水、微咸水）灌溉的地区则会因缺少深层渗漏而不利于土壤的脱盐，易产生次生盐渍化问题。

3）生活用水保护工程措施

生活用水在总用水量中所占比例不大，一般只有7%～10%，但对水质的要求很高。我国生活用水目前主要采用一套供水系统，并以饮用水的标准送水。从水质的角度来讲，这种供水方式过于奢侈。近年来一些缺水国家（如以色列）和我国少数城市开始采用分质供水的办法来缓解洁净淡水的供需矛盾。分质供水一般需要两套供水系统：饮用水供水系统和非饮用水供水系统。非饮用水供水系统的水源主要是经过适当处理的生活污水、天然劣质水和某些工业废水，可用于厕所冲洗、办公楼洗地、车辆冲洗、绿化浇灌、景观用水等。

因非饮用水的来源和回用要求不同,处理流程也有所区别。对生活小区排放的生活杂水(不包括厕所用水)、洗浴水可采用生物接触氧化沉淀过滤消毒的工艺流程。其他来源的水需经污水处理厂二级处理后,方可使用。目前,国内已有许多厂家可以生产非饮用水的处理设备。

总之,分质供水为生活用水提供了更宽的选择余地,既可节省宝贵的淡水资源,又可使目前供需紧张的状况得到缓解。

水资源保护的非工程技术措施包括以下几个方面。

1) 利用经济手段保护水资源

利用经济手段保护水资源主要是指调整产业结构、提高用水的利用效率。要解决现代社会用水紧张的深层次问题,应从产业结构调整上下功夫。

水资源作为全社会经济活动中不可缺少的物质,其流通过程与产业结构紧密结合在一起。表面上,水资源用水结构包括需水格局,供水管网,采取水形式(深度、地点、强度)及其时间上的特征,纯粹是水工建筑的布局和规划问题;而实际上却是各种产业需水状况的具体体现,是特定的经济发展形式和发展阶段的产物,宏观经济模式、产业结构以及工艺水平、农业的种植结构、灌溉水平无不对它产生影响。

目前,许多地区需水量过大与长期形成的粗放型(资源消耗型)的经济模式有关。具体表现为农业耗水在产业用水结构中所占比重过大;工业的工艺流程落后,重复利用率偏低,万元产值耗水量过大;农业耕作和灌溉方式落后,单位产量的耗水量过大。在这种情况下,调整现有的产业结构不仅是保持经济持续增长的必要手段,也是推动工农业用水水平提高,抑制需水量过快增长的重要手段。正因如此,有些专家明确提出,水资源问题若不与经济挂钩,是不科学的;就水论水,仅仅从水科学的自然法则和工程技术方法出发,期望找到水资源合理开发永续利用的有效途径是行不通的。同样,困扰人类的水环境问题若撇开对经济结构和水资源结构的分析,提出的任何治理保护方案对改善当地的环境质量并没有多大益处。

经济稳定高速增长需要足够的水资源和良好的环境质量予以保证,反过来,水资源和环境的保护与可持续发展又依赖经济结构的合理性。为了使经济、水资源、环境之间关系协调,在实际工作中,可用国内生产总值(CDP)万元耗水量、农业灌溉定额、人均生活用水量、工业农业生活用水所占比例、总需水量与水资源保障制度的对比值进行综合分析,提出衡量经济结构调整对社会总需水量的抑制效果和经济结构在水资源利用方面合理性的判断依据。

目前,我国正处于改革开放深入发展的时期,经济体制改革已触及产业结构调整这一深层次问题,旧的粗放型经济模式将逐渐被节约资源的集约型经济取代,我国经济已经呈现出“新常态”。高新科技的应用推广,水资源法律、法规和经济制约手段的不断完善,都在发挥着抑制水资源需求、科学用水的积极作用。2015 年 4 月,国务院发布的“水十条”(《水污染防治行动计划》)中也已明确把推动经济结构转型升级列为十大任务之一。这些都为我国水资源保护和可持续发展提供了难得的契机与希望。

2）完善水资源保护法律法规建设

在我国，有关水资源保护的法律和法规有：《中华人民共和国水法》《中华人民共和国水污染防治法》《中华人民共和国水土保持法》《城市节约用水管理规定》《中华人民共和国环境保护法》《取水许可证制度实施办法》《城市地下水开发利用保护管理规定》《城市供水条例》。其中《中华人民共和国水法》对水资源的所有权作了明确规定，即中华人民共和国的水资源属于全民所有，国家对水资源有管理权和调配权。同时，还规定国家对水资源实行开发利用与保护相结合的方针，开发利用水资源应贯彻全面规划、统筹兼顾、综合利用、讲求效益的原则，并注意发挥水资源的多种功能效益，规定国家要保护水资源、防治水污染、防治水土流失、保护环境以及实行计划用水和节约用水的基本政策。此外《中华人民共和国水法》明确了国家对水资源实行统一管理与分级分部门相结合的管理体制，规定了开发利用水资源的工作程序和审批制度，对水和水域以及水工程的保护、用水管理、防汛抗洪等方面的内容以及规定实行用水许可证制度，征收水资源费和水费的制度作出规定。

为了保证水体不受污染，国家规定禁止向水体排放油类、酸液、碱液或剧毒废液，放射性物质的固体废弃物和废水，以及含汞、镉、砷、铬、铅、氰化物和黄磷等可溶性剧毒废渣，工业废渣，城市垃圾及其他废弃物。禁止在水体中清洗装贮过油类或有毒污染物的车辆和容器。向水体排放污水必须遵守国家规定的标准，达不到标准应负责治理。禁止在江河、湖泊、运河、渠道、水库最高水位线以下的滩地和岸坡堆放、存贮废弃物和其他污染物。

总之，上述各项法律和法规的制定，标志着我国水资源保护已开始走上法制化的道路。要使这些法律真正起到作用，除需制定配套的专项法律和行政法规以及根据当地具体情况制定有关规定外，还需不断完善水司法和执法体系。这在我国，任务还相当艰巨，有待通过各方的不断努力去实现。

3）实现流域水资源的统一管理

水资源的管理与保护是庞大的系统工程，要从流域、区域和局部的水质、水量综合控制，综合协调和整治才能取得较好的结果。

现今欧美国家的流域管理体制不尽相同，但其共同特点是建立全流域的统一管理模式。如泰晤士河水务局、莱茵河管理委员会都属于流域性质的跨地区水资源管理机构，在流域范围实施供水、排水、污水处理的统一规划、统一管理，确定合理功能区和水质目标，实施污染物总量控制和颁发排污许可证，协调供水与排水、水资源和水环境、上游和下游之间的矛盾和冲突，同时通过现代化的信息系统进行水质变化过程的监测和预测，预防污染事故的发生。流域内各种水污染防治工程多由各个独立经营的专业化公司承包建设和运行管理，这种流域管理体制促进了水资源的利用和开发，保护了水环境，同时取得了巨大的经济效益。

4）大力发展生态农业

生态农业的发展是建设生态文明的具体体现，是水环境保护的有效措施。党的十七大报告中提出了实现全面建设小康社会奋斗目标的新要求：建设生态文明，基本形成节约能源资源和保护生态环境的产业结构、增长方式、消费模式。生态农业产业化就是一种以节约能源和珍爱生态环境为方向的发展形势，完全符合生态文明的宗旨和要求。

我国在实施生态农业中，采取的具体做法各不相同，各地提出的模式繁多。从生态系统布局与功能特点、整合效益剖析，生态农业主要有以下模式类型：

(1) 立体农业生态系统结构是主要利用生物种间关系及生物适应性原理，将具有共生或互容关系的植物、动物和微生物组合在一起，获取较好的生产力和生态环境效果。如我国南方地区一直在推广的稻萍—鱼系统，是由桑基鱼塘演变而来的各类基塘系统。

(2) 环境自净型是主要依靠生态系统自身降解废弃物的功能和净化环境的功能，在生产过程中及生产后，对可能产生的一切污染物或废弃物进行降解处理，对产生的不良影响物质进行及时处理，以使产品和系统自身维持在健康的状态下。

(3) 资源节约型是由于我国人口众多，人均水土资源非常稀缺，特别是在西北地区。我国西北地区干旱、半干旱区群众有丰富的用水、节水经验，近年将其应用于生态农业建设中，初步形成了节水型生态农业模式。甘肃的定西、宁夏的固原等地区目前节水型生态农业已经形成了较大面积和规模，集水、蓄水技术、节水灌溉技术、旱地保墒耕作技术等，已经基本形成了高效节水生态农业体系，为该区的农业、经济发展和保障人民生活起到了重要作用。

(4) 生态旅游模式。随着人们生活水平的不断提高，各种休闲型的生态农业旅游渐渐被人们所接受。我国吉林省、黑龙江省、云南省等一些城市的郊区，近些年来逐步有很多林场、水产养殖、有机农业生产基地，通过整合美化，改建成生态旅游基地。充分利用生产场所的农业、林业自然风景和田园风光环境，开发第三产业，建立生态农业观光旅游区。人们在旅游、休闲娱乐的过程中，观察各种动植物在生态环境下的和谐状态，欣赏田园风光、自然美景，了解生态农业的生产过程。生态农业发展与观光旅游业结合，增加了新的服务功能和价值取向，有利于保护农业生态系统的自然环境，扩展生态农业发展的功能，促进了城乡交流，增加了人们对生态农业的认识，生态农业产品销量特别好，经济效益显著提高，为人们生活的场所提供了良好空间，逐步成为我国生态农业建设发展的新动向。

5) 全面发展生态经济

生态经济是指在生态系统承载能力范围内，运用生态经济学原理和系统工程方法改变生产和消费方式，挖掘一切可以利用的资源潜力，发展一些经济发达、生态高效的产业，建设体制合理、社会和谐的文化以及生态健康、景观适宜的环境。生态经济是实现经济腾飞与水环境保护、物质文明与精神文明、自然生态与人类生态的高度统一和可持续发展的经济。生态经济的全面发展，既强调生态环境的重要，追求生态和谐，又要追求经济繁荣，实现生态与经济的协调发展，人口和资源环境相适应，这是未来社会所发展的目标。建设生态经济的主要措施如下。

(1) 努力提高生态经济意识，牢固树立可持续发展的观念。保护环境就是保护资源，保护生产力也是保护人类自己。改善生态环境是城市经济持续、快速、健康发展，实现城市与农村现代化的先决条件。要积极培养生态道德，树立强烈保护生态的自我约束意识和生态责任感。这是建立生态经济的坚实基础和思想保证。

(2) 做好规划，制定战略。保证生态经济得以顺利、健康发展，必须先从战略高度制定出中、长期规划，通过规划建立可靠的水资源保护体系和生态经济关系。由于水生态经济具有较强的复合性、交叉性和多目标性，所以制定这个规划，不能沿用传统的观念和旧有的思路，要冲破思维瓶颈，摒弃为保护而保护或为发展而发展的单向思维方式和片面的、零碎的做法。要以保护水源为中心，站在国家的角度和历史的高度，从宏观上、整体上长远考虑，统一进行各省（自治区、直辖市）水源保护及水生态经济发展规划，在保护中促发展，以发展图保护。

（3）产业创新，调整结构。发展水生态经济，转变传统的种植观念和产业结构。要在"保护水源，发展经济"的思路指引下，大力调整现有的产业结构，改善生产工艺，循环利用水资源，严格控制污染物排放，走可持续发展的道路。

（4）普及科技，不断创新。发展生态经济必须大力依靠科学技术，依靠技术创新和技术进步。科技是水生态经济的发展动力和重要支撑。要依靠科技不断挖掘潜力，拓展已有经济的功能，改造传统产业，调整经济结构和产业结构。

（5）健全法规，保障运营。要坚持"以法保护，依法发展"的方针，做到"有法可依，有法必依"，通过法律保证在发展生态经济的同时，保护水生态环境。因此，必须逐步建立健全水资源保护区和水生态经济区的法律法规和政策保障体系；建立现代企业制度，使所有权、经营权、管理权适度分离。要充分发挥市场机制的作用，优化资源配置。要注意既要克服财政投资的有限性，又要克服市场竞争的无序性和由于片面追求效益可能引发的生态破坏。

6）大力发展循环经济

循环经济本质上是一种生态经济，它要求运用生态学规律来指导人类社会的经济活动。传统经济是一种由"资源产品—污染排放"所构成的物质单向流动的经济。与传统经济不同，循环经济倡导的是一种建立在物质不断循环利用基础上的经济发展模式，它要求把经济活动组成一个"资源产品再生资源"的物质反复循环流动的反馈式流程，使得整个经济系统以及生产和消费的过程基本上不产生或者只产生很少的废弃物，从根本上消解长期以来环境与发展之间的尖锐冲突。简言之，循环经济是按照生态规律利用自然资源和环境容量，实现经济活动的生态化转向，是一种与环境和谐相处的经济发展模式，是实施可持续战略的必然选择和重要保证。

循环经济运用生态学规律来指导人类社会的经济活动，以资源的高效利用和循环利用为核心，以"减量化、再利用、再循环"为基本原则组织生产，实现资源利用的"减量化"、产品的"再使用"以及废弃物的"再循环"，节约自然资源，提高自然资源的利用效率，创造良性的社会财富。其实质是以尽可能少的资源消耗和尽可能小的环境代价实现最大的发展效益，以最小的经济成本来保护自然，实现人与自然的和谐。

"减量化原则"是指在经济活动中尽量减少资源的消耗和废弃物的产生，不断提高利用效率。减量化原则要求用尽可能少的原料和能源投入来达到既定的生产目的，从经济活动的源头就开始注意节约资源和减少污染，因此也被称为减物质化。换句话说，减量化原则要求经济增长具有持续性及与环境的相容性。人们必须在生产源头就充分考虑资源的替代与节省、提高资源的综合利用率、预防废弃物的产生，而不是将重点放在生产过程的末端治理上。

“再利用原则”要求产品和包装物能够以初始形式被多次或多种方式使用，而不是一次性消费，以延长产品的生命周期，防止物品过早地成为垃圾，从而节约生产这些产品所需要的各种资源投入。它要求抵制当今社会一次性用品的泛滥，对于源头尚不能削减的污染物和消费者使用的包装物、旧货等都要求加以回收利用，使之回到经济循环中去。

“再循环原则”要求生产出来的产品在完成其使用功能后重新变成可以利用的资源，而不是不可恢复的垃圾。

总之，循环经济所倡导的“减量化、再使用、再循环”三个原则，实质上就是用较少的原料和能源投入来达到既定的生产目的或消费目的，进而从经济活动的源头就注意节约资源和减少污染，是实现自然资源的再资源化的最佳途径。所有这些原料和能量都能在不断的经济循环中得到最合理的利用，从而使经济活动对自然环境的影响控制在尽可能小的程度。从这一角度来看，循环经济是一种先进的经济发展新模式，它可以从源头节能治污，有利于人类善待自然、保持自然生态系统良性循环。

## 8.2 可持续水资源管理

### 8.2.1 我国水资源可持续利用面临的问题和关注重点

水资源管理的历史悠久，随着人类社会的发展和生产的拓展，水资源管理的目标、内容和方式随之变化。社会经济愈发展，人类对水的依赖性愈强，对水资源管理的要求也就愈高。各个国家不同时期的水资源管理与其社会经济发展水平及水资源开发利用水平密切相关，同时，世界各国由于政治、社会、宗教、自然地理条件和文化素质水平、生产水平以及历史习惯等原因，其水资源管理目标、内容和形式也不可能一致。自 20 世纪 80 年代可持续发展概念被明确提出以来，可持续发展思想已经广泛为世人所接受。许多国家和地区已经把是否有利于持续发展作为衡量各种活动是否得当的最重要的出发点之一。从当前全球正面临水资源危机的现实来看，水资源管理是以水资源可持续利用支撑经济社会可持续发展为最终目的，这是现代水资源管理理念的根本特征。水资源管理对一个国家和地区的生存和发展，有着极为重要的作用。中华人民共和国成立以来，我国水利建设和水资源利用取得了巨大的成就。干旱、洪涝等水旱灾害防治及发电、灌溉等水资源利用为我国经济发展和社会进步发挥了巨大作用。近年来，我国水利事业发展迅速，投资规模较大，水利设施建设规模增大，但是由于我国人口众多，区域差异明显，水资源不匹配。尤其是近年来经济持续快速发展带来的(水)资源压力和严峻的水多(洪水)、水少(干旱)、水脏(污染)的现实，与可持续利用目标相比，仍面临诸多问题，且有的问题仍在恶化。归纳起来主要有：

1) 人口增长，水资源供需矛盾

中国巨大的人口基数以及人口再生产特有的巨大惯性，使中国人口仍在继续增加。水资源需求量不断增加。到 2050 年，世界人口将达到 106 亿，全球的用水量将在目前的水平上翻一番。而目前几乎所有易获得的水源都已在或正在开发之中。从长远看,各国可获得淡水量是有限的,日益尖锐的水资源供需矛盾已对世界和平构成一种威胁。

2）经济快速增长,废污水排放量急剧增长

改革开放以来,伴随我国经济处于高速增长期、工业化和城市化飞速发展的进程,一方面是对水的需求急速增长,另一方面是废污水的排放量也相应急速增长。基于目前废污水的处理和回收利用偏低的现状,如果在可预见的未来工业用水成倍增加、城市化水平快速上升、小城镇快速发展,废污水的排放量将会数倍、甚至十几倍地增加,势必加剧水环境的恶化。据分析统计,每年有 $4\ 200\times10^8\ m^3$ 污水排入江河湖海,使 $5\ 500\times10^8\ m^3$ 水资源受到污染,约占全年径流量的14%以上,而受污染的均是城市周围的水源,许多城市守着江河却不能自用。这种状况在发展中国家还会持续很长一段时间。因此,未来随着经济社会发展和人类活动的增加,中国将面临水资源短缺,废污水处理,水环境治理三重压力。

3）需水增长,供需矛盾尖锐

中国淡水资源总量为2.8万亿 $m^3$。根据国际上评估标准认为,中国水资源的可利用量大约为10 000亿～11 000亿 $m^3$,据有关专家估计,我国未来水资源需求量在7 000亿～10 000亿 $m^3$,鉴于我国的水资源可利用量及开发利用难度,在可预见的未来增加4 000亿 $m^3$ 的可供水量是困难的。如果在可预见的未来我国的供水总量控制在8 000亿 $m^3$ 左右,即净增2 200亿 $m^3$ 的供水能力也有相当大的难度。因为过去的50年间较易开发利用的水资源大部分已被开发利用,可经济开发的水源不仅受到区域性的限制,而且可开发利用的水资源的难度越来越大,开发的成本、所需的技术和知识越来越多。特别是长期以来,管理体制的部门分割,对水资源的有效利用和管理又人为增加了很多不利因素。因此,中国未来水资源的开发利用将更加艰难,供需矛盾将会更加尖锐。

4）水利工程老化失修,改造任务艰巨

我国现有的水基础设施是未来50年经济社会发展的主要保障和物质基础,但却具有很大的脆弱性。目前面临着两大威胁,一是现有水利基础设施面临着萎缩和老化的危机;二是维修、更新、配套任务大。因为中国现有水利基础设施大部分是20世纪50年代至70年代大搞农田基本建设时期兴建的,到21世纪中期,这些水利基础设施将进入百年期。由于种种历史原因,其设计标准普遍偏低,再加上重硬件、轻软件,重骨干、轻配套,重建设、轻管理,因此,许多水利基础设施配套差,设备老化失修、管理水平低,运行状况不良,至今没有能充分发挥应有的效益。如果未来若干年,现有水利基础设施不能巩固、提高和充分发挥效益,那么现有水利基础设施存在的问题很可能成为经济社会发展最大的制约因素。因此,随着水利基础设施逐步进入百年期,巩固改造任务愈加繁重。

5）科技含量低,管理相对粗放

科技进步是提高水资源的有效利用率的决定性因素,一旦科学技术渗透并服务于整个水利,水利基础设施潜力和水资源利用率的提高将会对经济社会发展带来更高的安全保障和新的经济增长。从目前来看,我国科技水平与发达国家相比存在着很大差距。因此,未来水基础设施效益和水资源利用率的提高,水资源短缺矛盾的缓解,很大程度上取决于科技水平和经营管理水平的提高。在水利领域，目前水利科技贡献率只有32%左右，水的有效利用和节水技术的应用没有被引起高度的重视。过去由于在水利建设的指导思想上重建设、轻管理，导致了管理机构不健全，管理人员素质较低。因此，我国依靠科技进步、技术创新来提高水经营管理水平，以及管理人员素质的任务十分迫切而艰巨。

6）水市场机制建设步履维艰

随着市场经济的建立和快速发展，水市场机制的建设已经摆在我们面前，而水市场机制的建设需结合水的特殊性。由于过去水利一直是以农业服务为主体，因此作为国民经济基础产业，具有公益性；而面向全社会的水资源，其市场机制的建设还远落后于其他资源的市场化程度。如何使水适应市场经济体制，即如何建设水市场，是当前和今后一段时间内水资源管理的一个难点。单纯从经济运行角度而论，水市场化程度将随国家经济市场化程度的提高而提高，但由于水资源仍然要依靠亿万农民兴修、维护和抗洪抢险，具有公益性，因此在水市场化建设过程中至少应考虑到国家目标或政策的约束。一是水价，由于农业用水总量约占70%，即使考虑节水技术与措施，未来至少仍占50%的农业水价始终受到国家农业政策的约束。二是来自劳动力，由于水利的兴建和抢险要依靠亿万农民，目前农民主要承担两种，即义务工，主要是防汛抢险；劳动积累工，主要是开垦农田水利基本建设，包括水土保持的小流域治理等。因此，水市场化程度应为国家宏观政策指导下的有条件的市场经济水利市场化程度。

7）管理体制的分割，影响水资源的统一管理

长期以来，无论是从思想认识还是经济体制上，水利一直没有被视为国民经济的基础产业，这直接影响到水的管理体制。目前在分地区、分部门的水资源管理体制中，权属管理部门与开发利用部门相互关系职责不清，地表水与地下水的管理体制仍未理顺，供水、用水、排水（包括排污）三者的管理体制很不协调；水污染的防治与水资源的保护以及城乡供水、水量和水质的管理体制没有结合起来等。这种现行的管理体制和机制，既不利于水资源的有效利用，也不利于生产力的发展。从机构的变革来看，就水利和水电而言，1958年水利和水电合并组成水利电力部，1979年分开成立水利部和电力工业部，1982年又合并为水利电力部，1988年分开成立水利部和能源部。这种体制上的反反复复，严重影响水作为资源的统一管理，严重影响水资源管理的效益。事实上，凡是大型综合利用的水库，都担负着防洪、发电、灌溉、供水、水运等多目标的任务，往往大坝及其他建筑物由水利部门管，水电站由电力部门管，船闸再由交通部门管。“一龙治水，多龙管水”，或“多龙治水，多龙管水”，这种管理体制既影响水资源的综合开发、优化配置、有效利用和统一管理，又束缚了经济社会生产力的发展。此外，我国北方产粮区的水土资源匹配差异明显。水资源的短缺情况正在加剧，这也将是我国未来水资源可持续利用的重要制约因素。

为了缓解水资源面临的压力，适应现代水利发展的要求，传统可持续性的界定有两个基本准则：开采量不能超过水资源的可持续供应量，即以不破坏水环境的生态平衡为约束；水质不应随时间下降。

21世纪水资源管理关注的重点有：

（1）实行流域水质与水量的统一管理。基于水资源承载能力，建立流域水资源安全

利用指标，制定开发利用的长期规划。

(2) 通过GIS、卫星遥感、气象雷达和专家知识系统建立流域、区域水资源基础信息系统，核算流域水资源的承载极限，确定最大供给水平。

(3) 改变传统的水供给管理模式为竞争型水需求管理模式，包括水资源补偿使用、发放可交易的取水许可证和排污费等。此外建立用水审计制度，制定工、农业和城镇生活用水标准，鼓励节水技术、方法的应用和创新。

(4) 探索正确的水环境评价分析框架，包括水资源受各种自然因素，如气候、地质地理条件和生态过程的影响。评价分析比生活、经济活动复杂，更具不确定性。目前的水资源评价指标集中于地表径流量和城市水质情况，偏重于经济系统，而且只从人类需求出发，强调水的社会经济功能，忽略了水在环境中不可替代的溶解、输送和自净化等自然功能。

(5) 水经济学，即水资源的天然流动性(开放性资源)，使得市场经济的基础所有权的独立性以及使用上的排他性难以确立。人们还长期否定水资源的商品属性，认为水资源应该无偿使用。实际上水资源具有价值属性，也是有价格的，这就要求我们加强水经济学的研究。水经济学的核心是水资源定价，加强水利工程的融资和收益管理能力建设，并在各竞争性用途与用户之间实行水资源利益效率分配。

(6) 建立世界性水资源银行。水资源管理是一种长期投资，需要从全球层次上对水资源的开发投资、保护性利用和废水处理进行资源重组和最优化协调管理。

(7) 需要全社会的广泛参与。水资源管理不仅是一个科学问题，也是一个社会问题。为了提高水安全管理信息系统的效率和有效性，还需要公众的支持和参与，建立新的全球水道德，加强忧患意识和节水意识教育，走向一个新时代的节水型社会。21世纪人类面临的最大挑战之一将是水资源的缺乏，研究和提出新的高效水管理模式，实现水资源的可持续利用和优化配置，是摆在我们面前的一项急需解决的重要课题。

### 8.2.2 可持续水资源管理的概念和内容

可持续水资源管理的概念是针对已出现的水问题和21世纪面临的水压力而逐步形成的，并且还在不断发展和丰富。1996年，联合国教科文组织(UNESCO)国际水文计划工作组将可持续水资源管理定义为“支撑从现在到未来社会及其福利而不破坏它们赖以生存的水文循环及生态系统完整性的水的管理与使用。”可持续水资源管理要求在水资源规划、开发和管理中，寻求经济发展、环境保护和人类社会福利之间的最佳联系与协调，亦即人们常说的探求水资源开发利用和管理的良性循环。可持续水资源管理与现行的水资源管理相比，特别强调了未来变化、社会福利、水文循环、生态系统保护这样完整性的水的管理。可持续水资源管理的基本特点可概括为两点。第一，面向可持续发展。在可持续水资源管理中，考虑可持续发展是首要的，其中不仅仅指水资源在代际间的公平分配，社会经济环境的协调发展，还有当代人群之间、流域的上下游之间和跨流域之间的水资源合理分配及区域社会、经济与环境的协调发展问题。因此，在水资源系统开发规划和管理中，必须考虑水资源的承载能力和水资源系统本身对自然界生态系统的影响，必须要以可持续发展思想为指导，使有限的水资源得到可持续利用。第二，考虑未来大范围环境的变化与影响。以往规划水资源虽已考虑了环境保护与污染防治问题，但未脱离经济制约型范畴，即规划仍以发展经济为主，对环境的重视仅以可接受的程度为限，而非致力于经济、环境的协调和经济、环境持续发展能力增强协调型规划。随着社会的发展，都市化的土地利用在发生变化，农业开发、社会经济条件、生态系统也在发生变化。因此，现代水资源规划与管理就必须要考虑这些在未来可能发生变化的影响，以适应可持续发展模式的要求[40]。

可持续发展的宗旨是保护水资源能满足世世代代延续不断发展的需要，使人口的数量和生活方式维持在地球的承载能力之内。从内涵来看，可持续发展必须处理好近期目标和长远目标、近期利益和长远利益的关系，经济发展应注重速度与质量并存。其中，经济增长方式十分重要，是可持续发展不可分割的一个整体。我国正处于经济快速增长与经济增长方式由粗放型向集约型转变的过程中，其水资源可持续利用应包含以下几方面内容：

(1) 水资源可持续利用要改变以往水利工程相对单一的弊端，强化生态水利、资源水利意识，在注重经济基础价值的同时，重视水资源的生态环境价值和社会价值。

(2) 水资源可持续利用强调人口、资源、环境和经济协调发展下的利用，即在保护生态环境的同时，促进经济增长和社会繁荣，避免单纯追求经济利益的弊端。

(3) 水资源可持续利用要满足代内与代际之间的平等，共享环境、资源和经济、社会效益的公平原则。

(4) 水资源可持续利用应遵循生态经济学原理和整体、协调、优化与循环思路，应用系统方法和高新技术，实现生态水利的公平和高效发展。

(5) 水资源的节约利用和循环利用是水资源可持续利用的一项长久策略，是节约型社会和循环经济在水资源方面的具体体现。合理用水、节约用水和污水资源化是开辟新水源和缓解供需矛盾的有效途径。

### 8.2.3 实现水资源可持续利用的战略措施

近20年来，人们更加关心中国的水资源能否支撑庞大人口规模的食物供应，能否支撑社会经济的平稳较快发展，能否解决缺水、水污染和生态退化问题，能否妥善应对气候变化的影响。为此，中国政府和专家学者积极探索水资源可持续利用战略与思路，提出了以“水资源的可持续利用支撑中国社会经济可持续发展的水资源”的总体战略，确定了从传统水利向现代水利、可持续发展水利转变的新时期治水新思路。其核心内容是：坚持以人为本，把解决和改善民生问题放在首要的位置；坚持人与自然和谐相处，保障生态环境用水，促进生态文明建设；建立自律式和集约式水资源开发利用模式，全面建设节水型社会；推进水资源合理配置和多渠道开源，切实提升城乡供水安全保障能力；坚持统筹兼顾，加强改革创新，建立和完善推进水资源现代化管理保障系统。概括地说就是通过水资源的合理开发、高效利用、优化配置、全面节约、有效保护、综合治理和统一管理，满足经济社会发展对水资源的需求，以水资源的可持续利用支持经济社会的可持续发展。

中国历来高度重视水资源问题，2011 年发布的中央一号文件《中共中央国务院关于加快水利改革发展的决定》指出："水资源供需矛盾突出仍然是可持续发展的主要瓶颈。"文件提出要力争通过 5～10 年努力基本建成四大体系：(1) 基本建成防洪抗旱减灾体系，重点城市和防洪保护区防洪能力明显提高，抗旱能力显著增强。(2) 基本建成水资源合理配置和高效利用体系，城乡供水保证率显著提高，城乡居民饮水安全得到全面保障，各行业用水效率明显提高。(3) 基本建成水资源保护和河湖健康保障体系，主要江河湖泊水功能区水质明显改善，城镇供水水源地水质全面达标，地下水超采基本遏制。(4) 基本建成有利于水利科学发展的制度体系，最严格的水资源管理制度基本建立，有利于水资源节约和合理配置的水价形成机制基本建立。2012 年 1 月，《国务院关于实行最严格水资源管理制度的意见》发布，对水资源管理的目标和任务做出了明确的要求。为保障今后一个时期我国水资源安全，应大力实施以下六大方面战略措施。

1) 全面深入推进节水防污型社会建设

要持续把节水工作作为战略性、革命性措施深入推进，要在既有成果基础上，系统深入推进节水型社会建设。(1) 把试点探索向规范化建设推进。在覆盖全国的节水型社会试点建设基础上，尽快突破试点局面，把建设节水型社会提升成为全国各地、各行业都必须执行的规范，以全社会用水方式的转变支撑经济发展方式的转变。(2) 由行政推动向自觉化建设推进。在我国，节水型社会建设主要通过制度体系的构建、细化实施举措和经济奖惩政策等一系列举措进行行政推动，依法约束与规范人们的用水行为；下一阶段要促进公众形成良好用水节水习惯，节约用水与保护水资源。(3) 由定性管理向定量化建设推进。建设定量化指标体系，形成节水型社会的抓手；建设定量化过程控制，形成自然—社会水循环全过程系统监控能力；建设定量化统计体系，形成统一的节水型社会建设指标台账和统计。(4) 建立上报制度；建设定量化考核与管理，形成节水型社会建设的监督、考核及问责制管理。

2) 大力推进最严格的水资源管理制度建立

实行最严格的水资源管理制度是我国未来较长时期内的基础性水资源公共政策，国家还将水资源管理严格定位于"加快经济发展方式的战略举措"。最严格的水资源管理包括四项基本制度，即用水总量控制制度、用水效率控制制度、水功能区限制纳污制度和水资源管理责任和考核制度。其目的是要确立水资源开发总量控制、水资源利用效率和水功能区排污总量控制"三条红线"，解决我国面临的三大水资源问题。其中，水资源开发总量控制红线界定了基于水资源承载能力的经济社会系统取耗水的外部边界，针对的是水资源过度开发的问题；水资源利用效率红线界定了在约束供给条件下的水资源利用的内部边界，针对的是水资源低效利用和浪费的问题；水功能区排污总量红线界定的是特定水功能区目标下的向水体排放污染物的外部边界，针对的是超量排污和水体污染问题。水资源管理的责任考核制度将管理的目标和要求落实到了具体主体，解决了制度的有效性问题。

3) 着力加强水资源与生态环境保护

受人口增长，经济社会发展方式粗放以及气候变化等因素的影响，水资源与水生态环境保护问题任务艰巨，我国需要积极推进最严格的水资源管理制度，加强对水资源的合理利用和有效保护。(1) 以用水总量控制为核心,进行水资源合理配置,强化水资源统一调度,保障水生态系统的合理用水需求。(2) 以水功能区管理为载体,加强水资源保护,强化水功能区和饮用水源保护监督管理,完善水质监测和信息通报制度。划定地下水超采区,逐步削减开采量,遏制地下水过度开发。维持河流合理生态流量,维持湖泊、水库和地下水的合理水位,防止水源枯竭和水体污染。(3) 以提高用水效率和效益为目标,减少水资源开发利用和污水排放,减轻对水生态系统的影响。(4) 以必要的河湖连通工程、调水补水工程、底泥疏浚工程等水利工程设施建设为手段,因地制宜地做好水生态系统修复与保护。(5) 以落实法律法规和执法监督为保障,开展地下水资源管理和水资源保护等方面的立法工作。规范水资源管理行为,强化监督管理。

4) 积极推进国家智能水网工程建设。水网是区域发展支撑能力的重要体现,也是区域基础设施体系的基本组成,更是新时期水事活动的全局性、综合性和基础性抓手。积极构建“三位一体”的国家智能水网工程系统:(1) 建设高效的水资源调配网,在科学规划的基础上,推进重点水源工程建设,加强江河湖库水系连通,加快抗旱应急备用水源建设,提高重点地区、重点城市和粮食主产区的水资源调蓄能力和供水保障能力。(2) 建立系统灵敏的水资源信息网,以国家水资源管理信息系统建设为综合平台,大力完善“自然—社会”二元水循环及其伴生过程的信息感知体系建设,包括完善和升级水文监测站网;建设国家地下水监测工程,加强水质监测设施建设,加强水源地、取水户取水与排水入河排污口计量监控设施建设,积极推进重要饮用水水源地、规模以上取水户在线监测设施建设;建设覆盖省(自治区,直辖市)流域和中央的国家水资源管理系统;(3) 推进科学有序的水资源管理调度网建设,围绕实行最严格水资源管理制度和提升城乡供水安全保障,大力推进依法治水,深化水资源管理体制改革,完善水资源调度决策支持体系,实现水资源调度管理的科学化、高效化、精细化和规范化。

5) 加快建立水资源风险管理应对体系

由于年际降雨变化大,河流径流量变化显著,中国旱涝灾害频发。受全球气候变化影响,近年来中国极端水旱灾害的突发性、异常性、不可预见性日益突出。此外,随着经济社会系统的复杂化,突发性水灾害事件发生的频率也在加大,建立水资源风险管理应对体系日益紧迫。建立水资源风险管理应对体系,对于提高水资源管理效率,改善水资源管理效果具有重要作用,是推进可持续水利的重要内容。(1) 完善常规和应急综合管理领导体制,明确职责权限,理顺工作关系,建立工作制度。(2) 建立水资源风险评价机制,加强水资源常规及应急预案编制,建立特殊情景下信息交汇和公开体系,明确各种状态下各主体目标责任。(3) 加强水资源综合管理的法律法规建设,完善水资源常规管理的法律法规,修订突发事件应对法,制定各项配套制度,实现应急管理的制度化、规范化、常态化。(4) 提高水资源常规和应急保障能力,在进行水资源常规管理时还应考虑提高洪水利用,抗旱防灾和水污染应对等能力,扩大水资源常规管理范围,降低洪水和干旱等危害。

6) 夯实水资源安全保障科技支撑

水资源安全保障对科学技术提出了系统的要求,需要整体搭建起流域二元水循环模拟与调控技术体系,为水资源可持续利用提供科技支持。(1) 要加强“自然—社会”二元水循环基础理论等基础研究，完善“自然—社会”二元水循环基础认知模式，变化环境下的自然水循环演变机理，发展进程中的社会水循环及演化原理和“自然—社会”二元水循环相互作用机制等。(2) 开展变化环境下的水资源评价，适应变化环境需求。(3) 加强水资源合理配置技术研究，对多种可利用的水源在区域间和各用水部门间进行合理调配。(4) 加强水资源高效利用技术研究，完善社会水循环系统模拟与过程优化技术，丰富和发展基于 ET 总量控制水资源规划和管理理念与方法。(5) 加强水资源保护与生态修复技术研究。(6) 加强水资源科学调度技术研究，全面支撑水资源科学调度。

## 8.3 土地资源管理

### 8.3.1 土地资源管理意义及概念

土地资源是人类赖以生存和发展的基本资源，而且是有限的、不可再生的资源。土地管理过程中必须从整个社会的角度，从人类长远发展的角度，去规范和控制土地开发与利用行为，促进土地资源合理配置与利用。我国近年来开展的一系列的耕地保护工作就是这一任务的具体体现，并制定了基本农田保护条例，建立了有关保护耕地的管理责任制度，甚至在国家有关实体法上也列入保护土地资源的内容和对破坏耕地的处罚措施，充分体现了我国政府保护土地资源的决心。

近年来，由于人口急剧增长、资源不断耗竭、环境日益恶化，人口、资源、环境与发展成为影响未来地球可持续发展的主要因素。土地资源是社会经济可持续发展的重要基础，尤其是土地资源日益稀缺，使得城市建设、耕地保护与生态安全之间的矛盾愈加尖锐。开展土地管理方面的研究和实践应用，科学、合理、高效地利用土地资源，实现土地资源的可持续利用，将发挥重要的指导作用。随着社会经济快速发展，科学技术水平日益提高，资源管理发挥着越来越重要的作用。土地作为国家重要的自然资源，更需要国家综合运用行政、经济、法律和技术方法，为维护国家的土地所有制，提高土地利用的生态、经济和社会效益，调整土地利用关系，监督土地利用，而进行计划、组织、控制等综合性管理活动。因此，从土地管理的视角，使有限的土地资源满足社会经济日益发展的需求，实现区域土地资源优化配置，促进土地可持续利用，成为土地科学研究的一个重要分支学科[8]。

然而，保护和控制不是为了妨碍发展，而正是为了长期地更好地发展。从局部或短期来看，有的保护和控制土地利用措施，表面看起来限制了土地利用经济目标的实现，但是执行这些措施恰恰是为了保证更大范围的、绝大多数人的长期利益，为了未来更好地发展。保护土地资源是手段，促进土地资源合理配置与使用，使土地资源的利用满足社会经济长期的、可持续的发展是最终目标。

土地资源管理是指国家用来维护土地所有制，调整土地关系，合理组织土地利用，以及贯彻和执行国家在土地开发、利用、保护、改造等方面的改革而采取的行政、经济、法律和工程技术的综合性措施。现阶段我国土地管理的实质是国家政府处理土地事务、协调土地关系的活动，即行使国家权力的过程，这一概念包括以下几层含义。

1）土地资源管理的主体

土地资源管理的主体是国家，即土地资源管理是一种国家行为。国家立法机关通过立法授权各级人民政府负责本行政区域内的土地资源管理，各级人民政府的土地资源管理部门具体执行政府的土地资源管理职能，所以说国土资源管理部门是代表政府和国家行使土地资源管理职能。

2）土地资源管理的对象

土地管理的对象是人们占有、使用和利用土地的过程和行为，包括在占有、使用和利用土地的过程中产生的各种人与地、地与地及人与人之间的关系。

3）土地资源管理的任务

土地资源管理的任务最终是为了维护社会主义土地公有制，调整土地关系和贯彻土地基本国策。

4）土地资源管理的性质

土地资源管理是国家行政管理的组成部分，具有行政管理的一般属性和职能。一方面，土地管理具有维护国家根本利益，维护社会主义公有制的阶级属性；另一方面，具有对社会土地事务进行行政干预和管理，以便土地利用符合整个国民经济发展要求的社会属性。土地管理的二重性决定了土地管理具有决策、计划、组织、指挥、协调、控制、监督与教育等具体职能。

### 8.3.2 土地资源管理原则

土地管理原则是一种执行土地资源管理特殊职能过程中应遵守的分类原则。这是在土地实行全国统一管理条件下对土地管理实践的高度理论概括和总结。

1）统一管理原则

所谓统一管理，就是依照《中华人民共和国土地管理法》的规定，实行全国土地的统一管理，城乡地政的统一管理。实行统一管理，一方面要建立健全统一的土地管理机构、建立健全适应社会主义市场经济体制的具有中国特色的土地管理体制；另一方面要按照统一管理、分工负责的原则正确处理国家、部门、地区、单位和个人之间的关系，协调和理顺各方面的土地关系，充分调动一切积极因素，合理利用每寸土地。

2）依法管理原则

依法管理就是要按照《中华人民共和国土地管理法》和相关土地管理法律、法规，实施土地管理。我国颁布实施《中华人民共和国土地管理法》以来，土地立法速度加快，从最高权力机关到各级人民政府制定颁布了一系列土地政策、法规和行政规章，为依法统一管好土地提供了法律依据。一个科学完整的土地法体系逐步形成，标志着我国土地管理工作已进入依法管理的新阶段。

3）土地公有制原则

社会主义土地公有制是我国社会主义制度的基本组成部分。土地管理的阶级属性决定了维护社会主义土地公有制是社会主义土地管理的重要目的之一。土地管理机关必须依法禁止土地买卖和其他非法转让、出租、抵押土地的活动,保护社会主义土地公有制不受侵犯。任何单位和个人使用土地,必须依法申请报批,除法律规定可以无偿使用土地者外,都必须办理转让手续,支付土地使用权出让金,按照合同规定进行开发利用。

4) 充分合理利用土地和切实保护耕地的原则

社会主义国家的土地分配和利用,必须最大限度地满足整个社会日益增长的生产和建设用地的需要。为此,要按照土地的自然和经济性状以及国民经济各行业各部门对土地的要求,统筹兼顾,合理安排各部门的土地利用。从第一保证吃饭,第二保证建设出发,要优先安排农业土地,即将土地质量好、肥力高、适宜于农业利用的土地首先用于农业生产。城镇、工矿、交通等非农业建设占用土地要贯彻节约的原则,要精打细算,严格控制用地指标,尽可能少占或不占耕地。

5) 土地资产管理和土地资源管理并重的原则

土地是宝贵的自然资源,同时又是蕴含巨大经济价值的资产或财产,土地管理工作强调要将土地资源管理和土地资产管理放在同等重要的地位上。土地资源管理与土地资产管理是一个问题的两个方面。土地资源管理的核心内容是促进土地的合理配置,归根结底是为了人类能在当前和长期利用土地,追求当前利益与长远利益的统一。经济效益是土地利用的基本追求,没有经济效益的土地利用是失败的利用,是土地资源的浪费。

作为土地所有者的国家和农村村民集体或获得国有土地集体土地使用权的社会经济组织和个人都将土地所有权或土地使用权当作资产追求其价值增值。搞好土地资源管理可以通过促使全社会范围内的土地合理配置,提高全社会土地经济价值,即土地资产增值;反过来搞好土地资产管理,建立土地价格体系,逐步建立起合理的、以市场地价为主的土地价格形成机制,建立土地收益合理分配体系,建立土地市场中介服务体系等,可以通过行政宏观调控手段("看得见的手")和市场价值规律("看不见的手")的共同作用促进土地资产的合理流动,达到土地资源合理配置的目的。所以说土地资源管理和土地资产管理是互相依赖、互相促进的一个问题的两个方面。

## 8.3.3 我国土地管理体制

### 8.3.3.1 土地管理机构

自然资源部与土地管理有关的各司局包括:自然资源部办公厅、国家自然资源总督察办公室、法规司、自然资源调查监测司、国土空间规划局、财务与资金运用司、耕地保护监督司、自然资源确权登记局、国土空间用途管制司。

省级自然资源厅有关土地管理部门包括:(1) 职能处室:法规处、国土空间规划处、财务处、耕地保护监督处、国土空间用途管制处、自然资源确权登记处、执法监督局等。(2) 事业单位:自然资源调查规划院、自然资源监测院、自然资源电子政务中心、征地储备中心、土地整理中心等,从事基准地价、标定地价的评估,土地整理与复垦,土地统征包干,土地交易市场等。

8.3.3.2　各部门在土地管理与监督方面的职责

自然资源部在土地管理与监督方面的职责包括以下几方面：

1）拟订有关法律法规，颁布土地资源管理的规章；拟订管理、保护和合理利用土地资源的政策；制定土地资源管理的技术标准、规程、规范和方法。图8-1为自然资源部机构设置。

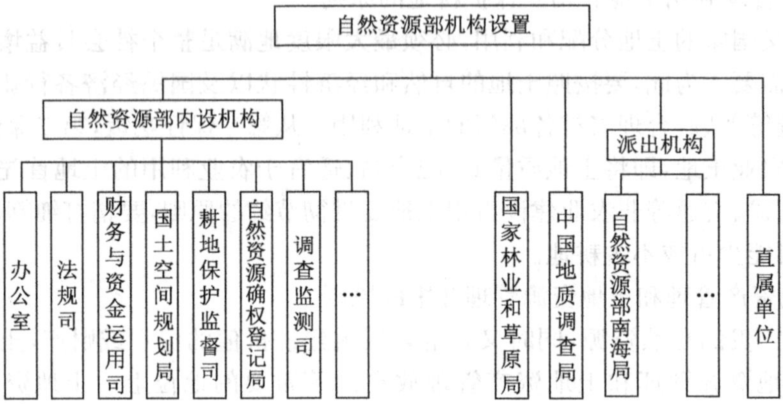


**图8-1　自然资源部机构设置**

2）组织编制和实施国土规划、土地利用总体规划和其他专项规划；参与报国务院审批的城市总体规划的审核，指导、审核地方土地利用总体规划。

3）监督检查各级自然资源主管部行政执法和土地资源规划执行情况；依法保护土地资源所有者和使用者的合法权益，承办并组织调处重大权属纠纷，查处重大违法案件。

4）拟定实施耕地特殊保护和鼓励耕地开发政策，实施农用地用途管制，组织基本农田保护，指导未利用土地开发、土地整理、土地复垦和开发耕地的监督工作，确保耕地面积只能增加，不能减少。

5）制定地籍管理办法，组织土地资源调查、地籍调查、土地统计和动态监测；指导土地确权、城乡地籍、土地分等级和登记等工作。

6）拟定并按规定组织实施土地使用权，出让、租赁、作价出资、转让、交易和政府收购管理办法，制定国有土地划拨使用和乡（镇）村用地管理办法，指导农村集体非农土地使用权的流转管理。

7）指导基准地价、标定地价评测，审定评估机构从事土地评估的资格，确认土地使用价格。

8）组织开展土地资源的对外合作与交流。

县级以上人民政府自然资源主管部门在土地管理与监督方面的基本职责：

1）宣传、贯彻、执行国家土地法律、法规和政策及地方性土地法规。

2）负责实施本辖区内土地调查、登记和统计工作，会同有关部门根据土地调查成果评定土地等级。

3）会同有关部门编制本辖区内的土地利用总体规划，年度利用计划和土地整理、复垦、开发计划，参与编制本辖区城乡建设规划。

4）负责组织实施本辖区土地用途管制，实施土地特别是耕地保护措施。

5）负责本辖区土地权属管理工作，核发土地权属证书，会同有关部门调查处理土地权属纠纷。

6）负责建设用地的审核、报批。负责本辖区土地使用权出让的组织、协调、审核和出让的方案的落实，并对土地使用权的转让、出租和抵押等土地市场进行管理、监督。

7）检查、监督土地使用者的土地利用情况，查处土地违法案件。

8）负责本辖区土地方面的宣传、教育、科技等管理工作。

9）承办上级机关和当地政府交办的有关事项。

## 8.4 土地管理的内容和方法

### 8.4.1 土地管理内容

根据土地资源管理的研究对象和任务，当前我国的土地资源管理主要包括五大部分内容：地籍管理、土地利用管理、建设用地管理、土地市场管理和土地法制管理。

1）地籍管理

地籍管理是整个土地资源管理的基础。它包括土地利用现状调查、地籍调查、土地登记、土地统计、土地权属管理和地籍档案管理等内容。其中心任务是弄清土地"家底"和土地权属，为土地资源管理各项工作提供基础资料和科学依据。土地产权是地籍管理的核心内容，地籍调查要以土地产权调查为基础；土地数量调查和统计，也必须以土地产权为基本内容，土地登记是土地产权的登记。

2）土地利用管理

土地利用管理是核心。它包括土地利用规划和土地利用计划管理、耕地占补平衡管理、基本农田保护区管理、土地用途管制管理、土地整理与开发复垦管理等。其根本任务是合理组织土地利用，实施土地用途管制和控制建设用地总量，保证耕地面积不减少。

3）建设用地管理

建设用地管理是土地资源管理的基本任务和重要内容，一般可分为宏观管理与微观管理。

宏观管理具体包括建设用地规划管理、建设用地计划管理与农用地转用、土地征用、占用耕地补偿管理等。

微观管理具体包括建设用地指标管理、预审管理、划拨、有偿使用、乡（镇）村建设用地管理、建设用地审查报批管理等。

4）土地市场管理

土地市场管理是土地在经济上的体现。它包括土地转让、出租、抵押管理，作价出资和土地收购管理，土地价格评估和确认，土地使用权招标拍卖等。

5）土地法制管理

土地法制管理是依法行政、依法管地的法律保障，也是一个基本管理手段。它包括土地法规的制定与实施管理、土地执法监察、土地违法案件的查处、土地法规贯彻执行情况的监督检查等。

五大部分内容是相互联系、不可分割的一个完整的科学体系。地籍管理是为土地利用管理、建设用地管理、土地市场管理和土地法制管理的各项内容提供土地的基础资料和依据，包括土地的数量、质量、价格、权属、位置和土地利用现状等资料和数据。没有这些资料和基础数据，土地利用管理、建设用地管理、土地市场管理不仅缺乏科学依据，而且也无从下手，如土地利用计划的预测、征用土地等都无法进行。

### 8.4.2　土地资源管理的方法

土地资源管理的方法主要包括行政方法、经济方法和法律方法等手段。

1）行政方法

土地管理的行政方法指管理者运用行政权力，通过强制性的行政命令，直接指挥管理对象，按照行政系统自上而下实现管理的方法。其特点包括依靠权力，具有权威性、强制性、直接性、单一性和无偿性。具体表现为：行政方法能使管理系统达到高度的集中统一，充分依靠行政机关和领导者的权威，通过行政层次和行政手段，对下属管理机构和土地利用等方面进行组织、指挥、协调、控制；科学的行政方法要以科学决策为依据，做出的指令既要有利于整体目标的实现，又要协调好各部分的关系。但管理效果受领导水平的限制；信息传递迟缓，有时严重失真；行政层次多，手续复杂，影响工作效率。

2）经济方法

（1）地租地价杠杆

地租地价杠杆实行土地有偿使用，使土地所有权在经济上得以实现；利用地租、地价调整土地供需矛盾；鼓励对土地的投入，提高土地利用的集约度。

（2）财政杠杆

通过财政拨款来体现国家对土地利用的宏观控制，如国家对土地整理、兴修大型水利工程、城市建设等的投资。

（3）金融杠杆

金融机构通过银行信贷向用地单位提供贷款，刺激用地单位对土地的投资，用地单位也可以通过金融市场，发行土地股票、债券，筹集土地资金。

（4）税收杠杆

国家通过不同的税种（耕地占用税等）、税率，指导土地开发利用。例如，为了稳定耕地面积，国家通过征收耕地占用税这一经济杠杆来控制非农建设占用耕地或用作开发土地、改造低产田等，作为对耕地被占用的补偿。

3）法律方法

法律方法是管理者通过贯彻、执行有关土地的法规，调整人们在土地开发、利用、保护、整治过程中所发生的各种土地关系，规定人们行动必须遵守的准则来进行管理的方法。其特点为主要运用立法和司法手段，来巩固和调整各方面的土地关系，比行政方法具有更大的强制性、严肃性和权威性。

# 第九章　智慧水利及水资源管理

## 9.1　智慧水利

### 9.1.1　数字水利到智慧水利

9.1.1.1　数字水利

数字水利是利用数字地球的思想与技术建设来改造传统水利行业，实现各种水利工程规划、建设与管理的数字化、网络化、智能化和可视化。

1）数字水利的成就

（1）数字水利实现了各种水利信息的数字化与集成化

传统水利行业的相关信息和资料，大都是以图表、图像、文档、文件、音频等形式分门别类地存储在纸质或者其他载体上，使用和分析这些数据十分繁琐。数字水利系统将所有水利资料数字化，并通过数据库进行存储和管理，实现了基础空间数据、属性数据以及水利数据的整合和集成，使水利专业信息处理、建模、分析和应用变得更方便、快捷和有效。

（2）构建了水利工程规划、建设、管理与应用的高效技术平台

数字水利关键技术包括3S技术、网络通信技术、数据库技术、数字模拟技术等，是一个多种技术平台无缝集成的数字工程构架。其中，3S技术是数字水利的核心技术。数字水利技术总体架构如图9-1所示。

（3）促进了水利信息资源的互通与共享

数字水利将传统的纸质信息数字化，建立大型水利信息数据库，为信息共享打下了坚实基础，可以实现一个部门的横向信息共享。基于互联网和GIS技术，可以实现国家整个水利系统的纵向信息共享，比如从水利部到市县级水利部门的信息共享。

（4）推动当代水利事业全面发展

数字水利作为信息时代的新生事物，大大推动了当代水利科学的理论、技术与应用的全面发展。正是在数字水利的背景下，提出了数字流域、数字水资源、数字水库、现代水利

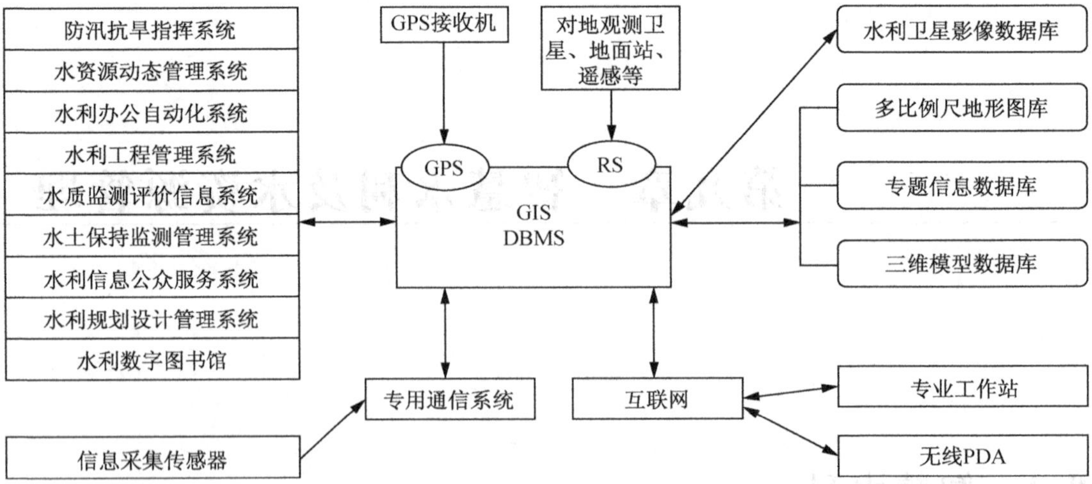


**图 9-1　数字水利技术的总体框架图**

和大水利等诸多新的理论和框架。

9.1.1.2　智慧水利概念的提出

智慧地球的概念提出后，“智慧”取代了“数字”，成为“无所不能”的形容词，如智慧城市、智慧交通、智慧医疗等。

智慧水利是智慧地球的思想与技术应用于水利行业的结果。它利用物联网技术，广泛、自动、实时地感知水资源、水环境、水过程及各种水利工程的各关键要素、关键点、关键位置和关键环节的数据；通过信息通信网络传送到在线的数据库、数据仓库和云存储中；在虚拟水空间，利用云计算等智能计算技术进行数据处理、建模和推演，做出科学优化的判断和决策，并反馈给工作人员或相关设备，采取相应的措施和行动有效解决水利科技和水利行业的各种问题。

9.1.1.3　从数字水利到智慧水利

从数字水利到智慧水利，不仅仅是技术的进步，更是诸多理念、要素的跨越和拓展。

1）从静态到动态的跨越

数字水利中的信息多是准静态信息，信息的采集和维护更新主要靠人工作业，动态更新不及时；而智慧水利实现了信息的自动感知和传输。原来数字水利以静态管理存在的问题，现在可以通过传感网解决，因为传感网可以实现信息的自动、实时更新。

2）从三维到多维的跨越

由于数字水利系统中的信息是准静态的，所以数字水利所构成的虚拟水空间是准静态的三维空间；而智慧水利的信息是随时间自动更新的，因而智慧虚拟水空间是空间三维加时间维的四维动态空间。换个角度来说，由传感信息构成的水利数据集，本身就是面向主题的、集成的、支持管理决策的数据集合，通过对数据进行多维的分析、综合和挖掘，可以得到很多隐含的、未知的、潜在有用的并最终可理解的水利专业知识与规则。

3）从产品到服务的跨越

数字水利一般是一个个相对独立的信息系统，这些信息系统具有相应的功能，向用户提供特定的产品，但相互之间的连接、信息共享和功能互操作却很薄弱，基本处于孤岛状态。而智慧水利是基于网络、云计算等的网络分布，不再表现为大型的信息系统，而是一种基于物联网的扁平结构。

4）从正确科学到精准智能的跨越

数字水利追求的是数据结果的正确性、实施方案的科学性，但由于数据、技术和理念的限制，这种正确和科学基本上是一种粗线条的趋势勾勒，很难达到精准化、智能化的高标准。而智慧水利依靠各种智能技术，主动全面感知、自动可靠传递、灵敏智能处理和快速精准反应，不但科学正确，而且精准智能，微分可控。

9.1.1.4 智慧水利

1）智慧水利的内涵

智慧水利的内涵主要有三个方面：

新信息通信技术的应用。即信息传感及物联网、移动互联网、云计算、大数据和人工智能等技术的应用。

多部门多源信息的监测与融合。包括气象、水文、农业、海洋和市政等多部门，天上、空中、地面和地下等全要素监测信息的融合应用。

系统集成及应用，即集信息监测分析、情景预测预报、科学调度决策与控制运用等功能于一体。其中，信息是智慧水利的基础；知识是智慧水利的核心；能力提升是智慧水利的目的。

2）智慧水利的基本特征

全方位感知水利全要素信息。传统上，水利信息主要通过设置各种水文站点的方法来感知，这种方法存在投资大、信息掌握不全面、占用人力资源过多等问题。随着智能化信息获取技术手段的出现，智慧水利体系可以调动资源观测卫星、无人机、无人船等多种装备，利用视频、声波等信息获取手段，从不同方位对自然水和社会水循环的指标要素进行全天候不间断地监测，从而获得大量的、综合性的信息，再辅助大数据、图像识别等现代化智能处理手段进行信息分析和挖掘，从而获得对水利全要素信息的全面掌握。

建立智能平台实现信息的全域传播。网络技术是信息化技术的核心，也是智慧水利体系的信息传递枢纽。各种传感器和智能化、无人化装备采集到的数据，具有比特量大、实时性强，快速传输要求高的特点，因此需要建设大宽带网络来传递信息，实现多种智能平台的互联互通，真正实现水利管理的智能化建设要求。

发挥情景式态势智能感知和推演功能。智慧水利体系的构建，最主要的目的是洪涝灾害的防治和水利资源的动态调动，实现造福人民生活的宏伟目标。因此，智慧水利体系中必须要包括情景式态势感知和推演模块，利用动画模拟、情景交互等技术实现江河湖海和各级水库的水位变化情况动态演示，必要时可以实现水力资源调配后的洪涝灾害态势变化的动态演示和在线推演，为洪涝灾害治理提供智能化的信息参考。

3）智慧水利建设目标

为加快推进智慧水利建设，根据水利部总体指导文件的阶段性目标做出以下建设目标：

（1）补齐水利信息化短板

稳步提升水利行业采集等相关设备的智能感知程度和利用基础信息主动采集能力。构建天空地一体化监测感知网，对水利信息化产品进行查漏补缺，重点补齐短板，实现网络互联、数据融合共享、数据深度挖掘分析和关键业务智能应用。

（2）提升强监管支撑能力

围绕江河湖泊、水资源、水利工程、水土保持、资金、政务等重点监管领域，充分运用先进信息技术，在已建信息系统基础上进行整合优化完善，快速提升各系统的强监管支撑能力。

（3）提升重点领域智能化水平

加强无人机、遥控船、机器人、高清视频等新型监测手段及卫星、雷达等遥感技术在办公自动化、洪水、干旱、水资源管理等重点领域的应用普及，建成水资源、水生态水环境、水灾害、水工程、水监督、水行政、水公共服务、综合决策和综合运维等九类智能应用，支撑水利十大业务，支撑各级水利部门业务应用。

（4）建成智慧水利体系

实现水利对象互联协同感知，水利信息化基础按需服务，水利信息资源共享，水利网络安全有力保障，物联网、人工智能、虚拟现实、移动互联等新技术在水利行业深入应用，水利大数据智能决策支撑各项水利业务。

4）总体框架

智慧水利系统构建以国家电子技术总体框架为基础，利用物联网、云计算等技术实现与水利业务的融合，构建一套完整的水利信息管理平台，总体框架如图9-2所示。

（1）感知层。感知层是通过在水利工程管理对象中广泛设置智能设备和传感器实现智能感知，自动采集包括水雨情、水土保持、水质、工程运行、工程安全、视频监控等基础信息。

（2）传输层。传输层是通过通信系统、计算机网络和数据中心，利用MSTP、3G、云计算等信息技术，搭建一个业务信息基础承载平台，满足各种数据、语音、图像及时准确地传输。

（3）应用层。业务应用层是通过打造一个统一的水利综合信息管理平台，集成十大业务系统，实现资源的交互和共享，为应用系统的功能实现提供技术支持、多种服务及运行环境。十大业务系统包括防汛抗旱、水资源调度管理决策、水质监测及评价、水土保持监测与管理、水利工程建设与管理、农村水电及电气化管理、水利规划设计管理、水利专业数字图书馆、水利行政资源管理和水利信息公众服务。

（4）保障环境。智慧水利系统的运行离不开安全可靠的保障环境。通过制定和颁布行业信息化标准确保水利系统融合、资源共享的基本要求；通过建立安全策略、安全法规、安全管理、安全标准、安全技术、安全基础设施和安全服务等的安全体系，保障水

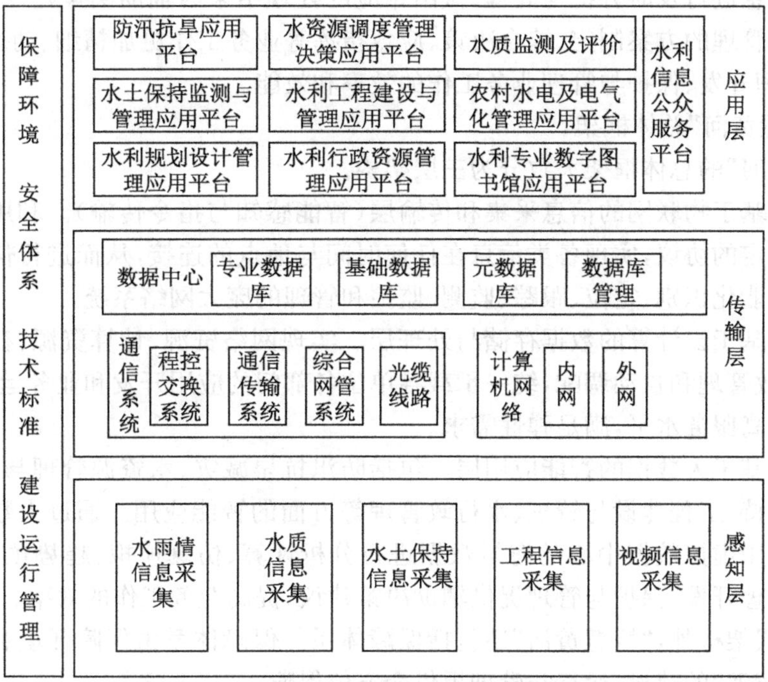


**图 9-2 智慧水利总体框架图**

利信息化健康、有序发展；通过建立健全运行管理体系，加强水利信息化建设的组织协调，合理配置资源，提高管理效率，把水利信息化建设推向与国民经济发展相适应的高度。

### 9.1.2 智慧水利应用

为了满足 21 世纪初黄河防洪减灾、水资源管理与调度、水资源保护、水土保持、工程建设与管理等治黄核心业务对数据时效性、准确性以及决策科学性的迫切需要，2001 年 7 月黄河水利委员会(以下简称黄委)提出了建设“数字黄河”工程，以推动黄河治理开发与管理的现代化。“数字黄河”工程投入运用以来，极大地增强了各类突发事件的应急响应与处理能力，提高了决策的科学性与实效性，整体提高了黄河治理开发、保护与管理的现代化水平。

近年来，物联网、云计算、大数据、移动互联网等信息技术的迅速发展，“智慧地球”“智慧水利”“智慧流域”成为信息技术发展应用的新趋势。为了满足治黄现代化的需求，适应信息技术的新发展，2013 年黄委提出到 2020 年基本建成“智慧黄河”，实现黄河水沙情势可感知，资源配置可模拟，工程运行可掌控，调度指挥可协同，基本满足治黄现代化的要求。

1）“智慧黄河”的内涵

“智慧黄河”是在“数字黄河”的基础上，运用新一代信息技术，实现资源共享和智能管理，对各类信息进行及时分析与处理，做出相应的处理结果与辅助决策建议，使黄河治理开发、保护与管理的方案制定、综合决策、应急指挥等业务工作更加精细、动态、智能，有效提升黄河治理开发、保护与管理业务工作的效率和效能。

2）"智慧黄河"总体框架

"智慧黄河"的总体框架大致分为三层架构。

第一层：基于物联网的信息采集和传输层（智能感知与指令传输）。利用各种信息传感设备，按约定的协议，实现各类信息在任何时间与地点的连接，从而进行信息交换和通信，以实现智能化识别、定位、跟踪、监测、监控和管理的庞大网络系统。

第二层：基于云计算的数据存储与处理层。实现网络资源、计算资源、存储资源等基础设施的有效管理和自动调配，统一承载各单位各部门的应用开发和业务运行需求，降低运行成本，提高服务水平，满足弹性需求。

第三层：基于大数据的智能应用层。包括防汛抗旱减灾、水资源管理与调度、水资源保护、水土保持、工程建设与管理、水行政管理等方面的智能应用。通过大数据技术建立各类模型，利用虚拟数据中心的海量数据进行分析计算、仿真模拟、趋势预测、制定方案等，为黄河治理开发、保护与管理提供辅助决策建议，提高业务工作的效率。

除了三层架构外，"智慧黄河"还包括保障体系。保障体系由保障环境和保障措施构成，为"智慧黄河"的建设、运行与管理提供全方位保障。

3）"智慧黄河"建设内容

2016 年 5 月，黄委从治黄全局和战略高度推动信息资源整合共享，部署实施信息化"六个一"重点工作，着力推动"数字黄河"向"智慧黄河"升级发展，为实现黄河治理体系和能力现代化提供强有力的支撑。

黄委信息化"六个一"重点工作包括：(1) 一张图。将黄河流域水资源综合管理工作需要的基础空间地理信息资源集成整合，形成全河流统一的二维、三维标准地图。(2) 一个数据库。将河道地形、水沙关系、物理模型、规划计划等治黄业务及政务应用的历史和实时数据统一纳入黄河数据中心，建设一个数据库。(3) 一站式登录。建立统一的黄河综合信息服务门户，用户只需要输入一次登录用户名和密码，即可浏览与自己权限一致的诸多信息化系统，实现一站式登录。(4) 一目了然监管。推进综合办公、人事劳动、财务管理、防汛、水调、水行政、工程建管等系统的综合整合应用，形成决策层需要的专业监视监测数据和信息成果，并在综合监控专题页面"一体化"集成与显示。(5) 一竿子到底。将治黄信息化在数据采集、传输、应用服务等各个环节延伸到基层一线，使基层河务段、涵闸、水文站的工作充分享受信息化带来的变化，同时提升黄委信息化整体应用水平和工作效率。(6) 一个单位来管。由黄委信息中心统筹黄委信息化的综合管理工作。"六个一"总体框架如图 9-3 所示。

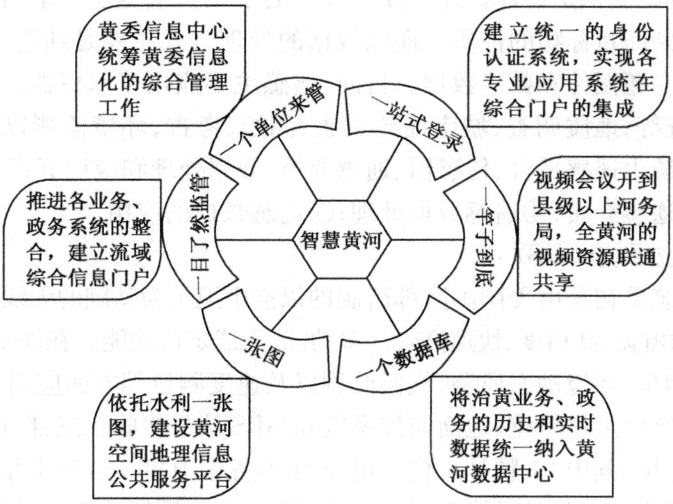


图 9-3　“智慧黄河”建设内容

## 9.1.3　关键技术与发展前景

### 9.1.3.1　关键技术

1）3S 技术

（1）地理信息系统（GIS）

GIS 是通过计算机技术对各种与地理位置有关的信息进行采集、存储、检索、显示和分析。通过各种途径（遥感、测绘、调查、测量、统计等）得到的信息都可以通过 GIS 建成一个数据库。随着网络技术的日益成熟，同一地区的不同信息系统之间以及不同地区的同类信息系统之间开始连通和兼容。近 5 年来，GIS 和网络结合，发展成了基于网络的地理信息系统，即 WebGIS。GIS 是一个有组织的硬件、软件、地理数据和人才的集合，一般认为由四部分组成：①描述地球表面空间分布事物的地理数据，包括空间数据和属性数据，空间数据的表达一般可以通过三维坐标或地理坐标（经纬度及高程）以及数据间的拓扑关系等方式；属性数据是描述实体属性的数据，如水资源的质量、权属、用途等属性。②硬件，指收集、分析、处理数据所需的硬件，如工作站、微机、数字化仪、扫描仪以及自动绘图仪等。③软件，对空间数据进行管理和分析的各种软件。④管理和使用 GIS 的工作人员。GIS 从设计、构建、管理、运行到分析决策以及问题的处理均需要通过地理信息系统的专业人才。

一般而言，GIS 具有以下四项功能：①数据采集和编辑功能。②地理数据库管理功能。③制图功能。④空间查询和空间分析功能。

（2）遥感（RS）

遥感是一种远距离、非接触的目标探测技术和方法，遥感根据不同物体的电磁波特性不同的原理来探测地表物体对电磁波的反射及其发射的电磁波，从而提取这些物体的信息，完成非接触远距离识别物体。遥感器一般借助于飞机或卫星获取目标物反射或辐射的电磁波信息来判断目标物的性质。遥感数据的处理方式主要是纠正处理后的影像，根据影像解译编制专题图件和数字数据。目前，遥感主要应用于水资源、土地资源、植被资源、海洋资源调查等；地质调查、城市遥感调查、测绘、考古、环境监测以及规划管理等方面。遥感技术系统由遥感平台、传感器、通感介质、数据处理和应用五部分组成：①遥感平台；②传感器；③遥感介质；④遥感数据处理；⑤遥感数据的应用。

(3) 全球定位系统(GPS)

全球定位系统最初是由美国国防部研制的以空中卫星为基础的无线电导航定位系统。具有全天候、全球覆盖、高精度、快速高效的多功能、无线定位功能。在海空导航、精确定位、地质探测、工程测量、环境动态监测、气候监测以及速度测量等方面应用十分广泛。

全球定位系统由卫星星座、地面监控系统和 GPS 信号接收机三部分构成。GPS 卫星基座共有 24 颗卫星，其中 21 颗是工作卫星，3 颗为备用卫星。这些卫星分布在 6 个倾角为 55°的圆形轨道上。卫星的平均高度为 $2\times10^6$ km，运行周期为 12 恒星时(718 min)。星座的这种分布确保地球上任何地点都能同时在地平线 10°以上区域内，接收到导航定位必需的 4 颗卫星的 GPS 信号，从而实现全球的三维定位和导航。在地面监控系统的支持下，GPS 星座的卫星向 GPS 信号接收器持续不断地发送全球定位信息并报告自己和其他卫星的位置。由于 GPS 卫星在空间的位置是已知的，GPS 接收器只需要同时测得某一时刻接收机到视场中 3 颗 GPS 卫星的距离，就可以用距离交会法求出用户所在地的三维坐标。

GPS 能够准确地确定某一实地的空间位置，从而为该实体获得信息源的定位提供强有力的技术手段。在利用 GIS 系统建立矢量地图时，必须使用 GPS 定位技术进行现场定位。另外，遥感解译结果的野外校正也需要精确的空间位置。

3S 集成技术不是 RS、GIS、GPS 简单结合，而是将三者通过标准化数据接口严格、紧密、系统地集成起来成为一个大系统，集信息获取、处理、应用于一体。遥感可以快速、准确地提供资源环境信息；地理信息系统能够为遥感数据的加工、处理和应用创造理想开发环境；全球定位系统为空间测量、定位、导航及遥感数据校正、处理提供空间定位信息。在实际工作中，RS、GIS、GPS 单独使用都存在着明显缺陷，GPS 可以快速精确定位目标，但不能描述目标属性；RS 可以获得区域面状信息，但受到光谱波段限制，并且还存在许多不能处理的地物特征；GIS 具有较强的数据编辑、处理和分析功能，但其数据的获取却必须依赖于其他手段。3S 集成综合应用正好可以克服彼此之间的缺陷，发挥更大的功能。

随着 3S 技术的不断发展，将遥感、全球卫星定位系统和地理信息系统紧密结合起来的“3S”一体化技术已显示出更为广阔的应用前景。智慧水利系统设计对现有水利 3S 技术进行了延伸，将 RS、GIS、GPS 三种独立技术中的有关部分通过网络有机集成共享，构成一个强大的技术体系，并且加入三维可视化技术，更加直观、准确、快速、机动、可靠地实现对各种空间信息和环境信息的收集、处理与更新，为防汛抗旱、水资源调度管理决策、水质监测与评价、水土保持监测与管理等业务系统提供决策资料。

2) 3G 技术

3G 技术(第三代移动通信技术)是一种支持高速数据传输的蜂窝移动通信技术。智慧水资源管理系统采用3G技术，能够大大提高数据的传输速度和质量，并且能够在全球范围内通过无线实现视频、图像、电话会议等信息服务，本系统中的工程监控和视频监视等可以大量运用该技术。

3）云计算与云存储技术

大数据时代的背景下，云计算和云存储技术在各个领域的应用非常广泛。通过虚拟化、宽带网络等技术将互联网资源转换到所需的无线应用平台上，然后用户根据自己需求登录平台，就能够获得自己所需的信息。通过云计算的应用，可以将涵盖范围广的流域模拟程序分解为很多小的子程序，然后通过计算机网络进行系统搜索、计算、处理，将处理结果回传给用户。通过云存储技术的应用，水利系统各流域中海量的数据，如实验数据、历史数据和实时数据，还有流域中的自然、环境数据等，存储就不用局限于硬盘空间。

4）智能感知技术

水资源智慧管理的实现需要大量的数据支撑，智能感知设备是实时数据的主要来源。通过建立前段测点位置和地理空间信息之间的逻辑关系，实现点、线、面三者的有机结合，从而实现立体的、时序的、全方位的信息感知。

利用先进的信息传感系统和设备（无线传感器网络等），实时监测、采集和分析防洪、排涝、水利项目等各类信息。例如获取水工建筑物的数据或是水文测站的信息，可以通过射频辨认技术的应用对水工建筑物和水文测站设备等装备进行射频标签，就能够自动获取系统所需的相关数据。将无线传感器网络嵌入各区域的集成化微型传感器，然后就能进行实时监测、感知和采集有关区域的各方面信息，采集的数据会通过无线网络传播出去。智能感知技术的应用有助于人们及时掌握和了解水资源信息。

#### 9.1.3.2 对我国智慧水利发展的建议

1）加强信息源及信息系统基础设施建设

构建立体监测体系，以地面站网为基础，以水循环为线索，以新装备、新产品、新途径为牵引，实现水安全、水资源、水环境、水生态、水管理的立体高效监测。例如，基于天基手段，实现对降雨、土壤含水量和地表水水面和水位等重要水文气象要素进行实时观测。信息化是智慧水利发展的短板之一，而信息系统是智慧水利的重要支撑。当前和今后一段时期的工作重点是完善网络环境，提升网络安全态势感知和应急处置能力，加强信息系统基础设施建设，保障水利大数据、信息汇集以及信息系统的运行，为智慧水利的发展保驾护航，要加快水利云平台建设，提升水利在线网络存储能力和计算分析能力，支持海量数据管理并提供公共服务支撑功能，减少托管和维护工作成本。

2）加强知识体系建设

知识体系建设的加强主要从以下两个方面入手：一是加强中国水文模型研制；水文模型是用数学语言或物理模型对水文自然系统进行解释或比拟，并在一定的条件下对水文变量的变化进行模拟和预测预报。水文模型是研究流域水文循环机理、水文预报及水资源评价等领域的重要工具。水文模型的研究与发展主要经历了经验性模型、黑箱模型或概念性水文模型到分布式水文模型且具有物理基础的确定性水文模型等阶段。而由变化环境所导致的“水文一致性”的丧失，动摇了传统的水资源分析理论方法的科学基础，新一代灵活应用于变化环境下的水文水资源预报模型的研究则为重中之重。构建中国水模型，科学预测未来中国水资源情势不仅是水资源精细化管理的必然要求，也是生态文明社会建设的重要支撑。二是加强人工智能算法的研究；人工智能算法对于智慧水利知识的生成以及智慧水利的应用具有重要的支撑作用。水利大数据的大样本，通过不断地学习和训练，保证智慧水利模拟和预测的准确性。

3）加强智慧业务核心系统建设

为进一步全面落实和支持“水利工程补短板，水利行业强监管”的水利工作基调，当前和今后一段时期需要集中精力建设四个系统的智慧业务体系，即流域水模拟和预测预报系统、水工程安全分析和科学调度系统、水行政管理职能系统和水信息服务智能系统。

## 9.2 智慧水务

### 9.2.1 智慧水务简介

1）智慧水务的概念

“智慧水务”重点在“智慧”二字，如何能充分体现智慧，将是阐述的重点。智慧的注重点在于“人机结合、人网结合、以人为主”，做到“集大成、成慧”。从专业角度来看，智慧水务是指将新兴的信息技术充分运用于城市水务综合管理体系中，通过信息通信技术、大数据建模与智能决策支持系统的集成应用，解决一系列水环境相关的问题。从技术层面来说，智慧水务是在传统水务行业技术与认知的基础上，将物联网、大数据挖掘建模、云平台、人工智能算法等新兴技术手段进行复合型集成应用，从而实现更好的水务行业信息化建设和决策流程智能化。智慧水务为水务运营者及终端用户提供实时感知、业务整合、互联互通、融合共享以及智慧决策等功能，最终实现水务信息数据化、水务数据业务化以及水务服务智慧化的目的。智慧水务实质上是一种整体且综合的行业信息化发展过程，它也可以说是符合智慧化特点的某个具体区域或者城市的水务系统。

2）智慧水务的内涵

智慧水务充分利用物联网、大数据、云计算等新一代信息技术，深入挖掘和广泛运用水务信息资源，实现水务信息共享和智能管理，全面提升水务管理的效率和效能。智慧水务提倡将传感器嵌入并普遍连接到水源、供水及排水系统中，同时通过互联网进行资源整合。智慧水务涵盖了水资源、水环境、供水、排水、防汛防涝等各个方面，是通过对各种信息的采集、传输、存储、处理、服务，实现信息智能化识别、定位、跟踪、监控、计算、管理、模拟和预测，实现更全面的感知、更科学的决策、更主动的服务、更自主的控制和更及时的应对。

3）智慧水务的目标

智慧水务建设的总体目标是充分利用“十三五”期间的建设成果，按照“深度融合、全面共享”的指导思想，以互联网、大数据、云计算、移动互联网等技术为主导，以“自然—人工”二元水循环理论为指导，以计算机通信网络和各采集控制终端为基础，建成集高新技术应用为一体的智能化水务业务管理体系，实现信息数字化、控制自动化、决策智能化，使得感知内容全覆盖、采集信息全掌握、传输时间全天候、应用贯穿全过程。

智慧水务建设的具体目标是完成“六个一”的建设任务。

（1）“一张网”。建设基于物联网的水务信息天空地一体化感知传输网络，将地基、空基、天基感知设备与无线、有线、移动等网络融合为“一张网”，打造全时空覆盖和信息双向传送的高速感知网络，如图 9-4 所示。

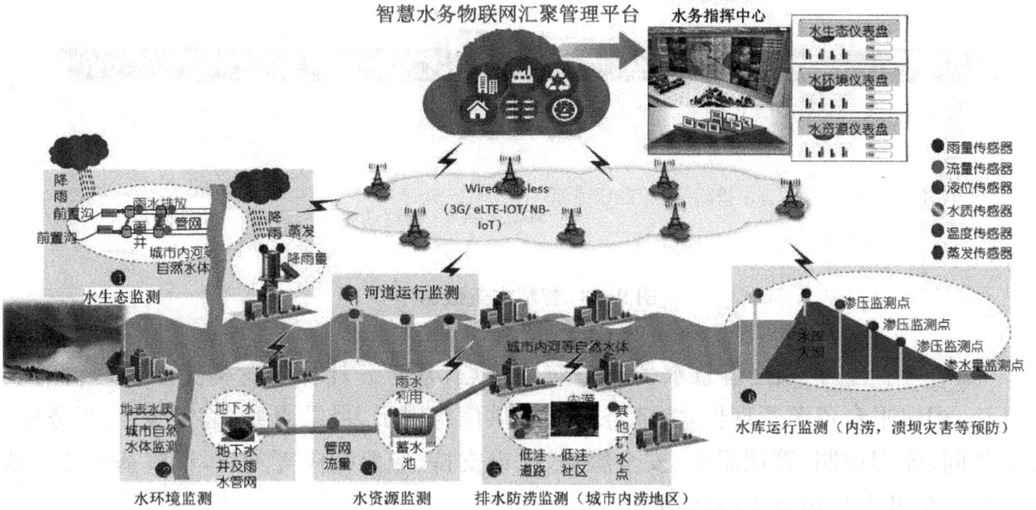


**图 9-4　智慧水务“一张网”**

（2）“一张图”。建立汇集整合水利、供水、排水、水文、气象、海洋等相关信息的“一张图”，实现水务信息整合共享，如图 9-5 所示。

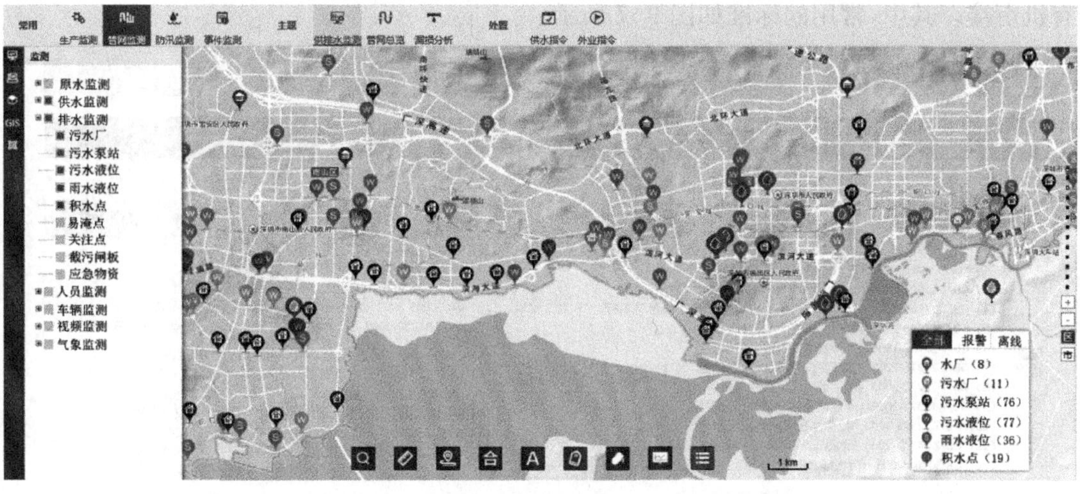


**图 9-5　智慧水务“一张图”**

(3)“一中心”。建立支撑新一代水务业务应用的水务数据中心,适合于大数据存储处理,开展信息的深层开发应用,实现基于主题的信息聚合,如图 9-6 所示。

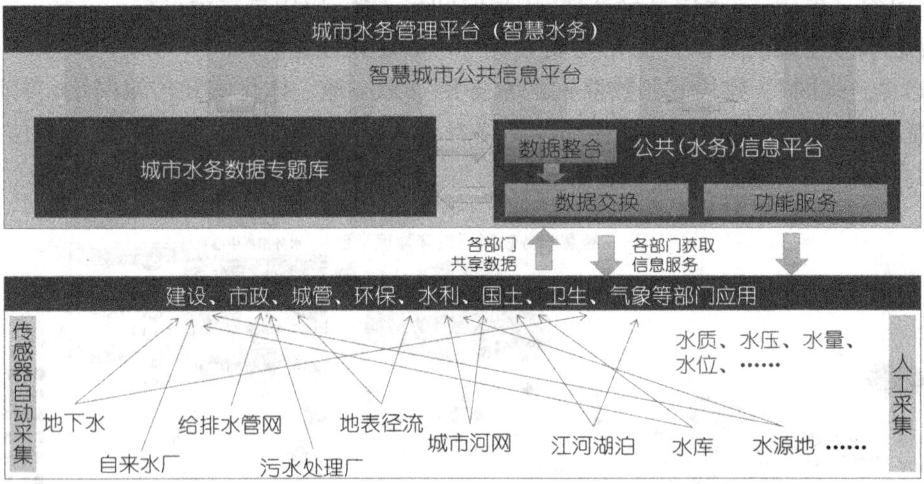


图 9-6 智慧水务数据中心

(4)“一平台”。根据智慧水务业务应用特点,基于云计算理念构建系统运行的软硬件环境,构建平台资源管理器,为业务应用提供信息展示、目录服务、信息服务、事务处理、数据访问、流程控制、管理服务、安全服务、决策支持、应急响应等支持,形成基于统一基础架构的业务开发与运行支撑环境。

(5)“一本账”。通过加强智慧水务建设,及时、准确、全面地获取水资源信息,保证水资源数据的现势性、真实性和权威性,建立统一的水务信息“一本账”。

(6)“一标准”。建立智慧水务统一标准体系,实现标准业务体系的有机融合;要坚持标准体系的信息系统有机融合;要坚持自上而下、有序推进,保证标准体系的内在统一和有机衔接。其中,常用的标准如图 9-7 所示。

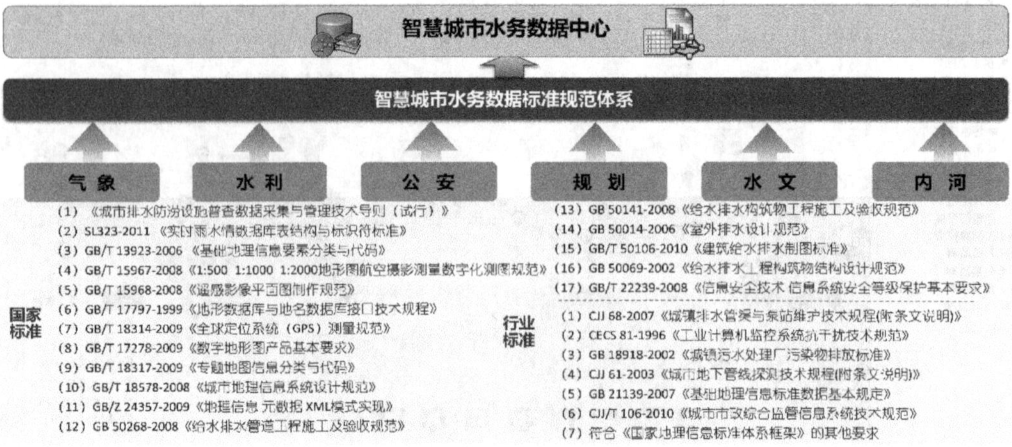


图 9-7 智慧水务标准规范体系

### 9.2.2 智慧水务的建设

1）建设原则

领先的技术路线。智慧水务平台开发需要稳定的开发平台（微服务和数据中心），融合3S技术，使用多维一体化场景、跨平台技术来构建GIS服务基础支撑系统，将水务设施封装为基本对象，结合GIS和物联网组网技术进行空间管理和相关效果评价。

实用经济兼顾技术性能。在建设智慧水务平台时，要充分利用现有的数据资源及基础设施。新建监测传感网络的设计，除要考虑布点的覆盖度和性能外，也要考虑投资的合理性。

数据共享。遵循统一规范与标准接口建设数据中心，集成关系型数据、GIS数据、BIM数据、模型数据等，充分考虑与智慧城市的数据共享和交换。同时要与地方应急指挥和其他大数据平台的规范统一。

2）建设思路

智慧水务采用"全面感知、资源共享、业务协同、统一标准、服务一体"的建设思路，本着标准先行、统一规划、分步实施、日趋完善、日渐丰富的原则，遵循"七统一"（即统一部署、统一协调、统一规划、统一标准、统一开发、统一平台、统一数据）标准，提出从感知层、通信层到中心层的统一软硬件解决方案，通过合理规划，利用各类智能终端传感器与设备，建设全面覆盖水务应用领域的智能终端设施。采集各类数据，提供可靠的基础数据来源。借助先进的通信技术，全面感知，自动实时获取各类水务数据。前端感知层获取各类实时及监测数据，处理后进入智慧水务数据中心，中心提供基础支撑平台，主要完成对水务信息的汇集、处理、整合、存储与交换，形成综合水信息资源，通过提供各类信息应用服务，实现信息资源共享、改进工作模式、降低业务成本并提高工作效率。平台提供对水务管理部门、政府部门、社会公众的各类信息服务与数据分析应用功能，为城市水务一体化的监视、调度、决策、预警、信息发布等提供完整的信息化支撑。

3）总体框架

根据水务信息数字化、控制自动化、决策智能化的建设目标，智慧水务总体框架由基础层、感知层、传输层、数据层、应用层和交互层组成，如图9-8所示。

（1）基础层

基础层的主要目的是确保平台硬件基础设施和安全系统的正常运行。良好的硬件设施是保证平台高效运用的基础。平台应用还要充分考虑水务系统的安全性。系统采用用户分级管理、网络防入侵等措施，确保系统的安全运行。实现对水务基础信息的实时自动采集和传输功能，自动感知水源地、自来水管网、排水管网等的状态信息，完成数据的实时动态采集和传递，保障数据的调用，确保运转通畅。

（2）感知层

采用数采仪、智能控制器、在线监测仪表、手持终端等采集各类水资源数据，实现设备运行状态、位置信息、设备编码等的感知，通过网络实现和水务数据中心的信息交互。

（3）数据层

数据层也是平台层，主要用于完成水务数据的综合分析及运用，通过资源整合和信息

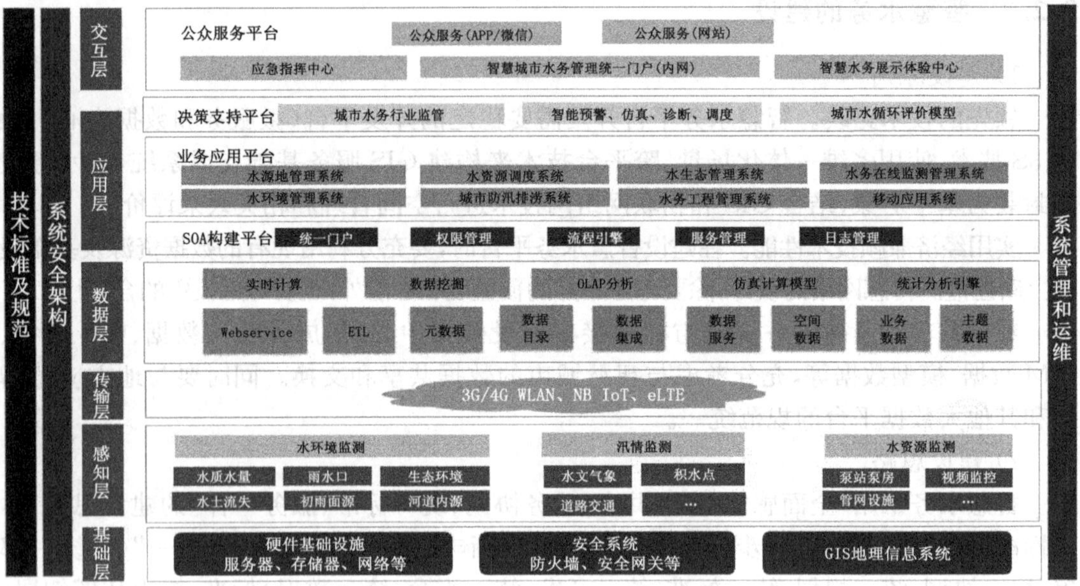


**图 9-8　智慧水务总体框架示意图**

共享，为智慧应用、门户集成提供完整的、标准的数据来源。数据层包括数据库、综合服务基础平台以及综合服务数据组成。其中，数据库包括各种元数据和数据目录等，用于完成数据整合；综合服务基础平台将各种水务业务应用系统与各自数据库关联起来，进行数据的深度挖掘、分析和处理，为水务业务的精细化、科学化管理提供支撑。综合服务数据包括分析处理后的不同水务业务数据。

(4) 应用层

应用层主要用于实现水务业务的集成管理功能。通过对多种数据的综合应用，完成对各涉水业务的关联因素分析和处理，不仅可以实现供水、排水、水资源保护、防汛减灾等业务的集成管理，也能实现应急指挥的统一平台、统一通信和统一调度。

(5) 交互层

提供政务管理、民生服务的对外接口。该层包括应急指挥中心、公众服务（APP/微信/网站）和智慧水务展示中心。公众服务具备水务信息公开、信息查询、政策咨询、行政审批等功能，公众可以利用互联网或移动终端查询和定制有关涉水业务，实现水务服务便捷化。

4) 建设阶段及关键技术

智慧水务体系的构建分为三个阶段：水务信息数据化、水务分析智能化和水务决策智慧化。水务信息数据化是将海量的多类别水务基础信息进行数据化整合，并将终端数据构建成直观可用的数据信息网络，涉及方面包括传感器开发、物联网硬件搭建、底层数字化信息系统（如 SCADA，GIS）搭建、云计算硬件搭建等；水务分析智能化是通过多维度（如地理信息、水质信息、水力信息、经济信息等）数据交互挖掘技术，大数据模型建立及智能分析预警技术等，为水务公司的运行管理提供可靠数据依据；水务决策智慧化是指整合并实现多维度数据实时一体化收集、挖掘和决策调度，为各应用层面决策提供智能化数据分析支撑，利用深度学习和机器学习的强大运算功能代替人工处理大量密集的复杂信息，进一步提高水务运行管理的决策效率和能力，从而满足城市化高速发展大背景下的水务需求。

(1) 水务信息数据化阶段

物联网传感通信系统是一种能够在智能传感终端设备与水务公司之间进行双向信息传递的传感系统。通过此系统可构建庞大的信息传感网络，能够实现水文水质监测、终端设备运行数据和用户反馈数据的高效收集及整合，建立局部技术流程和决策流程数学模型，从而将水务公司运营管理的决策依据与直观经验数据化，为提高水务系统的整体运营效率打下坚实基础。水务公司可通过实时监测设备，实现水务数据的自动化动态采集、多线程传输以及实时追踪，进而高效管理水务信息，提高水务企业对水质监控和管网运行管理的抗风险水平并同时完成人工监控的成本削减。

物联网是智能传感系统的重要组成部分，也是支撑“智慧水务”的重要环节之一。物联网的核心和基础仍然是互联网，但将所能联结的客户端延伸和扩展到了任何物品之间。物联网通过完成监测终端设备、信息处理设备、移动通信设备等物理终端的联结，将传统的孤岛式数据打造成多维信息网络，同时将数据收集、分析与预警反馈流程化、可视化，从而达到“物物相息”的效果。

作为物联网产业链中的感知基础，传感器的性能决定着所收集数据的质量，极大地影响着物联网本身以及后端数据智能处理的效率。就目前传统的传感器市场而言，按测量目标可分为三大类别，包括生物型(如微生物传感器、酶传感器等)、化学型(如 PH 传感器、气体传感器等)和物理型(如密度传感器、温度传感器等)。智能传感器在智慧水务领域的应用包括智能水表、智能水质在线监测、设备运营监测等。

在水务信息数据化阶段，底层数字化信息系统的搭建也是不可忽视的。例如，SCADA(监控和数据采集)是一种较为常用的从工业设备收集数据并进行监控的软件加硬件系统。SCADA 系统可控制处于本地或远程位置的设备，对运行过程中的实时数据进行监控、收集和处理，同时通过人机界面(HMI)软件直接与传感器、阀门、泵、电机等设备进行交互。该系统具有归档信息、提供数据可视化、系统预警等功能。

(2) 水务分析智能化阶段

在搭建完成高质量的水务信息数字化系统的同时，随即而来的问题是如何实现海量数据的存储、流通和处理，真正打破数据信息整合与分析的时空界限，也就是需要解决传统分散式信息存储与处理系统经常遇到的软硬件问题。在智慧水务场景下，智能传感系统每时每刻都在高速收集并向数据中心上传各种类型数据，对这些数据若管理不当将造成“信息爆炸”，使整体软硬件系统进入超负荷运转。以上问题在其他行业领域同样存在，云计算相关技术也在这样的大背景下应运而生，其在大数据的存储和管理中发挥着重要作用，日常使用的 APP 和网站，背后都离不开“云计算”的支持。

云计算是指以互联网为基础，按照客户的需求进行计算服务，为此类服务而开发的虚拟环境称之为云计算平台。云计算最大的优点是资源管理的灵活性，即用户随时随地想存多少就存多少。在智慧水务体系建设中，可利用云计算平台建立地区性或全国性智慧水务管理系统中心，将水质监测系统、智能排涝系统、污水处理系统、饮用水调度管理系统以及智能水务运营系统相连接，对监测数据、工艺运行数据、空间地理信息数据、运营数据乃至用户反馈数据进行有效整合及存储，实现信息共享并降低系统资源消耗的同时将被存储数据经过整理、分析和计算处理后，每一条数据就变成相互关联的有效信息，从而通过某项数据索引出更多的关联信息。

随之而来的问题是对海量数据如何进行实时分析和处理。试想一下，当几百万个设备和水质传感器在极短的时间内向控制中心同时上传多类终端信息，并与历史决策数据和客户实时反馈信息进行耦合处理，要完成这样庞杂的交互性实时数据分析，使系统做出及时反馈和控制是极大的挑战。随着物理运算工具的不断发展成熟，各类数据驱动的人工智能算法凭借其强大的信息处理能力为上述问题提供了一个现阶段相对可靠的解决方案，其功能在与传统数学机理模型工具相结合后往往可以更好地定义目标问题边界。通过各类算法的整合，这些海量数据被迅速加工并转换成有效的信息(决策依据)，进一步提升了智慧水务系统整体的运行效率和管理水平。需要指出的是，在使用数据驱动模型的时候务必考虑数据质量这个先决条件，使用背景噪音很大的数据所训练出的模型算法往往会带来低效的预测运算甚至适得其反的预测结果。

(3) 水务决策智慧化阶段

尽管大数据采集与智能分析可以设置存在于智慧水务上下游的各个环节，从水质传感器监测数据，到水厂工艺运行数据，再到水务公司资产管理数据以及用户实时反馈数据，拥有这些宝贵数据和智能分析所产生的信息，只是为决策系统的建立提供了基础，但这并不代表决策系统完成了智慧化。如何高效并有机地根据决策目标架构信息维度，并在决策体系中完成决策生成、优化、选择和执行等过程，是本阶段需要解决的核心问题。

只有认识到水务行业的信息及决策体系复杂度才能真正架构出智慧化决策系统。基于人工智能的机器决策系统的优越性在于可以以多维度信息为依据进行整体决策优化。人工智能算法可高效完成各类子系统(互联网、物联网、地理信息系统等)的跨维度信息分析，通过机器决策系统精准定位需求，跟踪中间流程，自动优化处理过程，实现城市整体用水调度以及水生态污染整体控制等一系列水务目标。

尽管通过数据统计、机器学习、智能预测等机器决策手段，可以模仿人脑做出决策，为水务系统中政府、企业和个人提供更加精细化、智慧化、高效率的服务，但是受限于机器决策系统搭建人的认知局限，目前多数机器决策方式只能达到局部最优而非全局最优。机器决策在未来相当长的一段时间内，仍然会主要担当辅助人脑决策的角色，但是可以帮助决策者更好地了解自身的决策逻辑，为更好地搭建机器决策系统提供更多的思路，并逐步解放人脑决策系统。当底层软硬件架构，智能化模型与算法以及决策体系逐步趋于成熟后，智慧水务体系的子系统即可嵌入实时控制模块达成智慧化控制，直至完成整体体系的智慧化控制。智慧水务的实践者需要看到整个智慧水务在技术层面还停留在第一阶段进行高速发展，局部子系统的大数据积累推动着第二阶段核心技术日臻成熟，此时操之过急地跨越式进入第三阶段只会催生智慧水务的行业泡沫。只有认识到机器决策现阶段的技术局限性，构建人脑和机器的双重决策保险，方能降低由于机器决策自身局限所造成的系统风险，为智慧水务技术的良性发展和整体系统的高效搭建提供更大发展空间。

# 9.3 智慧水资源管理

## 9.3.1 智慧水资源管理信息系统

1）目标

开发和建设智慧的水资源管理信息系统的根本目标是实现水资源数字化管理。在具体应用中，水资源管理信息系统应该达到如下几个目标：①能及时、准确地完成相关信息的收集、处理和存储；②具有能够实现水资源自动化管理的各类数据库；③具有较强功能的各类水资源模型库；④能够实现人机交互功能和远距离信息传输功能。

2）设计原则

为了实现水资源智慧化管理的目标，在设计和建设水资源管理信息系统的过程中应遵循一定的原则，即实用性原则、先进性原则、标准化原则。

(1) 实用性原则。实用性原则是指系统各项功能的设计和开发必须紧密连接水资源数字化管理的实际需要，所开发的管理信息系统达到水资源数字化管理的要求。在实际应用中，能通过水资源管理信息系统进行各类水资源管理任务。同时，水资源管理信息系统具有实用、简单、易操作的工作界面，可以很方便地实现人机交互对话，使水资源管理工作人员容易操作。

(2) 先进性原则。先进性原则是指系统的开发和运行必须建立在先进的软硬件基础之上，以保证系统功能运行自如。

(3) 标准化原则。水资源管理信息系统的各子系统、各模块应该具有标准化特点，这样可以保证系统的实用性范围更加广阔。系统标准化不仅可以保证系统各模块之间相互连接、功能互补，还能保证系统之间的资源共享。

3）智慧水资源管理信息系统结构

智慧水资源管理系统以数据库群为基础，以水资源管理考核计算模块、考核评价模块、友好的用户交互模块为核心，采用 Web 交互系统、移动 APP 交互系统和富客户端数字地球三维仿真交互系统构成。系统主要架构如图 9-9 所示。

(1) 数据服务层

数据服务层，又称数据库层，可为防汛抗旱、水资源管理、水环境保护等重要业务提供信息支撑。数据库分为以下七类：

① 水资源管理数据库：根据水资源管理和考核工作的需要，对数据进行管理、分析，并录入数据库集中管理。例如建立基础资料数据库，管理全市的取水许可户信息、产品信息、用水定额信息等。

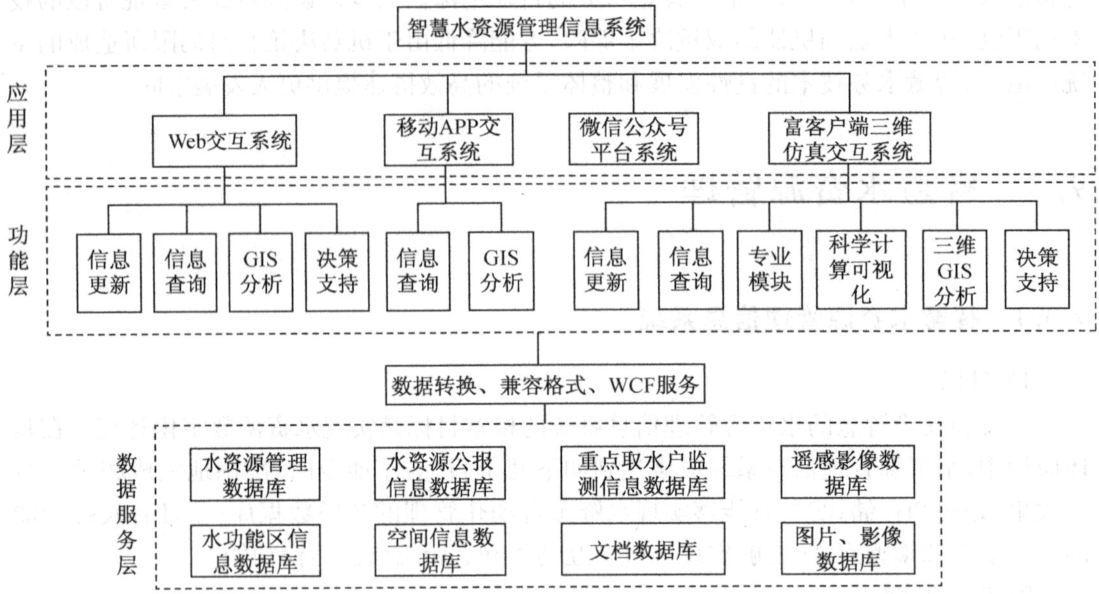


**图 9-9　智慧水资源管理系统架构图**

② 水资源公报信息数据库：主要包括水资源量、水资源开发利用状况和水质状况信息。

③ 重点取水户监测信息数据库：主要包括省级重点监管取水户、市级规模以上企业和市农田水利的取水情况。

④ 水功能区信息数据库：对研究范围内的地表水（河流、湖泊、水库等）进行地表水功能区划分；对全市浅层地下水、中深层地下水进行水功能划区。

⑤ 空间信息数据库：整理全市河、湖、污水处理厂、排污口、水功能区及监测断面等的空间地理属性数据。

⑥ 遥感影像数据库：整合已有的遥感影像、地形高程数据，兼容百度地图、谷歌地图、微软地图等多源栅格数据，用于实现基于数字地球的三维数字地球仿真系统。

⑦ 文档、图片和影像数据：国家治水方针、生态文明、水利发展战略等；水资源管理服务指南资料、取水和用水项目申报资料、水功能区监测资料、审批电子档案、项目审批流程图、视频影像等资料。

（2）功能层

① Web 交互模块。基于浏览器实现了水资源信息的查询，为水资源的科学管理、合理配置等提供技术支持服务。综合运用计算机、水文水资源、地理地球系统、网络通信等多方面技术，将 WebGIS 技术融合于水资源的管理和分析中，把水资源日常业务的需求与 WebGIS 功能相结合，使用统一的后台管理不同的客户端及不同的用户权限。

② 移动 APP 交互模块。现阶段 4G、5G 网络的覆盖使得移动 APP 在各行各业都被广泛应用。移动 APP 一体化水资源管理模块，可准确、及时地查询水资源管理信息，提高

分析、决策的便捷性，实现过程如图 9-10 所示。

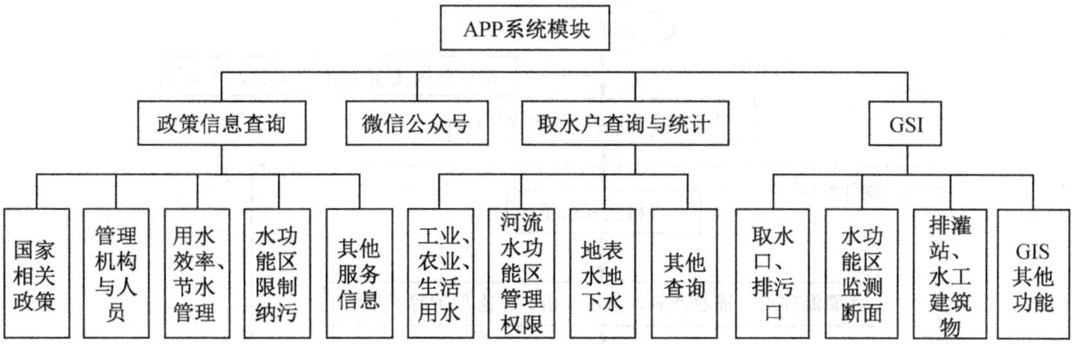


**图 9-10 移动 APP 功能模块**

③ 富客户端三维仿真交互模块。基于 NASA World-Wind 数字地球开源代码设计了三维仿真模块，实现了高分辨遥感影像及时序 DEM 地形数据支撑的涉水工程基础信息的管理，实现了河流、湖泊、河道、取水口、排污口、监测断面等基本信息的查询、统计、输出和三维动态展示。

(3) 应用层

应用层是智慧水资源管理构成要素的重要组成部分，为用户提供业务管理、数据查看服务，以 Web 交互模块、移动 APP 交互模块和富客户端三维仿真模块三种方式接收命令、请求数据，并传递给数据层处理。应用层工作模式可以分为两类：一类是系统的自动响应，即可以事先做好各种触发响应事件的功能模块或情景预案，在符合触发事件时，系统会自动分析、响应并反馈结果。如微信公众号，回答预设关键词，可自动反馈结果。另一类是按照用户自定义的事务要求，如交互分析处理、数据挖掘、辅助决策等，为用户提供决策依据。

## 9.3.2 水资源规划智能决策支持系统

水资源规划决策支持系统(WRPDSS)是以监测设备采集的水资源基本数据为基础，应用决策科学、运筹学和水资源工程学学科的有关理论和方法，为研究者提供各种决策信息。

1) 水资源规划智能决策支持系统设计

如图 9-11 所示，水资源规划智能决策支持系统包括决策者、计算机主机、软件实体和用户界面。其中，软件实体由 3 个层次组成：第一层是基础信息层，包括基础数据库和公用 GIS 库，该层是利用已有的公共基础数据库和公用 GIS 库的共享机制来取得数据；第二层是 5 个专用库及库管理系统，包括模型库及其管理系统(MBMS)、方法库及其管理系统(ABMS)、专用 GIS 库、专用数据库及其管理系统(DBMS)、知识库及其管理系统(KBMS)；第三层由各专项任务子系统组成，是系统的关键，它在各库及库管理系统的基础上完成各专项任务。具有网络构架和图形界面的人机交互系统是沟通系统与决策者和系统分析人员的桥梁，它的技术支撑除了计算机技术外，还包括3S技术和网络技术。

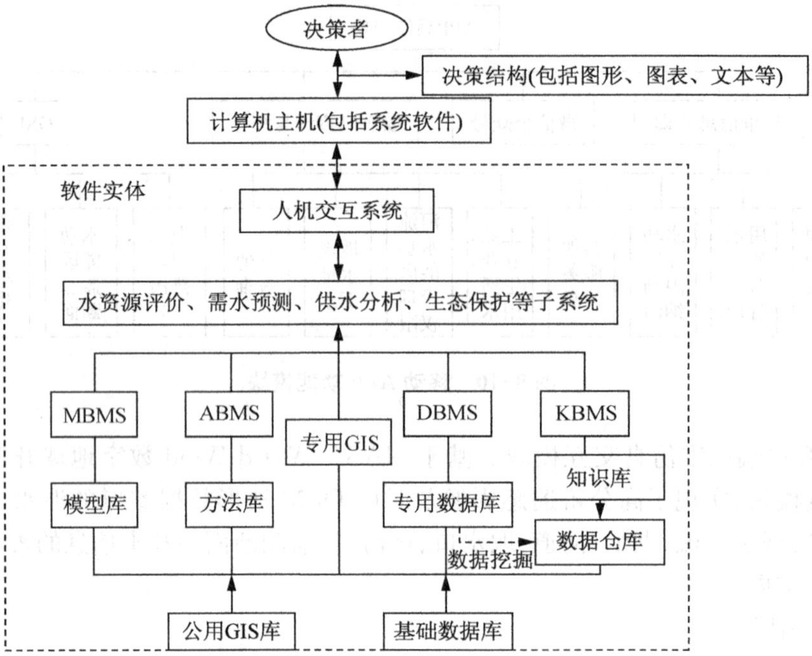


**图9-11　水资源规划智能决策支持系统**

(1) 模型库及其管理系统(MBMS)：模型库用来提供各专业分析用的模型和计算方法，主要有水文模型、水量评价模型、水量预测模型、水质评价模型、水质预测模型、地下水模型、产汇流模型、决策分析模型等。模型库管理系统用来管理模型库中的各模型，同时负责完成模型之间和用户与模型之间的信息交流。

(2) 方法库及其管理系统(ABMS)：方法库用来存放各种通用的标准计算方法的子程序库。方法库管理系统用来管理和使用包括定义、建立、存储、查询、编辑等功能。

(3) 专用GIS库：主要存放用于专题分析的专题图层，以及某些模型对GIS数据的特殊需要而建立的图形库，它是在公用GIS库提取的专题图层基础上进行的二次开发。

(4) 专用数据库及其管理系统(DBMS)：专用数据库是联系基础数据库与专题应用、模型的桥梁，用以存储专题评价、模型所必需的输入输出数据，其功能是根据模型的需要从基础数据库中提取数据，以备查询、检索和调用。

(5) 知识库及其管理系统(KBMS)：用于存储知识信息及其使用管理。知识库的内容包括各专业项目的指标体系；评价规则与标准；专家知识经验；水利法规及行业规范的有关条款等。知识库的知识来源有两个：一个来自数据仓库，数据仓库是通过基础数据库和专用数据库而建立的，通过对数据仓库的数据在一定规则下进行挖掘，提取有用的信息和知识给知识库；另一个来源是专家的知识和经验，由专家提供处理问题的实例，通过神经网络训练，实现知识库中知识的自动获取和表示。

# 第十章　土地资源智慧化保护、利用及管理

## 10.1　智慧国土

### 10.1.1　智慧国土的概念与意义

当前，我们正在进入信息化新阶段，即以数据的深度挖掘和融合应用为主要特征的智能化阶段，在人—机—物三元融合的大背景下，以“万物均需互联、一切皆可编程”为目标，数字化、网络化和智能化呈现融合发展新态势。

一般来讲，智慧国土是土地资源管理过程中将物联网与云计算两个快速发展的新技术进行充分利用，进而表现为人与自然、管理与服务等融合，全面实现网上处理各种事物，从“数字国土”到“智慧国土”的超越改变，使人们随时、随地、随心地感知服务。智慧国土以国土资源数据库为基础，利用各种先进的技术与操作手段。基于各种规范与安全保障，构建完善的监管与服务系统，实现标准、规范与智能的管理系统[52]。

智慧国土不仅能够通过信息资源互通与共享，实现土地资源管理的数据库，同时还能够对我国土地资源管理等办公业务的信息化起到良好的提升作用，通过这一基础实现我国对不同区域土地资源的改革与调配，从而逐渐形成国家性质的土地资源集成管理、集合管理以及共享管理，从而使得我国的各区域土地资源能够得到更充足的信息保障，实现信息化、智能化的土地资源“网格式”管理。

### 10.1.2　智慧国土的内容与特征

10.1.2.1 智慧国土的内容

智慧国土的内容，是由其建设体系来表达的，这个体系包括一个“一张图”数据库中心和电子政务、综合监管、信息服务三大平台，这个系统的运行依托于先进的信息化技术和建设理念。

1）国土资源“一张图”数据库

智慧国土以国土资源“一张图”数据库为资源基础，以三大平台——电子服务平台、信

息监管平台及信息服务平台为设施基础，运用先进的理念和技术（云计算、大数据等）来实现土地资源的新型现代化管理（标准化、规范化、智能化、集约化）和服务体系。以“一张图”为核心数据库作为基础的国土资源数据仓库，构成了智慧国土的大数据。

2）智慧国土管理平台

围绕“一张图”数据库中心，智慧国土管理平台包括电子政务、综合监管和信息服务三大平台。电子政务平台是基于政务云和国土云来对分散的地政、矿政、地质环境等政务系统进行重构，成为可以对国土政务实施统一管理的智慧国土政务系统；综合监管平台是跟踪国土资源运行的监督和管理的平台；而信息服务平台是服务于政府、企业和百姓的信息及信息化服务平台，其应用系统项目建设将涉及41个具体的业务系统软件的开发。

3）智慧国土建设的信息技术

智慧国土建设运用适用的信息化技术，保证国土的可持续利用，为企业及大众创建生产和生活的土地人工环境。智慧国土把与土地管理相关的分散的、各自为政的信息化、物联网系统加以整合，这是传统意义上的城市信息化、数字城市的升华和飞跃。它把各国土管理部门的职能，经过监测、分析、整合和采用智慧响应的方式综合起来，保证了智慧国土的系统运行。

4）智慧国土的核心理念

智慧国土的建设体系遵从智慧、互联、协同的核心理念，它秉承智慧城市的内容和理念。智慧城市从内容上，涵盖了产业、民生、环境、防灾减灾、行政治理、资本配置等各个方面，把城市规划、建设、管理和运行全过程智能化，并且服务于整个城市化的“应用”。而智慧国土就是要以智慧系统为“黏合剂”，把集约、低碳、绿色等新理念系统的融入国土资源管理的全过程，把过去的信息孤岛和利益壁垒打破，形成信息共享的系统共生过程。

总之，作为国家信息化建设的重要组成部分，智慧国土建设依托国土资源数据平台，构建覆盖全域的智慧国土网，实现网上一站式办公、管理与服务，从而促进现代化建设和社会生活的和谐有序的发展。

#### 10.1.2.2 智慧国土的基本特征

1）政府主导

中国智慧国土项目建设的目的是利用现代化的技术手段，提升政府的监督和管理水平。因此智慧国土建设和相关研究目前是政府主导、国家投资。但在具体工作中，海量数据的实时更新与挖掘、系统的运转与维护也需要大量的资金，同时，在市场经济条件下，企业在技术创新中的主体地位越来越突出。因此，改变传统数据认知、促进数据与市场需求的融合、借助企业的力量，应是未来政府引导智慧国土发展的主要方向。

在建设过程中，应充分发挥国内外大型科技型企业在技术、数据和资金等方面的优势，引导企业参与国土空间规划设计，研发国土资源利用与管理中急需的核心技术模块、提供具体的技术解决方案及后期使用中的设备管理与维护。

2）监管为主

智慧国土建设以国土资源遥感监测“一张图”、电子政务平台、综合监管平台和共享服务平台为基础，重点对土地资源利用、矿业资源管理及地质灾害预警等重大问题进行监管，具体表现在以下三个方面。

（1）实时掌握中国每一宗土地开发、土地利用、土地出让、土地整治、土地复垦等情况，加强对闲置土地、违法拆迁、非法占用耕地的监管，通过系统在线分析是否存在浪费、违法和指标超出的情况。

（2）实时掌握中国所有矿业权的新立、变更、延续、注销等情况。重点是监管重点矿种和重点矿区，大力推进井下采掘自动监测系统和平台建设，实行矿业权网上统一编号，嵌入制度规则和调控政策。

（3）利用计算机智能化处理地质灾害情况，综合量化预报分析成果。建立触发预警引擎机制，及时准确地以计算机屏幕弹出、手机短信发送、微信公众号推送等方式向公众发布预警信息。

总体上，目前智慧国土工程建设方向仍以监管能力的提升为主，以管理决策的科学化水平提高为辅，共享服务体现不足。在今后建设中，各类信息及时、有效地向社会传达，各国土部门之间的即时对话与信息的共享，推进数据融合与协同服务是中国智慧国土工程发展的基础和建设的目标。

3）公众参与

公众参与、多元协作、协商治理是智慧国土建设与管理的基本准则。在智慧国土相关项目的实验试点过程中，不能只停留在产品与技术层面展示上，还应提升公众参与度，让公众了解技术创新及其带来的服务品质提升和效率提高。民众可通过自然资源部的网络平台查询信息、建言献策或咨询相关问题。自然资源管理部门的领导及各部门工作人员应主动听取群众意见和建议、接受社会各界监督、实现国土管理事业公开透明化。除调动普通民众的参与积极性外，还应吸引互联网等技术公司，尤其是在国土资源利用与管理新技术研发及平台建设等方面，与其共创、合作。

### 10.1.3　智慧国土建设中的问题及分析

#### 10.1.3.1　智慧国土建设中的问题

我国智慧国土经过将近 10 年的信息化建设，从电子化、数字化起步，到后期的网络化、智慧化在逐步完善，已经大大提高了国土资源管理的效率和服务职能。但在以上建设过程中仍存在很多问题。

1）各地区发展水平不平衡

各个省或省内的各个市，发展建设水平参差不齐。有的地区基础好，当地政府重视信息化建设，可投入的资金富裕，该地区信息化、智慧化水平无疑会很高；而没有条件的地区，比如偏远地区的信息化水平相对会很低，智慧化更无从谈起。只有提高整体信息化的创新、应用的水平，才能顺利建成智慧国土。

2）资源数据整合困难

各个地区、各个部门因为过高的采集数据的费用等问题，不愿意共享数据资源，开放自己的数据库，除了地质资料能获得全国范围的数据整合和共享，其他很多数据即没有共享，也没有实现标准和规范性的统一。到 2016 年，一些省市实现了标准化和规范化的统一，做到了省内共享，但全国范围内的共享还未实现。信息化建设当中，数据资源的不共享，会在一定程度是阻碍智慧国土的建设。

3）云计算等重要分析技术还未应用

构建智慧国土的两大支撑技术：物联网和云计算，依托国土“一张图”和综合监管平台，运用智能算法，能够随时让需求者了解国土信息。但是在重要试点城市，这两项技术都未能获得实现，这就大大降低了国土智慧化的功能提供。

4）智慧国土建设资金障碍

在智慧国土的构建过程中，主要由各个地区自然资源局自己完成资金的投入，很多地区会出现投资成本短缺的现象。尤其对于经济发展比较落后的地区，资金的投入困难和技术了解的不足，很多政府引入社会或私人资本进入，进行市场化运作，解决投入资金的问题。

5）智慧化概念认识不足

各个地区对智慧化的认识停留在政府管理信息化阶段，对于智慧服务民生，便民利民的概念认识不足。智慧国土的建设大多从政府管理的角度，提高政府的管理效率，网络化、信息化，政府是单方的建设者和提供者；而公众和社会是智慧化的终端，是信息的使用者和消费者，然而这一端并没有广泛参与和大量应用。

6）公众参与不足

在各省的数据中显示，政府信息的公开、电子审批政务的电子平台是为了方便公众。然而，事实显示，公众的回复率很低，参与不足。因此，智慧国土的惠民利民的核心，没有得到实际的发挥。

#### 10.1.3.2 智慧国土建设中所存问题的原因分析

从以上问题可以看出，智慧国土的建设有一系列的问题，包括纵向的和横向的，硬件和软件的，资金和技术的，实际实施和概念认知等。问题的原因可以做如下诠释。

(1) 地区发展的差距，是各地区智慧国土建设差异的根本原因。中国的经济和社会发展的地区不平衡已经是共识的，东中西部的发展差异很大，由此在各个地区的其他方面也出现了不同程度的差异。

(2) 竞争性的地区发展政策，各地区排斥合作和实现整合十分困难。中国实行地区的竞争发展政策，各个省及省内各市都实行各自独立的竞争性发展政策。这种区域竞争性的发展政策，导致领导者各自为政，在很多领域资源的利用处于竞争而非共享的状态。

(3) 很多信息技术研发在中国尚薄弱，需要投入大量资金和科研人力。我国很多网络运营企业也尚处于初级阶段，资金实力和技术资本都不足，开发新的科技面临着瓶颈。

(4) 我国地区资金面临总体的缺乏状态，这也是导致投入受限的基本原因。中国各省基本都长期面临着赤字财政的事实，百业待兴，各方投入都很紧迫，包括很多关系国计民生的大项目。智慧国土的投入属于未来产业，虽然诸多益处，但仍然受到实际资金的制约。

(5) 公众的普及和认知程度低，引起智慧国土的公众参与程度低。很多市民或企业对智慧国土、数字国土等工程一无所知，对如何使用和应用到日常生活更是知之甚少，这导致企业和市民依旧选择传统申报审批方式。

这些问题的存在，进一步表明，若要提高我国土地资源的利用效率，智慧国土建设势在必行。

### 10.1.4 智慧国土建设下的土地资源管理措施

1）制定智慧国土建设下的信息化逻辑模型

纵观当前国外的先进性信息化建设研究领域，不管是过程还是最后的结果，都已经不断成为信息化建设在诸多领域中的评价内容。因此，基于我国智慧国土建设的总体方向，除了能够对区域性的土地资源信息化建设现状拥有正确的问题分析，同时更需要在进行土地资源管理的过程中制定智慧国土建设下的信息化逻辑模型，以此实现更系统化的建设目标。

通过这一信息化的逻辑模型，能够对智慧国土建设下的总体目标进行良好的全过程控制。通过先进的信息动态捕捉技术，实现各联动部门间的工作统一协调，从而实现土地资源管理过程中的阶段性发展。针对我国当今的社会形势，在制定智慧国土建设目标的过程中，还需要注意到由整体转向精细化管理的阶段性过程。例如：一是在“因地制宜”的基本原则之下，结合各区域间的实际情况，从初始阶段逐渐发展为智慧阶段；二是在进行方向性改革的过程中，同样需要在“ABC 法则”的基础上，进行建设目标的针对性处理；三是在制定信息化逻辑模型的过程中，还需要结合管理情况、软件环境、硬件设施、信息应用水平等多个方面，进行智慧国土建设下的土地资源管理评价，以此逐渐明晰我国在进行精细化管理与建设过程中的优劣趋势，并且以此为基础，制定后续的可行性建设目标，从而不断提升具有先进性与科学性的信息化建设。

2）制定智慧国土建设下的信息化初步目标

在制定智慧国土建设下的信息化初步目标时，对已存在的土地资源信息数据平台，应在不断进行范围拓宽的同时，注意到不同区域组织间的联动性管控模式，以此通过更统一性的地理信息，不断促进区域之间的经济发展、空间利用、管理、规划过程中的数据节点统一，以此实现土地资源的现代化信息发展。而就当前的中国情势而言，中国的城乡规划始终都属于是尚未解决统一的历史遗留问题。因此，在土地资源管理的过程中，不仅需要重视城市化系统的现代化发展，同时也需要强化农村等落后地区的同步建设，以此合理地避免由于资源管理失衡所导致的均衡性发展问题，通过智慧国土建设的信息化手段，实现未来我国在土地资源方面的城乡一体化发展。

(1) 对传统模式改革与调整。在现有基础之上，我国的智慧国土建设过程还需要对国土部门进行全面性的信息化水平完善与优化提升，通过信息化手段对不同区域的土地资源普查，进行技术手段的积极创新，对当前的组织阶段、管理制度、信息化技术处理手段，进行标准化的系统性目标构建，以此实现传统工作模式的进一步改革及调整。优先使用国际范围内更为先进成熟的技术手段，加速区域性土地资源的信息化研发过程，并且通过相应的国家政策与经济投入，加快社会市场先进信息化人员的长期性引流。

(2) 进行信息数据资源共享。对于现阶段的土地资源管理信息，则应该在智慧国土这一背景下，进行信息数据的资源共享，以此逐渐实现各区域内的信息互联，并且在信息化的技术优化手段下，实现资源管理的长效性建设。在此过程中，相关的国家部门则可以利用信息化为主的业务监管与处理模式，以即时性的动态信息，实现执行力、协调力、联动力在各项管理决策中的便捷性条件。

(3) 不断升级部署信息化仪器设备。软硬件方面的支持，则是智慧国土信息化建设过程中的重要保障。因此，相关部门则可以通过不同的设备要求，对当前组织进行各项软硬件方面的更新，通过强化设备投入力度的积极影响，实现信息化仪器设备作为形成智慧国土在建设过程中的基础保障。通过不断对信息化设备与仪器的升级部署，实现应用效率以及工作需求的不断增长。

3) 完善智慧国土建设下的区域性目标

不同地区的经济技术发展状况存在较大差异，因此，可借鉴日本和国际社会的信息化建设案例，学习更多的成功经验。在实践的过程中，不断进行经验总结、转化与目标的持续优化，并且在满足智慧国土建设的总体发展目标下，借助先进的信息化手段与专业人才，不断强化当前土地资源在管理过程中的社会服务质量高效管理以及精准的决策环节，从而实现土地资源管理信息方面的数据共享。为了提高社会服务质量，不仅需要建立国家土地资源管理运行体系，实现国家土地信托。同时，还需要充分结合当前不同区域间的土地资源价值，以此提升相关部门的资源管控能力与决策水平，以此保证管理的有效性和决策的准确性，提高国家土地部门的资源管理和决策水平。注重现有资源和人力资源的集中管理以及国家部门的政策支持和资源管理。

4) 提高土地植被覆盖率

扩大植被覆盖率是土地资源可持续利用的重要管理方向。在我国的许多地方，都存在着土地荒漠化和水土流失的问题。植被覆盖率越高，防治水土流失的效果越好。因此在这个前提下，相关部门则可以通过相关的信息化管理方式，协调森林资源，优化草地资源，并通过植树造林等相关活动，提高森林资源的可持续利用价值，从经济角度和水土保持角度全面提高了土地的植被覆盖系数；另外，也可以利用自然资源来预防自然灾害或减轻沙尘暴。而天然草地的有效利用可以防止过度放牧，促进土地资源的有效循环利用，实现土地资源有效保护的目标。

5) 强化土地整治与保护力度

土地资源保护活动是土地开发和开发活动的统称。这项工作与土地资源的可持续利用密切相关，属于一项综合性很强的发展任务。因此，相关部门则需要开发“四块荒地”，也就是说，有效地随着被破坏的斜坡、崎岖的沙子、崎岖的山和沙漠的沙子的应用而发展。这些地区的开发也相较更具有难度。土地资源需要更多的储备和开发，应根据具体情况采取相应措施。同时，对农用地、林地进行补充，通过扩大土地资源量，达到保持资源循环利用的理想效果。

(1) 水资源治理。在进行保证水土工作高效开展的前提下，需要对我国境内的江河湖海等水土资源进行积极的整治工作，以此促进我国在绿化工程与林木环保方面的顺利开发，以此在最大程度上减少沙尘暴、土地沙化等相关的自然灾害。在逐渐减少水土资源流失的过程中，实现经济效益与自然灾害之间的利害关系，从而实现生态资源与土地资源的长效性发展。

(2) 防治土地污染。针对土地污染防治工作，要制定强有力的预防计划，将防治进行结合，实施高效的水土资源保护措施。要剔除堵塞农业用水污染以及土地污染的源头，以防止城乡工业对环境造成的污染和破坏，高标准、严要求对三废进行控制。并借助生物科技、化学技术等，针对存在的土地污染问题进行治理和管控。在农业生产当中，化肥、农膜以及农药的应用要适当降低，这不但可以对土地污染进行防范，还可以支持农业绿色发展，实现土地资源可循环发展的重要目标。

## 10.2 智慧农田

### 10.2.1 从基本农田到智慧农田

1）基本农田阶段

改革开放后，国家恢复对土地资源利用的行政管理。1979 年，原农业部恢复设立土地利用局，其核心业务是以行政审批控制耕地改变用途、遏制耕地快速减少。1986 年 3 月 21 日，中央下发七号文件，同年 6 月 25 日《中华人民共和国土地管理法》颁布，同年 8 月 1 日原国家土地管理局挂牌成立。1988 年 3 月，湖北省荆州地区土地管理局、监利县人民政府批准，在监利县周老嘴镇划定了 3 个保护区块、105 个保护片，共计 37 792 亩“基本农田”，这是我国第一个划定基本农田保护区的基层实践。1989 年，原国家土地管理局和原农业部联合在湖北荆州召开了全国基本农田保护区现场会，要求推广划定基本农田保护区经验、完善做法。1992 年，国务院批准原国家土地管理局、原农业部“关于在全国开展基本农田保护工作批示的通知”，确认了基本农田概念。1994 年，国务院颁布《基本农田保护条例》，在法制层面确立了基本农田保护制度。党的十七届三中全会提出了“永久基本农田”概念，有专家解读为“基本农田，永久保护”，也有专家解读为“需实施更加严格保护的，居于更加重要意义的基本农田”。

2）高标准农田阶段

1997 年，中央下发十一号文件，要求加强土地建设；1998 年，修订后的《中华人民共和国土地管理法》颁布，原国土资源部组建，土地整理成为一项国家事业。2001 年，第一批国家投资土地整理项目计划付诸实施。浙江省创新性提出“标准农田”建设，明确了农田整理项目建设的一些硬性标准，提出了土地整理的标准化问题。2003 年 3 月，原国土资源部发布《全国土地开发整理规划(2001—2010 年)》，提出优先开展基本农田整理，以建设促保护，按照现代农业发展要求，全面提升基本农田的生产能力。

2005 年设立 300 个基本农田建设示范县，集中力量打造国家级基本农田保护标兵，对耕地资源相对集中的县实施差别化建设政策。2006 年，原国土资源部发文，正式确定 116 个国家基本农田保护示范区，提出了“基本农田标准化、基础工作规范化、保护责任社会化、监督管理信息化”的四化目标，使之成为各省（区、市）基本农田保护和建设的样板。

《全国土地整治规划（2011—2015 年）》中要求继续实施 116 个国家基本农田保护示范区建设，而且明确提出建设 500 个高标准农田示范县的任务，规划期内，新建 5 000 处万亩连片的旱涝保收高标准基本农田保护示范区，统一命名，统一永久性保护标识，统一集中监管。《全国土地整治规划（2011—2015 年）》经国务院批准发布后的 2013 年 12 月，国家发改委牵头编制的《全国高标准农田建设总体规划》发布。该规划用高标准农田统一了各部门的同类建设活动，明确了到 2020 年，建成旱涝保收高标准农田 8 亿亩，亩均粮食综合生产能力提高 100 公斤以上的国家战略目标。在标准化方面对规划做了进一步提炼，要求“高标准农田集中连片，田块平整，配套水、电、路设施改善，耕地质量和地力等级提高，科技服务能力得到加强，生态修复能力得到提升”。

3）生态良田阶段

经济社会发展与人口资源环境之间的关系，始终是顶层设计的一个重要内容。“十二五”《全国土地整治规划》尽管没有把土地生态环境建设作为一个重要目标和内容，但在编制规划过程中，比较系统地梳理和总结了国际趋势和中国经验，宣传了“生态型土地整治”的理念、工程技术和案例。2011 年 8 月，《中国土地科学》发表了“土地整治生态景观建设理论、方法和技术”专刊，进一步深化土地生态建设的探索指向。

与此同时，在实践中发现，仅仅谈“高标准建设”“高标准利用”和“高标准管护”三统一还是不够的，还必须重点考虑高标准农田建设成果与良种、良法三结合。2010 年，“良田工程”纳入国家“十二五”规划，“良田是基础、良种是核心、良法是关键”的表述已经成为一个广泛共识。

生态良田是生态农产品生产基地，是健康产能的物质基础。我国粮食总产持续攀升，一方面标志着由良田、良种、良法、良治所构成的粮食综合生产能力的稳步攀升；另一方面，有些地方不顾资源条件、不问环境状况，盲目追求粮食总产连连增，致使新增粮食总产的获得与耕地资源可靠保障、合理利用之间的矛盾越来越尖锐。有相当一部分粮食总产，是毁林耕种、毁草耕种、毁湿耕种、退化耕地生产、污染耕地生产带来的，这与土地资源永续利用的科学规律背道而驰。

4）智慧农田阶段

我国进入信息化时代，面向农业现代化、严峻的耕地资源及利用国情，面向国际农业生产经营体系的新发展新动向，我们在关注生态良田的同时，必须关注智慧农业的快速发展。精准农业、无人农机装备、机器学习、原位连续监测、智能农田决策、基因工程等都将是未来生态良田高效利用的现实。农业资源包括水、土壤、光热、微生物等的科学保护与利用，无不被人工智慧环绕、拥抱。

## 10.2.2 智慧农田系统

### 10.2.2.1 智慧农田系统模块

智慧农田管理系统由农田环境数据监测系统、自动灌溉系统、视频图像采集监测、远程数据展示与控制管理平台四大模块组成。

1）农田环境数据监测系统

农田环境监测系统利用各类传感器采集农田土壤 pH 值、土壤电传导、风速、风向、光照、降雨量、光合有效辐射、气压、空气温湿度等环境指标，通过 LoRa/NB-IoT 网关上传数据至云端数据库，供远程数据展示与控制管理平台调用（图 10-1）。

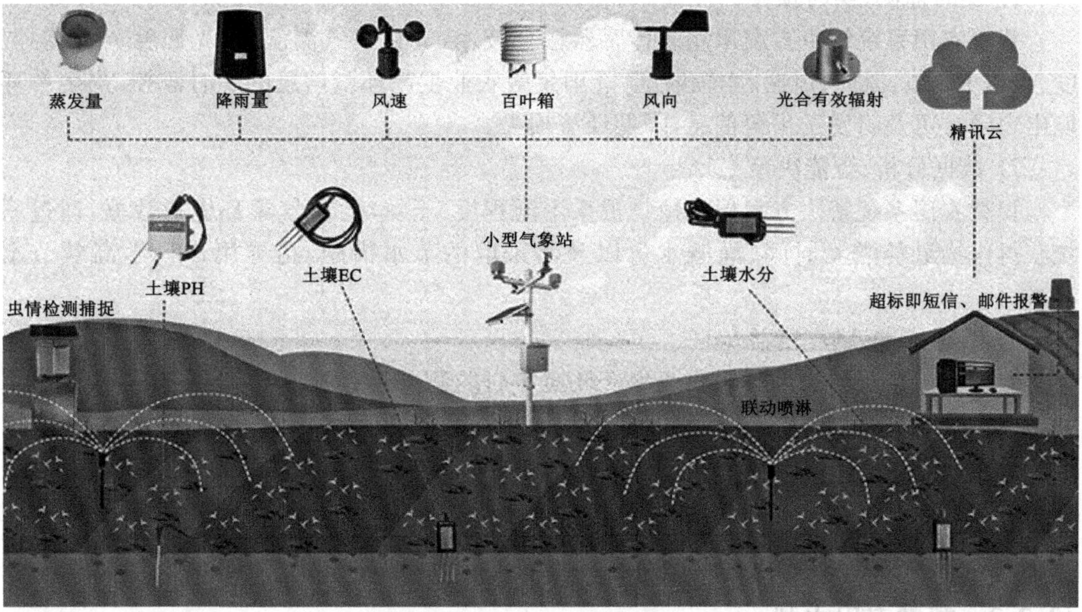


**图 10-1　智慧农田系统示意图**

2）自动灌溉系统

自动灌溉系统由物联网无线灌溉自动控制器、物联网无线控制节点、物联网无线控制节点以及相应控制软件等，通过以上控制器和控制节点控制水泵和电磁阀，实现户外农田灌溉的远程自动化控制。结合农田环境数据监测系统对土壤湿度的监测数据，通过灌溉控制器不仅可对农田进行远程灌溉作业，还可以通过用户设置实现按需定区、定时、定量灌溉，极大节省水肥药的投入，降低劳动力成本，提高水肥药的利用率，降低生产投入成本。

3）视频图像采集监测

在大田作物种植区部署高清摄像头，将实时视频信息或定时拍摄照片通过 Internet/2G/3G/4G/GPRS 等网络远程传输至远程管理中心，生产管理者可通过视频、图片信息及时了解农业生产现场情况，及时发布生产指导、病虫害预警信息等，确保安全高效生产，提高农业生产信息化管理水平。

4）远程数据展示与控制管理平台

远程数据展示与控制管理平台可将农田环境数据监测系统收集并上传的数据处理并进行图形化显示，用户可通过手机、iPad、PC 等终端设备随时随地查看和管控户外大田种植环境数据。结合在线监测数据与用户所设计的灌溉阈值，远程管理中心可智能控制灌溉电磁阀或水泵，使土壤保持最佳含水量。用户可设定各指标参数的报警阈值，当作物种植环境以及灌溉用水发生异常时，管理中心通过短信报警方式及时通知用户采取措施，及时掌握相关气象信息，减少因环境异常所带来的经济损失。

10.2.2.2　智慧农田系统优势

1）实时监测、实时预警

智慧农田系统解决方案采用多传感器融合技术，支持空气温湿度、光照度、土壤温湿度、土壤EC值、风向、风速、净辐射度、降雨量等农业生产环境信息的实时监控，当生产环境出现异常可及时发送预警信息，降低经济损失。

2）数据分析、智能决策

智慧农田系统解决方案根据植物根系干湿程度、土壤墒情、气象环境等数据，通过系统获得作物最佳灌溉时间、灌溉水量以及需采取的节水措施，指导用户科学高效节水灌溉。

3）节约成本、增产增益

智慧农田系统解决方案对农业生产环境实时监测与远程控制灌溉，在提高灌溉用水利用率的同时，还可规避农业环境突变与气象灾害带来的巨大损失。

4）视频监控、远程控制

智慧农田系统解决方案是利用高清摄像头对生产现场进行远程视频监测，及时掌握现场视频信息。智慧农田系统还可远程控制灌溉，节省人力、提高灌溉效率。

### 10.2.3　智慧农田水利

在国家政策的大力支持与农村、农业发展的迫切需求下，近年来，国家及各省均投入了巨资实施大型灌区续建配套与节水改造、小型农田水利工程等农田水利工程项目建设。农田水利工程具有范围大、空间分布复杂、工程数量多等特点，利用传统测量调查和人工巡视的手段进行农田水利工程的信息采集和管护时存在采集速度慢、时效性差、耗时长、人力需求大等问题。随着“放管服”改革的全面推进，水利行政主管部门需在新形势下利用高新技术进一步加强并完善农田水利工程的建设和管护措施，确保“放得下、管得好”。在此背景下，传统的农田水利工程建设和管护手段及信息采集措施已经渐渐不能满足农田水利工程信息化与现代化发展的需求。

遥感（Remote Sensing，RS）影像具有分辨率高、时效性强、信息量丰富、覆盖面积广等特点，可弥补利用传统技术手段进行农田水利工程建设和管护的不足。随着中国高分系列、资源系列等航天卫星的不断发射，以及低空无人机技术的飞速发展，使得多分辨率、多时相、多类别的RS影像的获取日益便利。因此，开展基于RS数据和其他辅助数据的农田水利工程信息化管理应用所需的技术、条件、方法的探索，对于大力推进农田水利信息化建设进程具有重要意义。

1）基于高分辨率遥感影像的农田水利工程信息提取

目前，基于RS技术进行农田水利工程信息提取时，主要是提取农田水利工程的灌排水渠信息，对于泵站、闸门、水位计等无法通过遥感影像直接识别出来。渠系的最终提取结果的精度与渠系状态(有无水)、渠系等级、使用RS影像的分辨率、影像获取时间以及所使用的提取方法均有较大关系。

2) 基于遥感技术的农田水利工程建设应用

基于RS技术农田水利工程建设应用主要包括基于RS技术的农田水利工程规划设计、农田水利工程建设工程情况监测、农田水利工程辅助验收等方面。其中基于RS技术的农田水利工程规划设计又包括农田水利工程的规划底图制作和基于3S技术的农田水利灌排渠道选线。

3) 基于遥感技术的农田水利工程管护

农田水利工程管护是指对农田水利工程设施进行管理保护和对农田灌溉水资源进行合理调配与运用,以促进农业稳产高产的同时节约水资源。农田水利工程管护的主要工作包括农田水利工程设施监测与保护、农田灌溉用水计划、灌溉水量调度与进度管理、灌溉效果与用水效率评价等。农田水利工程的管护工作需要大量农作物信息、农田水利、水资源等基础数据为支撑,如农田水利工程的分布、灌区作物种植结构、作物长势、作物灌溉定额、来水量、灌溉进度、灌溉面积、灌溉水量等信息。目前,应用于农田水利工程管护的相关信息的获取主要依赖于人工测量调查或逐级统计汇报等传统方式,但是传统方式又存在着监测站点少、耗时费力、更新周期长等不足。传统农田水利管护方法由于不能及时准确地获得大范围水、土、农作物等相关信息,农业灌溉用水调度多基于经验调度安排,使得灌区不能基于农情、水情的变化情况进行科学动态的用水管理。

4) 基于3S技术的智慧农田水利信息化管护综合应用系统

基于RS、GIS、GPS、计算机、物联网等技术的智慧农田水利信息化管护综合应用系统是农田水利工程信息化和智能化建设的重要组成部分,建设一个集数据采集、数据共享和信息管理应用于一体的农田水利综合管理与服务系统,可以为各级政府、水利和农业相关部门提供技术支持、信息共享、快速查询等便捷服务。智慧农田水利信息化管护综合应用系统的整体设计和各管理应用模块具体包括基于3S技术的农田水利灌排渠道智能选线模块、基于RS技术的农田水利工程建设进度监测与辅助验收模块、基于RS技术的农田旱涝灾情监测预警模块、基于3S技术的灌排水调度模块、基于RS技术的灌溉面积与灌溉进度监测模块、基于3S技术的灌溉水资源优化配置模块、基于RS技术的灌溉效果与用水效率评价模块等的设计与研发。

智慧农田水利信息化管护综合应用系统力争按照"一张农田水利网络、一张地图展示、一个数据中心、一个集成门户"的标准打造省级智慧农田水利信息化管护应用系统,实现省级农田水利数据的全面整合与共享,为农田水利工程管理、农田水利政务管理、应急指挥等核心管理业务提供强有力的信息化支撑,为省级农田水利安全运行与科学调度提供智慧化的管理手段。

农田水利信息化建设涉及农田水利信息采集、传输、存储、管理、应用等,其关键在于实现各种采集数据的整合,规范数据库结构和以采集信息为基础的业务应用,为农田水利工程管理单位、上级领导及公众信息服务。系统的总体框架包括农田水利信息采集与监控体系、资源共享服务体系、综合业务应用体系、网络及服务器等软件硬件设施、技术标准及建设与运行管理规程。

## 10.3 智慧耕地

### 10.3.1 智慧耕地的内涵

耕地研究已成为土地科学研究的热点内容，我们不仅需要考虑耕地利用，还应考虑耕地种植、环境评价、粮食安全等内容。面对这些研究热点和内容，加之传统耕地利用存在着诸多现实问题，它的发展模式已不能满足现代人类发展的需求。随着大数据时代的到来，需要重点考虑将这些海量数据、互联通信、深度学习和人工智能等运用到传统耕地利用，加快推进智慧耕地发展。智慧耕地是智慧国土的重要组成部分，是智慧国土地重要专题，也是智慧国土向深入化、精细化发展的重要分支[53]。

开展智慧耕地建设是提升耕地保护和管理水平的重要举措。为适应经济发展新常态、与时俱进地贯彻落实“十分珍惜和合理利用每一寸耕地，切实保护耕地”的要求，充分运用现代信息技术，发挥信息化渗透力强、带动性大、覆盖面广的作用，在耕地管理和治理工作上实现系统化、信息化和智能化，打造多级联动、全程监管、内外结合的智慧耕地管理平台，建立充分共享、适度开放、安全可靠的耕地信息共享开放机制，推进耕地管理的科学化、规范化和智能化，提高管理效率，为切实保护耕地、筑牢国家粮食安全的基石提供全方位信息支撑和技术手段。

开展智慧耕地管理平台建设，是充分利用现代信息技术，实现耕地保护管理的科学化、规范化和智能化，在主动、实时获取各类耕地信息的基础上，充分利用自然资源“一张图”，有效对接国土空间基础信息平台、网上办公和审批系统、政务信息公开网等，实现耕地变化信息监测、耕地保护监督、占补平衡、耕地保护目标责任考核、永久基本农田监测监管、设施农用地监管等耕地保护业务管理工作的数字化，网络化以及智能化，加快从数据到决策、从决策到指令的过程，提高智能决策支撑能力，不断提升耕地资源现代化治理水平。

### 10.3.2 我国智慧耕地发展的框架结构

智慧耕地管理平台的总体框架以耕地保护大数据平台为基础，以互联网、自然资源网络、国家政务网络以及物联网为依托，以标准、制度和安全体系为保障，以自然资源政务审批、国土空间基础平台、自然资源信息服务三大平台为支柱，以政务办公、监测监管、辅助决策、信息服务为功能核心，形成上下贯穿、互联互通的“智慧耕地”信息化应用体系。如图 10-2 所示，智慧耕地管理平台总体框架包括几个部分。

1）感知层

实现信息的智能感知和主动获取体系。主要包括：持续依托年度变更调查，开展耕地保护信息的年度更新；依托年度遥感监测、全天候遥感监测、各类高分辨率遥感影像、各类

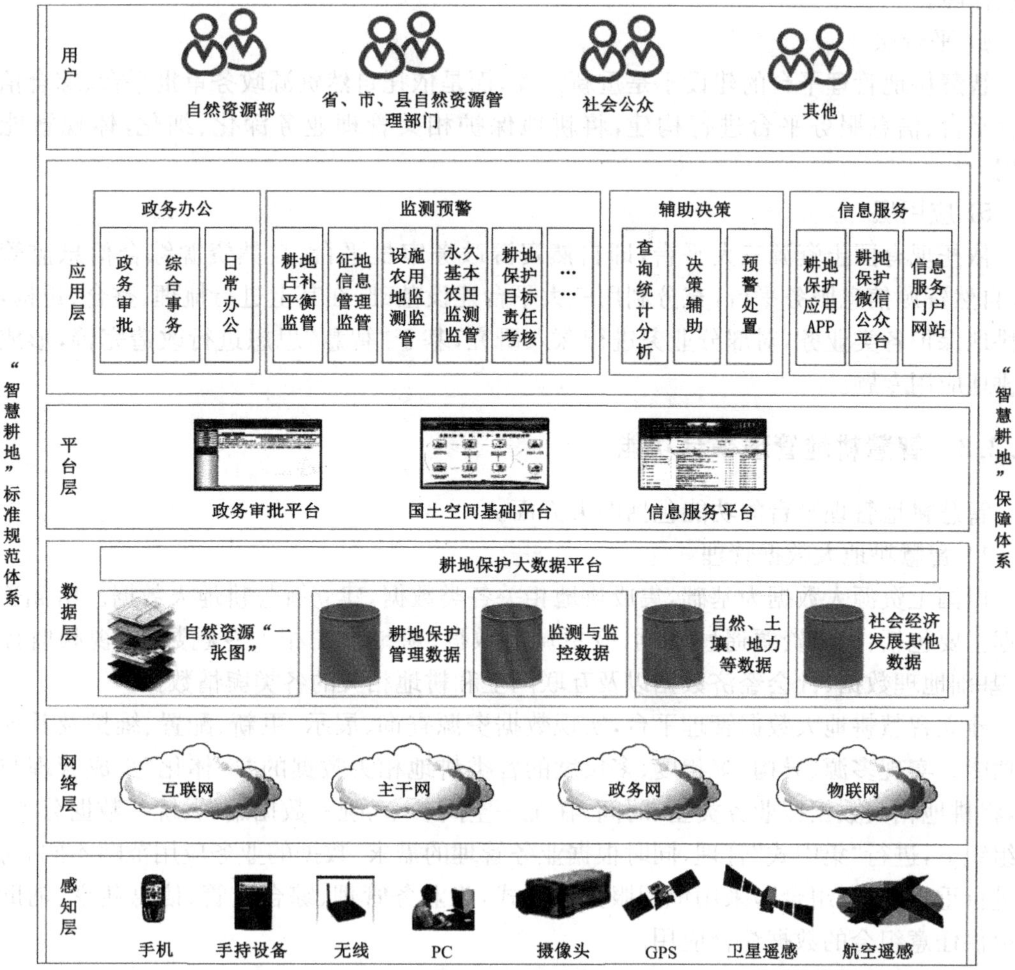


图 10-2　智慧耕地管理平台

测绘以及手持设备实时获取耕地保护各类信息；应用实时视频监控获取耕地和永久基本农田各类变化；应用物联网等技术手段，感知耕地保护各要素的变化。通过建立全方位实时信息获取手段，为实现监测监管和决策预警提供信息支撑。

2）网络层

智慧耕地管理平台的运行需要依赖基础的网络环境，主要包括：管理平台的运行以及应用需依赖自然资源主干网、国家电子政务网，信息服务平台的运行需依赖互联网环境；数据获取还需依赖无线互联以及物联网。

3）数据层

耕地保护大数据平台。以自然资源“一张图”为依托，建立耕地保护大数据平台，集成耕地保护相关各类数据。主要包括：国土资源遥感监测数据；变更调查数据；耕地保护各类监管信息；视频监控数据；地形地貌以及自然地理等数据；土壤数据；社会经济各类数据等。深入研究新型数据挖掘分析和处理模式，建立大数据平台，为“智慧耕地”提供基础数据层保障。

4）平台层

智慧耕地管理平台的建设不是重新开发，而是依托自然资源政务审批平台、综合信息监管平台、信息服务平台进行构建，将耕地保护相关管理业务深化、细化，体现智能化应用。

5）应用层

依托现有国土资源三大平台，即自然资源政务审批平台、自然资源综合信息监管平台、自然资源信息服务平台，充分利用三大平台建设基础，在其上进行梳理、整合、重构，集成耕地保护各类业务，对部分业务进行深入研究，基于"智慧"思想进行改造完善，形成智慧耕地应用专题。

### 10.3.3 智慧耕地管理平台功能

智慧耕地管理平台的功能包括四大方面。

1）智慧耕地大数据管理

以国土资源大数据为基础，集成耕地相关各类数据，建立智慧耕地大数据。所涵盖的数据主要包括：国土资源遥感数据、变更调查数据、耕地保护相关专题数据、视频监控数据、基础地理数据、社会经济数据以及互联网上和耕地相关的各类舆情数据。

建立智慧耕地大数据管理平台，实现数据资源查询、展示、更新、配置、维护及其他管理功能。实现多源、异构、多年度、多尺度的各类耕地相关数据的"一体化"集成管理与共享，将耕地相关数据按业务类型、时间，在统一空间参考、统一数据编码、统一数据分类、分层组织下，进行"集中式"管理，同时根据业务管理的需求、数据的业务应用范畴不同，对数据进行重新"排列组合"，采用地图服务的方式，为业务管理、综合监管、信息共享、辅助决策提供任意组合的数据综合应用。

2）耕地保护事务处理

智慧耕地管理平台集成了政务审批系统、办公自动化和耕地保护相关业务系统，通过"一站式"登录，工作人员能够实快速地定位相关待办业务，并及时进行处理，提高了耕地保护工作的效率。主要系统包括：政务审批系统；办公自动化系统；国务院批准省政府核准城市用地实施方案备案系统、耕地占补平衡动态监管系统、农村土地整治监测监管系统、城乡建设用地增减挂钩试点监管系统等国土资源动态监管子系统等，实现统一登录。

3）耕地保护监测监督

初步构建了耕地保护监测监督的业务专题，包括耕地状况监测监管、永久基本农田监测监管、耕地目标考核、高标准农田监测监管、土地整治监测监管、占补平衡监测监管、土地征收监测监管、用地审批监测监管和分等定级监测监管等专题。各个专题的监测监管功能都在耕地保护大数据的基础上，建立各类监测监管指标，并从国家、省一直到最终图斑逐级实现各类监测指标的监管管理、分析以及预警功能。

主要专题的监测监管功能包括：耕地状况监测监管包括耕地数量、地类、质量和坡度等监测监管功能；永久基本农田监测监管包括永久基本农田数量、地类、质量、坡度，城市周边永久基本农田、永久基本农田与矿业权重叠监控，永久基本农田和自然保护区重叠监控等监管分析功能；耕地目标考核包括耕地保有量规划目标达成情况、耕地占补平衡落实情况、基本农田补划落实情况、耕地保护责任落实情况、耕地质量建设情况等分析功能；高标准农田监测监管包括建成高标准农田面积，高标准农田地类构成，待划入永久基本农田的高标准农田数量，高标准农田占用分析、计划和验收的情况比较，高标准农田上图入库情况，不同来源高标准基本农田重叠情况分析以及高标准农田投资情况等监管分析功能；土地整治监测监管包括土地整治项目总体情况、土地整治新增耕地情况、各类资金新增耕地情况、土地整治项目区地类情况和项目区之间重叠情况监测监管功能；占补平衡监测监管包括耕地占补平衡指标库情况、指标授权情况、耕地占补平衡台账、指标库预警、承诺项目预警等功能；建设用地审批监测监管包括年度建设用地审批情况、年度批准建设用地占用耕地情况、年度批准建设用地占用基本农田情况、建设用地数量变化情况、建设用地占用耕地情况和建设用地占用基本农田情况等功能。

4）丰富耕地保护相关信息服务

在门户网站上建立智慧耕地专题，将耕地保护相关的政策法规、可公开的数据进行公开公示，发布耕地保护、征地信息公开、永久基本农田管理、土地整治等公开信息，开展相关宣传，收集各方意见建议。建立微信智慧耕地公众号。依托公众号，开辟智慧耕地专题，定期推送耕地保护、征地信息公开、永久基本农田管理、土地整治等公开信息，以微信方式收集各方意见建议。

# 参考文献


[1] 张展羽. 水土资源规划与管理[M]. 北京:中国水利水电出版社, 2009.

[2] 刘黎明. 土地资源学[M]. 北京:中国农业大学出版社, 2020.

[3] 中华人民共和国水利部. 中国水资源公报[M]. 北京:中国水利水电出版社, 2019.

[4] 李昱春, 刘国平, 王海洋, 等. 城市水资源智慧系统建设探索[J]. 水利科学与寒区工程, 2022, 5(2):4.

[5] 刘耀林, 何建华. 科技创新推动下"智慧土地"发展的机遇与挑战[J]. 中国科学院院刊, 2020, 35(5):8.

[6] 许武成. 水资源计算与管理[M]. 北京:科学出版社, 2011.

[7] 董延军, 王琳, 邹华志. 水资源供需平衡理论技术与实践[M]. 北京:中国水利水电出版社, 2013.

[8] 张正峰. 土地资源管理学[M]. 北京:中国人民大学出版社, 2008.

[9] 何俊仕, 林洪孝. 水资源规划及利用[M]. 北京:中国水利水电出版社, 2014.

[10] 梅亚东, 高仕春, 付湘. 水资源规划及管理[M]. 北京:中国水利水电出版社, 2017.

[11] 彭补拙, 濮励杰. 资源学导论[M]. 南京:东南大学出版社出版, 2007.

[12] 邵东国. 水土资源规划与管理[M]. 北京:中国水利水电出版社, 2009.

[13] 左其亭, 窦明, 吴泽宁. 水资源规划与管理[M]. 北京:中国水利水电出版社, 2014.

[14] 陈秧分, 刘彦随. 农村土地整治模式与机制研究[M]. 北京:科学出版社, 2017.

[15] 朱廷曜. 农田防护林生态工程学[M]. 北京:中国林业出版社, 2001.

[16] 武德俊. 李静:苦咸水淡化对缓解水资源供需矛盾意义重大[J]. 节能与环保, 2013(6):22-27.

[17] 中华人民共和国水利部. 水利部关于非常规水源纳入水资源统一配置的指导意见[Z]. 北京:中华人民共和国水利部, 2017.

[18] 高传昌, 吴平. 灌溉工程节水理论与技术[M]. 郑州:黄河水利出版社, 2005.

[19] 张翔. 高盐度苦咸水膜法淡化研究[D]. 天津:天津工业大学, 2019.

[20] 吴鸣. 海水淡化技术的发展与应用[J]. 节能与环保, 2015(6):54-57.

[21] 王刚. 新能源苦咸水淡化研究——以甘肃省为例[J]. 中国工程科学, 2015, 17(3):45-49.

[22] 马涛, 刘九夫, 邓晰元. 我国污水资源化利用的发展历程与推进建议[J]. 中国水利, 2020(7):32-34+37.

[23] 马涛, 刘九夫, 彭安帮, 等. 我国污水资源化利用的驱动和约束因素探析[J]. 中国水利, 2021(9):17-19.

[24] 齐峻, 许振良, 曾义红, 等. 工业废水处理及其回用技术研究进展[C]//上海市化学化工学会2007年度学术年会论文摘要集. 上海:上海市化学化工学会, 2007:161-164.

[25] 周振民. 城市水务学[M]. 北京:科学出版社, 2013.

[26] 肖海文，刘馨瞳，翟俊，等. 人工湿地类型的选择及案例分析[J]. 中国给水排水，2021，37(22)：11-17.
[27] 孔雪鹏. 非均相 Fenton 催化及组合工艺法处理吡蚜酮废盐研究[D]. 兰州：兰州大学，2021.
[28] 穆金霞，高午. 矿井疏干水利用与处理技术研究[J]. 中国煤炭地质，2012，24(6)：45-47.
[29] 中华人民共和国国家发展和改革委员会，中华人民共和国水利部. 国家节水行动方案[Z]. 北京：中华人民共和国国家发展和改革委员会，中华人民共和国水利部，2019.
[30] 杨劲松，姚荣江，相平，等. 中国盐渍土研究：历程、现状与展望[J]. 土壤学报，2022，59(1)：10-27.
[31] 王遵亲，祝寿泉，俞仁培，等. 中国盐渍土[M]. 北京：科学出版社，1993.
[32] 夏家淇，骆永明. 关于土壤污染的概念和 3 类评价指标的探讨[J]. 生态与农村环境学报，2006，22(01)：87-90.
[33] 侯李云. 客土改良技术对砷污染土壤的修复及其对苋菜吸收砷的影响[D]. 长沙：湖南农业大学，2015.
[34] 赵鹏，肖保华. 电动修复技术去除土壤重金属污染研究进展[J]. 地球与环境，2022，1-11.
[35] 李玉双，胡晓钧，孙铁珩，等. 污染土壤淋洗修复技术研究进展[J]. 生态学杂志，2011，30(3)：596-602.
[36] 常春英，曹浩轩，陶亮，等. 固化/稳定化修复后土壤重金属稳定性及再活化研究进展[J]. 土壤，2021，53(4)：682-691.
[37] 刘磊. 污染土壤原位生物修复中的多相流动传输特性[D]. 重庆：重庆大学，2005.
[38] 严丽. 黄土高原坡面水土保持措施减沙水代价分析[D]. 咸阳：西北农林科技大学，2013.
[39] 中华人民共和国水利部办公厅. 关于印发《生产建设项目水土保持信息化监管技术规定(试行)》的通知[R]. 北京：中华人民共和国水利部办公厅，2018.
[40] 夏军，黄国和，庞进武，等. 可持续水资源管理-理论，方法，应用[M]. 北京：化学工业出版社，2005.
[41] 董增川. 水资源规划与管理[M]. 北京：中国水利水电出版社，2008.
[42] 水利部水利水电规划设计总院. 全国水资源综合规划技术细则[R]. 北京：水利部水利水电规划设计总院，2002.
[43] 唐德善，唐彦，闻昕，等. 水资源管理与保护[M]. 北京：中国水利水电出版社，2016.
[44] 张占录，张正峰. 土地利用规划学[M]. 北京：中国人民大学出版社，2006.
[45] 蒙吉军. 土地评价与管理[M]. 北京：科学出版社，2011.
[46] 潘争伟，吴成国，金菊良. 水资源系统评价与预测的集对分析方法[M]. 北京：科学出版社，2016.
[47] 中华人民共和国国务院. 国务院关于实行最严格水资源管理制度的意见[Z]. 北京：中华人民共和国国务院，2012.
[48] 任树梅，杨培岭. 水资源保护[M]. 北京：中国水利水电出版社，2012.
[49] 罗凤曼，周新志，古钟璧. 水资源规划智能决策支持系统的结构设计[J]. 人民黄河，2005(8)：30-31.
[50] 戚晓明，白夏，金菊良，等. 智慧水资源管理系统的设计与应用[J]. 华北水利水电大学学报(自然科学版)，2017(38)：47-51.
[51] 张建云，刘九夫，金君良. 关于智慧水利的认识与思考[J]. 水利水运工程学报，2019(6)：1-7.

[52] 李慧. 土地资源管理中"智慧国土"建设研究[D]. 大连:东北财经大学，2016.
[53] 李茜，朱剑. 大数据背景下的智慧耕地保护动态监管系统设计[J]. 南方国土资源，2018(12)：43-46.